国家科学技术学术著作出版基金资助出版

有机固废生物强化堆肥磷组分转化过程控制技术

魏自民　魏雨泉　赵　越　解新宇　张　旭　吴俊秋　著

科学出版社

北　京

内 容 简 介

目前，全球磷素资源日趋匮乏、磷肥当季利用率低等问题始终困扰着作物产量的提升。本书利用有机固体废弃物进行好氧堆肥，以寻找新型可持续高效率替代磷肥。堆肥制备的有机肥对提高土壤肥力、改善土壤结构，提高作物产量具有重要意义。但堆肥产品的应用常因磷素等营养含量偏低，造成肥效低、施用量大的问题，限制了其大面积推广。本书识别了不同有机固体废弃物堆肥过程中磷素水平和关键解磷微生物，从堆肥不同时期筛选优势解磷菌复合菌系，并以提高磷矿粉堆肥中难溶性磷的转化效率为理论基础，优化堆肥解磷菌复合菌剂接种工艺，明确了解磷菌复合菌剂对堆肥微生物群落结构与活性、磷素转化的作用机理，采用多元分析方法解析了影响磷素转化的环境因子，并初步调控堆肥环境限制因子，改善堆肥过程中解磷菌剂的解磷能力和难溶性磷的生物可利用性，形成一套高效的生物强化堆肥磷组分转化调控技术与理论，对实现有机固体废弃物和难溶性磷素的高效资源化利用具有重要意义。

本书可供有机固废资源化、好氧发酵技术、有机肥生产、环境科学与工程、生态学、生物学等多个领域的科研和管理人员参考。

图书在版编目(CIP)数据

有机固废生物强化堆肥磷组分转化过程控制技术 / 魏自民等著. —北京：科学出版社, 2023.12

ISBN 978-7-03-076911-4

Ⅰ. ①有… Ⅱ. ①魏… Ⅲ. ①有机垃圾–堆肥–废物综合利用 Ⅳ. ①X705

中国国家版本馆 CIP 数据核字(2023)第 216672 号

责任编辑：罗　静　岳漫宇　尚　册 / 责任校对：郑金红
责任印制：赵　博 / 封面设计：刘新新

科学出版社 出版
北京东黄城根北街 16 号
邮政编码：100717
http://www.sciencep.com

北京华宇信诺印刷有限公司印刷

科学出版社发行　各地新华书店经销

*

2023 年 12 月第　一　版　开本：720×1000　1/16
2024 年 10 月第二次印刷　印张：11 1/4
字数：224 000

定价：149.00 元

(如有印装质量问题，我社负责调换)

前　言

磷（phosphorus，P）是植物生长所必需的一种主要营养元素。土壤中的磷素含量及磷素有效性是影响根际微生物群落及植被生长的关键因素。目前，全球土壤磷素资源可利用率低、磷素淋失严重等问题一直困扰着相关领域的科学研究者。有机固体废弃物（简称有机固废）堆肥产品中具有较高的磷含量，可以作为一种潜在磷肥，通过与化肥结合或代替化肥为农田土壤补充磷素，这样既可以实现有机固废的循环利用，又能解决土壤磷素缺乏问题。因此，识别堆肥过程磷素资源现状及其转化过程、探明解磷微生物组成及其在堆肥过程中的磷素转化响应机制、揭示影响堆肥过程磷素转化的关键限制因子，最终建立生物强化有机固废磷素转化过程调控技术体系，为制备可改良土壤的富磷有机固体废弃物堆肥产品提供了理论依据。

本书是在国家重点研发计划“固废资源化”重点专项（2019YFC1906400）、国家自然科学基金面上项目（52170126、51978131、51378097）等的联合资助下完成的，同时也参考收录了大量国内外相关专家、学者的专著或论文的最新研究成果，作者也从中获得了很大的启发与教益，在此向他们表示由衷的感谢。

本书分为 6 章，第 1 章介绍了有机固体废弃物堆肥研究现状、堆肥过程相关分析方法，以及堆肥进程磷素转化微生物研究现状。第 2 章分析了不同原料有机固体废弃物堆肥的磷素组成，探讨不同有机固体废弃物堆肥过程中关键解磷细菌、磷组分和环境因子的相互关系；第 3 章探究了解磷微生物筛选及复合菌剂制备方法，阐明了高效解磷微生物的筛选策略，通过交叉复配培养鉴定获得最佳解磷菌复合菌剂；第 4 章探明了不同接种工艺对堆肥添加难溶性磷转化影响，比较了不同微生物接种方式对磷素转化及相关微生物组成的影响，根据多维排序图谱阐明堆肥过程中最适解磷菌复合菌剂的接种量和接种方法；第 5 章揭示了堆肥过程中微生境因素、磷素转化、有机酸含量变化以及微生物之间的响应关系，探明解磷微生物富集及解磷调控机制；第 6 章探究了添加外源解磷菌剂同时补充生物炭等调理剂，提高外源菌剂与堆肥土著菌的协同作用，强化堆肥解磷微生物，促进磷组分转化，最终构建了生物强化堆肥磷组分调控方法，对今后靶向性调节堆肥进程，形成一套经济、安全、便捷的堆肥控制方案具有重要指导意义。

编写此书的主要人员分工如下：第 1 章和第 2 章由魏雨泉编写，第 3 章和第 4 章由解新宇编写，第 5 章由张旭编写，第 6 章由吴俊秋编写。全书由魏自民、赵越完成统稿及校稿工作。

本书是作者多年来在堆肥过程磷素转化调控机制研究与实践的结晶，但还有许多工作需要补充和完善，且编者水平和经验有限，书中难免有不妥之处，在此恳请读者不吝指教。

魏自民

2023 年 3 月于东北农业大学

目　录

第 1 章　引言 ……1
1.1　有机固体废弃物堆肥研究现状 ……1
1.1.1　有机固体废弃物现状及主要处理方式 ……1
1.1.2　堆肥技术及其研究现状 ……2
1.2　磷素资源现状及转化 ……4
1.2.1　磷素资源现状 ……4
1.2.2　土壤磷素现状及主要转化途径 ……5
1.2.3　堆肥磷素转化研究现状 ……6
1.3　解磷微生物研究进展 ……8
1.3.1　解磷微生物的种类和解磷能力 ……8
1.3.2　解磷微生物的解磷机制 ……10
1.3.3　解磷微生物在堆肥中的研究现状 ……10
1.4　堆肥微生物菌剂的研究进展 ……12
1.5　生物炭在堆肥中的应用 ……14
1.6　多元分析方法及其在堆肥中的应用 ……15
1.6.1　多元分析方法概述 ……15
1.6.2　多元分析方法在堆肥研究中的应用 ……16
主要参考文献 ……17
第 2 章　有机固体废弃物堆肥磷素组成及解磷微生物特性 ……25
2.1　不同有机固体废弃物堆肥磷素组成特性研究 ……25
2.1.1　不同物料堆肥过程中的总磷、无机磷及有机磷变化 ……25
2.1.2　不同物料堆肥过程中磷组分变化 ……27
2.1.3　不同物料堆肥磷素相关性分析和聚类分析 ……31
2.2　堆肥过程关键解磷菌辨识及其与环境因子的响应 ……33
2.2.1　堆肥过程中细菌和解磷菌丰度变化 ……33
2.2.2　DGGE 分析解磷细菌群落结构 ……38
2.2.3　堆肥磷组分、解磷菌和环境因子的响应关系 ……42

2.3 不同堆肥过程有机磷解磷菌辨识及其在磷转化中的作用……45
2.3.1 不同堆肥有机磷解磷菌丰度和组成识别……45
2.3.2 调控堆肥关键有机磷解磷菌影响磷组分变化……48
2.3.3 不同解磷功能微生物在堆肥磷转化中的角色……50
2.4 讨论……53
2.4.1 基于物料磷组分优化有机固体废弃物堆肥模式……53
2.4.2 基于改善堆肥微环境调控磷组分分布……54
2.5 小结……56
2.5.1 不同有机固废堆肥磷组分辨识……56
2.5.2 不同有机固废堆肥过程中关键解磷细菌识别……57
主要参考文献……57
第3章 解磷微生物筛选及复合菌剂制备……61
3.1 耐高温解磷菌株解磷能力的分析……61
3.1.1 耐高温解磷菌株解磷能力的定性分析……61
3.1.2 耐高温解磷菌株解磷能力的定量分析……63
3.2 耐高温解无机磷复合菌剂解磷条件优化的分析……64
3.2.1 高效耐高温解磷菌株的筛选……64
3.2.2 各复合功能菌剂解磷能力分析……66
3.2.3 Box-Behnken 试验结果与分析……66
3.3 解磷微生物解磷量与 pH 的动态特征……72
3.3.1 解磷细菌 P1 的解磷量与 pH 之间的动态特征……72
3.3.2 解磷真菌解磷量与 pH 之间的动态特征……73
3.4 解磷微生物解磷量与含菌量的动态特征……79
3.4.1 解磷细菌 P1 的解磷量与含菌量之间的动态特征……79
3.4.2 解磷真菌 P2～P9 解磷量与含菌量之间的动态特征……80
3.5 耐高温解磷微生物的传统鉴定分析……86
3.5.1 耐高温解磷细菌的形态鉴定……86
3.5.2 耐高温解磷真菌的形态鉴定……87
3.6 耐高温解磷微生物的分子鉴定分析……88
3.6.1 解磷菌株 DNA 的提取效果分析……88
3.6.2 解磷菌株 PCR 扩增效果分析……89
3.6.3 解磷菌株的 PCR 回收产物电泳检测分析……90

3.6.4 解磷菌株测序结果分析……91
3.7 讨论……92
3.7.1 耐高温解磷菌的解磷特性……92
3.7.2 耐高温解磷菌复合菌剂解磷条件的优化……93
3.7.3 耐高温解磷微生物的生长动态特性……93
3.7.4 耐高温解磷菌的系统鉴定……94
3.8 小结……94
主要参考文献……96
第 4 章 接种工艺对堆肥添加难溶性磷转化影响……99
4.1 堆肥过程中磷组分变化趋势……99
4.1.1 堆肥过程中总磷变化……99
4.1.2 堆肥过程中有机磷变化……100
4.1.3 堆肥过程中磷酸酶活性变化……101
4.1.4 堆肥过程中水溶性磷变化……102
4.1.5 堆肥过程中速效磷变化……103
4.1.6 讨论……104
4.1.7 结论……105
4.2 解磷菌剂不同接种方式对难溶性磷转化的影响……105
4.2.1 解磷菌剂的制备及特性研究……105
4.2.2 不同接种方式下餐厨垃圾堆肥微生物特性分析……111
4.2.3 不同接种方式对堆肥磷素有效性的影响……113
4.2.4 不同接种方式对堆肥磷组分、细菌菌群结构的影响……117
4.3 基于生物强化手段调控堆肥磷素利用率……121
4.4 小结……123
主要参考文献……123
第 5 章 解磷微生物富集及解磷调控机制……125
5.1 传代过程中解磷量及 pH 变化……125
5.2 堆肥过程中理化指标的变化……125
5.2.1 堆肥过程中温度的动态变化……125
5.2.2 堆肥过程中 pH 的动态变化……126
5.2.3 堆肥过程中总酸度的动态变化……127
5.3 堆肥过程中磷组分的变化趋势……129

5.3.1 总磷的动态变化……129
5.3.2 有机磷的动态变化……130
5.3.3 微生物量磷的动态变化……131
5.3.4 Olsen 磷的动态变化……132
5.3.5 柠檬酸磷的动态变化……133
5.4 堆肥过程中有机酸的变化趋势……134
5.4.1 草酸的动态变化……134
5.4.2 甲酸的动态变化……135
5.4.3 乳酸的动态变化……136
5.4.4 乙酸的动态变化……137
5.4.5 柠檬酸的动态变化……138
5.4.6 丁二酸的动态变化……139
5.5 堆肥过程中细菌群落变化规律……140
5.5.1 PCR-DGGE 图谱分析细菌群落演替规律……140
5.5.2 香浓-维纳多样性指数分析……143
5.5.3 聚类分析……144
5.6 相关性分析……145
5.6.1 基于 DGGE 图谱和有机酸、磷组分的冗余分析……145
5.6.2 基于有机酸、磷组分的 Pearson 相关性分析……147
5.6.3 堆肥解磷过程的结构方程模型分析……148
5.7 小结……150
主要参考文献……151
第 6 章 生物炭与解磷菌耦合对堆肥难溶性磷转化的影响……153
6.1 生物炭对堆肥解磷菌剂解磷效果的影响……153
6.1.1 不同处理餐厨垃圾堆肥过程中理化指标变化……153
6.1.2 不同处理餐厨垃圾堆肥过程中磷素特性变化……155
6.1.3 不同处理餐厨垃圾堆肥过程中微生物数量和群落变化……156
6.2 添加生物炭堆肥中细菌与环境因子的冗余分析……161
6.3 富磷生物强化堆肥磷素转化网络……165
6.4 生物强化堆肥磷组分调控方法……167
主要参考文献……168

第 1 章　引　　言

1.1　有机固体废弃物堆肥研究现状

1.1.1　有机固体废弃物现状及主要处理方式

有机固体废弃物（简称有机固废）是指人类在生产建设、日常生活和其他活动中产生的有机质含量较高的固态或半固态有机固废，通常具生物可降解特性，主要包括源于农业、城市生活和工业产生的城市生活垃圾、养殖场畜禽粪便、村镇秸秆、市政污泥等，如图 1-1 所示，如果不经过任何处理直接排放或处理方式不当，将对土壤、水体及大气在内的所有生态环境健康造成严重威胁，进而影响人类健康生活[1]。自 19～20 世纪以来，全球工业的快速发展及人类生活水平的迅速提高，全球固体废弃物产生量大幅增加。而我国属于农业大国，每年农业有机固废的产生量都呈现惊人数字，其同时也成为我国有机固废处理的主要内容之一，但从 20 世纪 80 年代以来，随着中国经济发展、人口增长及人民生活的提高，城镇生活垃圾、园林垃圾、农业废弃物、厨余、餐厨垃圾等有机固废也随之大量产生[2]，使我国固体废弃物的产生量已成为世界首位，因此，上述有机固废的合理处理处置对我国生态环境健康具有重要作用[3-5]。

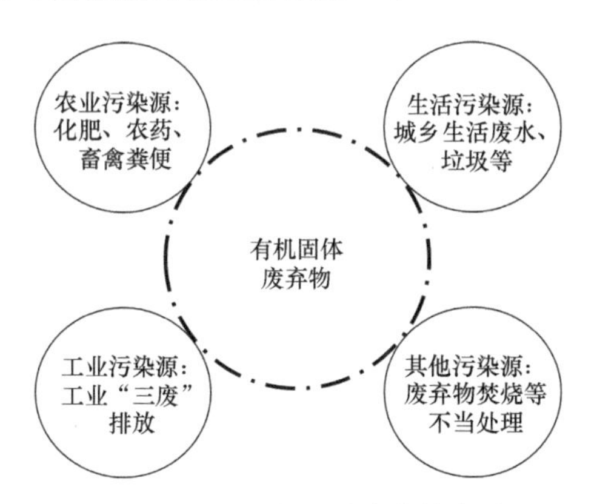

图 1-1　主要有机固体废弃物类型

我国有机固废的处理方式主要包括：焚烧、填埋、好氧堆肥、厌氧发酵等。填埋和焚烧依旧是最主要的处理方式，但这些处理方式成本较高，且容易污染环境，如不合理的土地填埋会改变土壤中营养物质含量和生物活性，引发流行病，对土壤、地下水、大气等造成危害；焚烧虽然可以产生电能，但这个过程中排放的烟尘及有毒气体二噁英等将严重影响环境空气质量[6]。目前，好氧堆肥处理因既能促进有机固废无害化、减量化，也能将其资源化，从而实现保护资源的目的，对环境和健康危害影响小，进而已经逐渐被广泛接受，成为处理各类有机固废、实现可降解固体废物（生活垃圾、农业废弃物等）资源化利用的最有效并且实用的方式之一[7]。

有机固废往往具备以下几个特点：①来源丰富、数量多、体积大，种类繁多；②富含农作物生长需求的营养成分，然而未经处理的有机固废中营养物质大部分属迟效性，且浓度低；③经过资源化处理的有机固废产物有机肥供肥稳定、养分平衡，有机质含量丰富，可以在培肥改土中发挥重要作用，能为作物生长提供有机养料及营养元素；④且经过无害化处理后，肥料质量稳定，不会再产生对植物正常生长有抑制作用的中间代谢产物；⑤有机固废堆肥产物中同时含丰富的微生物类群及活性酶类，在有机肥料施入土壤后对改善土壤生物特性、加速养分转化及循环过程有效。因此，基于有机固废的特点，目前全世界废弃物资源化处理方式正渐渐向肥料化、饲料化、生态化和能源化等方向改进[1]，充分挖掘有机固废中蕴含的大量生物质能，不仅有利于解决日益凸显的环境危机，还对环境和经济的可持续发展具有深远意义。

1.1.2 堆肥技术及其研究现状

堆肥是一种可控的生物降解过程，在堆肥过程中微生物对有机物质的降解转化发挥重要作用[7,8]。通过堆肥处理，有机固废的体积和质量会逐渐减少，有机营养物质逐步被生物稳定或发生腐殖化，腐殖质类物质逐渐形成[9,10]。堆肥产品作为土壤调理剂施入后，其中的营养物质可以缓慢释放到土壤中，进而实现有机固废中营养成分的循环利用[11]。根据堆肥过程中细菌、真菌等微生物类群对 O_2 的要求不同，可以把堆肥分为两类，即厌氧发酵与好氧发酵或好氧堆肥。因此，好氧堆肥是在 O_2 充足的情况下，通过堆体中丰富的好氧微生物，降解有机物质，是主要采用的堆肥方法；此外，根据堆肥发酵装置，又可将其分为开放式堆肥和密闭式堆肥。目前，降低成本是工厂化堆肥处理的主要原则，大多数大型堆肥处理场一般为敞开式静态堆肥，也有一些有机肥厂采用强制通风静态垛堆肥[12-14]。

好氧堆肥归根结底是在一系列合适的理化因素（包括通气情况、湿度、pH、孔隙度、C/N 等）和生物因素的条件下，微生物进行剧烈代谢活动，实现有机固废中的有机组分矿化及腐殖化的过程，堆肥过程的输入和产出变化如图 1-2 所示，源于堆肥原材料的微生物和外源接种的微生物从有机质表面逐步降解有机物，产生 CO_2、NH_3、H_2O 和有机酸，并释放出更多的能量，最终得到稳定的富含微生物的堆肥产品[15]，其基本反应过程可以表示为：有机物+O_2→稳定的有机物+CO_2+H_2O+热量。

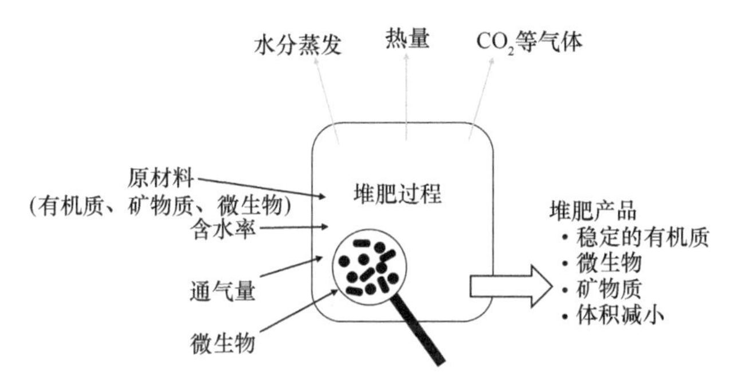

图 1-2　堆肥过程中的输入和产出

堆肥效率和产品质量决定堆肥技术对有机固废无害化和资源化的程度，这依赖于好氧堆肥过程参数的控制，优化堆肥工艺，尤其是改善限制堆肥的关键因素，是实现快速高效好氧堆肥的重要基础，公认的堆肥关键因素有含水率、氧气浓度（通气情况）、堆肥物理结构（容重、孔隙度、粒径等）、物料选择和配比、温度以及堆肥时间等[16]，堆肥初期的理想含水率是 60%～70%，而降解阶段的最适含水率是 50%～60%[15]；对于含氧量，一般认为当堆肥物料含氧量超过 10%时可满足微生物代谢要求，过低的含氧量会抑制好氧微生物的生命活动，降低产能和降解效率，影响堆体升温效果，而含氧量较高时有机物被微生物快速降解，大量产能，释放热量，如果积蓄过多热量，会导致温度上升，超出适宜微生物的生长温度，抑制微生物活性，影响其对有机物的降解，进而延长堆肥周期。对于通气量，一般可通过翻堆或通风装置强制通风调整，通气量过多时气体流动也会带走部分热量，影响堆肥热量累积、限制升温速度。而 pH 会通过影响微生物的生长和代谢活性改变堆肥进程，通常 pH 在 7～8 时适合堆肥，此时微生物活性达到最高[17]。温度是影响微生物活性的最重要参数，显著影响其对有机质的降解，因此，常用温度来反映堆肥过程[18]，进而堆肥常被分为升温期、高温期、降温期及腐熟期 4 个时期，如图 1-3 所示，高温期对杀灭病原菌、快速降解有机物具有重要作用[17]。在微生物方面，堆肥过程不同阶段细菌、放线菌和真菌等主要微生物群落都需经历一系列的演替过程，对堆肥过程及堆肥产品性质起到重要作用[19,20]。所以，监测堆肥微生物量变化和群落组成演替对预测堆肥产品在土壤中的应用效果具有重要意义。

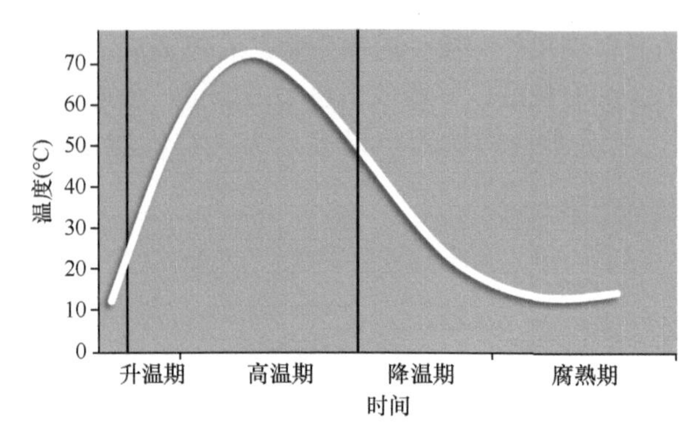

图 1-3　好氧堆肥典型温度阶段

相对来讲，堆肥具有操作简便、成本低、收益高的优点，对于发展中国家，其是一种具有较大可开发空间的有机固废处理手段。当然，堆肥技术也存在一定的问题和局限性，并不能处理所有类型的固体废弃物，仅对其中易腐的、微生物可降解的有机物具有明显处理优势。因此，在有机固废堆肥前，要将其中带有的石块、金属、塑料、玻璃等非有机物成分进行分拣筛除。此外，国家规定堆肥过程要保证堆体高温期物料内部温度在 50～55℃甚至更高温度并维持一周左右，以消除病原菌和寄生虫，实现堆肥产品的无害化，所以堆肥处理往往周期较长，处理量相对较小，单纯靠堆肥处理很难满足越来越多的有机固废的处理要求；此外，堆肥产品质量往往参差不齐，肥效较低，易引起“土壤渣化”，不被广大农户认可，所以推广堆肥处理应该先优化堆肥工艺，实现堆肥产品保质保量。

1.2　磷素资源现状及转化

1.2.1　磷素资源现状

磷（phosphorus，P）是植物生长所必需的一种主要营养元素，属于一类重要的不可再生资源，与其他参与生物地球化学循环的主要元素相比，磷元素具有一个特征，即在全球磷素循环中仅在固相和液相中参与，基本不存在气态形式[21]。虽然磷在地壳中储量丰富，约占 0.7%，列第 11 位[22,23]，且广泛存在于生物圈中，据统计，陆地磷储量在 960 亿～1600 亿 t，存于海洋的磷量约为 800 亿 t，但在农业生产中，由于固相中磷酸盐的溶解性低，而游离的活性磷又容易快速转化为难溶态磷，因此，基于土壤有效磷含量缺乏及磷素利用率低的现状，磷是限制作物产量的第二大营养元素[24-28]，土壤磷缺乏问题应该受到全世界的普遍关注。

磷在自然界中的存在形式多样，生物功能广泛。一般认为，作物的品质、作物对病虫害的抗性、豆科植物的固氮过程以及光合作用、碳代谢、能量转化、膜形成和信号转导等代谢过程都与磷素营养密切相关，磷素是所有生物体中组成一些辅酶、磷脂和含磷蛋白质类物质结构的元素，也与遗传物质 DNA 息息相关[29,30]，但是，大部分磷素以磷矿形式存在于土壤，移动性相对较小。

1.2.2　土壤磷素现状及主要转化途径

磷素的不同存在形态直接影响植物和土壤有机质，因此，在农业生产中，对土壤磷循环（如下列公式所示）涉及的磷素形态尤为关注。

$$\text{土壤溶液中的磷} \xLeftrightarrow{\text{非常迅速}} \text{活性磷} \xLeftrightarrow{\text{非常缓慢}} \text{稳态磷}$$

土壤磷循环中，仅有少量土壤溶液中的磷素可以被植物吸收利用，当植物或土壤生物生长吸收土壤溶液中的磷时，活性磷会快速溶解补充至土壤溶液中，维持磷平衡[31]。另外，从来源上看，土壤磷素一般有两种来源，一部分是土壤中的主要矿物质经过自然风化作用将磷素释放到土壤溶液中，另一部分源于外源施肥残留于土壤中的磷素[32]。

在农业种植中，土壤中的磷素一般无法满足作物生长的需求，仍需要来源于化学磷肥或动物粪便等有机肥的磷素补充[9,33]，即使如此，在作物生育期内，化学磷肥或有机磷肥中仅 5%～30%的磷素会被植物吸收利用，一部分化学磷肥中的无机态磷素很容易在土壤中与 Ca^{2+}、Fe^{2+}、Fe^{3+}、Al^{3+}等金属离子结合，形成难溶性磷酸盐而失去作物营养活性，转换成难以被作物利用的磷形态，导致磷素可利用性降低[34,35]。通常人们为保证作物生长发育顺利进行以及增产的需要，常向土壤中大量甚至过量施入磷肥，据报道，自 2000 年以来，在工业化程度较发达的国家每年平均土壤磷输入量为 3.1×10^7t，而平均磷输出量为 1.9×10^7t，因此，每年会导致 1.2×10^7t 的磷素累积[36]。如图 1-4 所示，2013 年在英国农田产生大量的磷素累积，虽然土壤因施肥残留而累积的磷素利用率高于土壤固有矿物质中的磷素利用率[37]，但利用率依旧较低，由于作物生长持续需要大量的可利用磷，而土壤溶液中可利用磷又难以在土壤大量稳定存在，因此，每年春耕时节还需要施入大量无机磷肥以保证磷素供应充足，满足植物生长需求。预计至 2050 年，全球土壤磷素累积将达到每年 1.8×10^7t [36]。也有少量土壤磷素因土壤对磷素的容量有限，通过径流作用从土壤流失而进入河流或地下水，这一现象未对磷素循环造成有益的影响，据报道，这部分流失的磷素往往会引起水体富营养化，危害环境[38]。

在土壤中，无机磷一般占总磷的 35%～70%，而有机磷占 30%～65%。在土

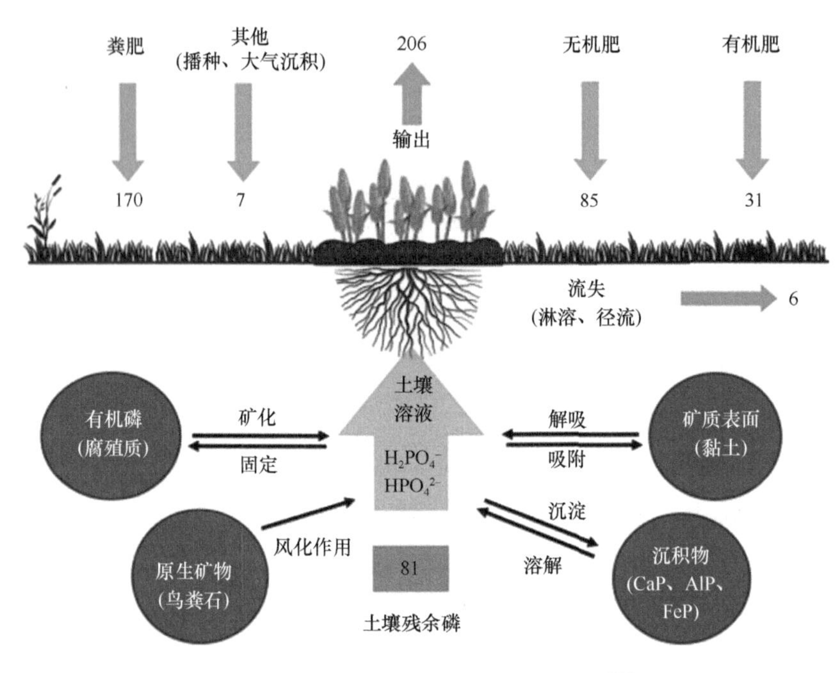

图 1-4 土壤不同磷素循环网络模式图[22]

此图表示英国农田 2013 年磷流动量，单位为$\times10^3$t，输出包括商品作物、饲料作物和草，径流按农业土壤每年 0.5 kg P/hm^2 计算

壤磷素转化中，植物主要吸收以正磷酸盐形式（$H_2PO_4^-$或 HPO_4^{2-}）存在的无机磷，其参与作物生长过程中的能量贮存和转运[39]，而土壤中剩余的有机磷则需要在磷酸酶或植酸酶水解矿化后才能被植物吸收利用，但其余形态的磷也可以通过转化成为植物可利用磷，一般可分为以下几种途径：①根据矿物平衡而产生的溶解和沉淀过程，主要为钙、铁、铝等金属元素与活性磷酸盐直接发生反应；②吸附和解吸作用，主要在次生矿物表面和磷素之间发生；③原生矿物的风化，不过此过程相当漫长，对于短期提高农田磷素可利用性意义不大；④矿化和固定作用，主要通过生物转化改变有机磷形态，产生无机磷（图 1-4）。尽管可以产生植物可利用磷的转化途径较多，但转化产生的活性磷和通过添加肥料而直接施入的活性磷都很容易被土壤中的含水铁铝化合物固定[22]，形成难利用的闭蓄态磷，即无机磷酸盐离子被铁铝化合物包裹，形成胶膜而降低了磷素利用率，最终形成难溶性磷酸盐，因此，利用生物学手段充分挖掘土壤累积磷素利用潜力的同时，提高土壤磷素输入后的利用率意义重大。

1.2.3 堆肥磷素转化研究现状

在农业生产中较为常用的化学磷肥（磷酸铵、过磷酸钙等）大多是通过磷矿粉（rock phosphate，RP）加工制作而成的[22,40]，其生产常伴随成本高、粗制磷矿粉溶解率低等问题，且由于全球高磷矿储量相对不足，因此降低磷肥生产成本和施用量，找出可持续利用的替代磷肥，提高磷肥中磷素可利用性和利用率对于节约能源、减少磷素流失、控制面源污染具有重要的意义。

研究表明，畜禽粪便等有机固废堆肥产品中具有较高的磷含量[2,41,42]，可以作为一种潜在磷肥，通过与化肥结合或代替化肥为农田土壤补充磷素，这样既可以实现有机固废的循环利用，又能解决土壤磷素缺乏的问题[34]。因此，开发这些废弃物中的磷素并循环利用于耕作土壤，具有巨大的潜在经济价值。然而，如果不了解有机固废堆肥中的磷素特性和作物土壤磷素需求，盲目施肥，或直接施入含磷量较高的动物粪便堆肥产品，使土壤磷含量超出土壤容量和作物需求，不仅浪费资源，更会引起环境污染[9]。因此，许多专家学者采用含磷量较低的有机固废（如秸秆）添加磷矿粉，在可控磷含量的前提下制备富磷堆肥产品，以期达到既可以相对提高磷素可利用性又可以在施入土壤后改善土壤有机质水平的目的[26,43]。

在堆肥过程中，随着微生物群落（包含细菌、真菌和放线菌）的不断演替，其活跃的代谢活动往往引起有机质不断降解[19,20,44]，同时释放有机弱酸，可以较大程度地溶解土壤无机磷[45-46]。研究表明，堆肥过程可改变磷组分形态及磷素可利用性，进而影响堆肥产品在施入土壤后带来的潜在环境风险[43,47-49]，此外，堆肥过程工艺的差异和堆肥物料的选择都会影响堆肥产品中磷素组分相对分布[50]，因此，制备既可以补充土壤有机质含量又可以改善土壤可利用磷含量的富磷堆肥产品，通常选用低磷含量有机固废添加适量低品位磷矿粉进行堆肥。Das 等[51]研究表明，蚯蚓堆肥处理可以明显减少有机固废的有害性，提升其腐殖酸、总氮、可利用磷含量。Bangar 等研究证实，在堆肥原料中混入难溶性磷矿粉，同样可显著影响堆肥植物可利用磷组分比例，且堆肥可利用磷与有机酸含量具有明显的相关性[28,52-59]。魏自民等[57]利用城市生活垃圾混入磷矿粉堆肥，发现在堆肥第 28 天，小分子有机酸总量达到峰值，第 42 天堆肥速效磷含量达到峰值，随堆肥进程略有降低，在堆肥中前期，速效磷含量与小分子有机酸总量存在较好的正相关关系，而在堆肥后期，有机酸含量急剧下降。Biswas 和 Narayanasamy[52]利用水稻秸秆堆肥表明，堆肥过程中难溶性磷矿粉被转化的同时会伴随着酸性与碱性磷酸酶活性的提高。Kanwal 等[60]采用水浮莲添加磷矿粉堆肥进行试验，研究表明，与对照相比，添加磷矿粉堆肥物料中总磷、有效磷含量显著提高，提出堆肥法可以有效改善低品位磷矿粉中磷素利用率。Sharif 等[61]通过田间试验表明，施用添加磷矿粉的堆肥产品可明显提高玉米对氮、磷营养的摄入量并提高其产量。

因此，为了节约磷肥的制造成本，提高磷素利用率，利用有机固废堆肥提高难溶性磷矿粉利用率是一种有效的生物学方法，但考虑到不同物料的堆肥过程可能存在差异，其磷素水平也不同，如果想充分利用有机固废中的潜在营养物质和磷矿粉等难溶性磷酸盐开发多元化新型磷肥，必须先对不同类型有机固废的磷素特性进行辨识及分类。

随着科技的进步，磷素形态的检测方法也在不断更新，普遍应用的检测方法一般可以根据物理化学方法、生物学方法、仪器分析方法及其他方法进行划分[62]，最常用的检测方法有：化学分级提取法[50,63]、酶解法[64]、傅里叶变换红外光谱技术（Fourier transform infrared photoacoustic spectroscopy，FTIR-PAS）、X 射线衍射法（X-ray diffraction，XRD）、X 射线吸收近边结构（XANES）光谱法[65]、磁共振光谱技术[66]等。多种检测方法结合能更清晰地判定有机固废中的磷素形态，为了解堆肥磷素转化途径奠定基础。

1.3 解磷微生物研究进展

微生物生长需要丰富的营养物质，而有机固废中具有丰富的易降解有机物和各类营养元素，有利于微生物生长、繁殖，同时微生物的活动也促进了有机固废的降解。据报道，在土壤尤其是植物根际，微生物对磷素的转化与磷素被植物获取密切相关，这可能与磷素在微生物体内的含量远高于高等植物有关[31]。微生物及其产生的富含磷素的易分解代谢产物往往可以有效延缓或避免土壤磷素的固定，同时，由于微生物量磷能在微生物代谢中被缓慢释放，可有效改善磷素周转，有利于植物对磷素的利用[67]。因此，参与磷素转化的功能微生物一直是专家学者重点关注的研究对象[68-70]。

在土壤微生物中部分物种可以通过其生命过程中的溶解作用或矿化作用等多种机制，能够将难溶性磷酸盐分解，或者间接使难溶性磷酸盐中的磷释放，如酸化、螯合作用、置换反应或形成聚合物等，最终转化为植物可吸收利用的形态，具有这一类特殊功能的微生物类群统称为解磷微生物（phosphate-solubilizing microorganism，PSM）[33,71]。其在改善磷肥利用率、提高土壤有效磷含量、促进植物生长方面具有重要作用，因此研究解磷微生物对整个生态系统和农业生产的磷素循环具有重要作用[72-73]。

1.3.1 解磷微生物的种类和解磷能力

目前，已知能矿化和溶解难溶性磷酸盐的微生物种类繁多，绝大多数是从土壤样品中分离的，而且在植物根际的数量要远远大于在其周围土壤中的数量，但总的来说，菌种的环境适应范围相对有限[35,40,74]，根据微生物分解的难溶性磷素类型和解磷能力的强弱，可将解磷微生物划分为能够通过分泌有机酸来溶解无机磷化合物形成可溶性无机磷的解无机磷微生物，及可分泌磷酸酶将磷脂、核酸等有机磷化合物转化为可溶性无机磷的解有机磷微生物；根据解磷微生物类型，又可分为解磷细菌、解磷放线菌和解磷真菌。除最常见的假单胞菌属（*Pseudomonas*）和芽孢杆菌属（*Bacillus*）之外，解磷细菌还包括红球菌属（*Rhodococcus*）、节杆菌属（*Arthrobacter*）、沙雷氏菌属（*Serratia*）、金黄杆菌属（*Chryseobacterium*）、戈登氏菌属（*Gordonia*）、叶杆菌属（*Phyllobacterium*）、固氮菌属（*Azotobacter*）、黄单胞菌属（*Xanthomonas*）、肠杆菌属（*Enterobacter*）、克雷伯菌属（*Klebsiella*）、弧菌属（*Vibrio*）、黄色杆菌属（*Xanthobacter*）等菌属的部分菌种，解磷真菌主要分布于青霉属（*Penicillium*）、曲霉属（*Aspergillus*）、根霉属（*Rhizopus*）、镰刀菌属（*Fusarium*）、小核菌属（*Sclerotium*）等属，而解磷放线菌主要为链霉菌属（*Streptomyces*）的菌种[71,75]。

解磷能力是衡量解磷微生物功能的重要指标，可通过以下三种方法测定：①通过含有难溶性磷酸盐的固体培养基培养解磷微生物，经过对菌落周围透明圈的测定，可以获得微生物解磷能力，并通过解磷圈与菌落的直径比相对定量地表征解磷菌的解磷能力；②进行液体培养，并以磷矿粉或其他难利用难溶性磷酸盐为唯一磷源，测定培养液中可溶性磷的含量，该方法可以定量表征解磷菌在相对单纯条件下的解磷能力，不过该方法由于提取剂提取效率的差异，且在测定时忽略了解磷微生物本身吸收利用的那部分磷，测定结果往往存在一定偏差；③进行土壤或固体复杂环境培养，采用化学浸提法，根据土壤或固相环境的不同性质，选用不同提取剂，如无机酸、有机酸、碱溶液或水等，测定其有效磷的含量，测定结果更接近于解磷微生物在实际应用中的效果，此方法在菌剂实际生产中普遍采用[72,76]。

截至目前，已有很多关于不同解磷菌的解磷能力的报道，主要集中于土壤研究中，赵小蓉等[76]从玉米根际与非根际土壤中分离得到 54 株细菌和 20 株真菌，其可以不同程度地溶解磷矿粉，一般真菌的解磷能力比细菌要强，通过观测解磷量、pH 和有机酸的关系，说明不同菌株可能存在不同的解磷机制，甚至多种机制同时作用而促进解磷。Molla 等[77]的试验结果也发现，不同菌属对 $Ca_3(PO_4)_2$ 的分解量明显不同，通过液体发酵比较培养液中可溶性磷含量，发现解磷能力由高到低为：链霉菌属>芽孢杆菌属>曲霉属>青霉属>假单胞菌属>微球菌属。近年来，随着堆肥技术被广泛认可并应用于有机固废处理中，人们对于堆肥中解磷微生物的研究也逐渐增多。Chandra 等[33]从畜禽粪便和秸秆残渣混合堆肥及生物肥料样品中分离出多株耐高温解磷微生物，包括烟曲霉菌、嗜热链霉菌、地衣芽孢杆菌等，其对不同种类难溶性磷酸盐或磷矿粉均具备较强的溶解能力。据报道，在蚯蚓堆肥中，添加解磷菌可有效提高腐熟堆肥中水溶性磷含量和磷酸酶酶活性，同时对减少氮素损失也具有积极作用[34,78]。此外，微生物除了可以溶解难溶性磷以提高磷素可利用性，还能通过对磷素的专性吸附以提高其利用率，研究表明，微生物解磷时，贮存于体内的微生物量磷含量可能高于水溶性磷和土壤速效磷（Olsen 磷），而且这部分吸附态磷更容易被作物吸收利用[79]。因此，评估解磷微生物的解磷能力也可采用微生物量磷与溶解性磷的总和表征。

1.3.2 解磷微生物的解磷机制

在土壤中，解磷微生物的解磷机制一般认为是通过产生小分子有机酸、质子交换和络合作用等，进而分解难溶性磷酸盐，此外，微生物产生的磷酸酶和肌醇六磷酸酶对土壤有机磷分解也至关重要[75]。无机磷解磷微生物的解磷机制十分复杂，存在多种假说，而且因菌株不同其机制也会产生差异[80]，普遍接受的机制有以下几种：①某些微生物可分泌小分子量有机酸对难溶性磷化合物进行酸解，这些有机酸既能够降低微环境 pH，又可与铁、铝、钙、镁等阳离子络合，促进与之结合的磷酸根释放，在这个过程中，解磷微生物分泌有机酸的种类和数目也会影响解磷效果，研究表明，土壤微生物分泌的葡萄糖酸、乙酸、丙酸、苹果酸、酒石酸、琥珀酸、柠檬酸、延胡索酸等多种小分子有机酸都与解磷微生物的解磷过程有关[81-83]；②分泌质子（H^+），部分微生物在吸收阳离子（如 NH_4^+）的过程中，通过 ATP 供能，再依靠质子泵将 H^+分泌到细胞膜外，进而引起介质 pH 降低而发生解磷，或同化 NH_4^+时也伴随有机酸或无机酸的产生，但部分研究表明此时有机酸的主要作用是提供质子[71,84,85]；③通过表达特异性磷载体进行解磷，如菌根真菌，可以刺激植物根系，产生特异性磷载体，提高磷的转运效率，促进作物对磷素的利用；④部分微生物可以借助呼吸作用产生的 CO_2，引起土壤一定程度酸化，进而溶解少量磷酸盐；⑤一些土壤中的微生物，如硫杆菌属（*Thiobacillus*），能够通过释放硫化氢（H_2S）溶解少量难溶性无机磷化合物，即 H_2S 与磷铁化合物反应生成硫酸亚铁和磷酸根；⑥部分微生物可对土壤中的动植物残体进行分解、转化及聚合而产生腐殖酸或胡敏素等具高活性官能团的有机组分，可有效络合难溶性无机磷酸盐中的钙、铝和铁等金属元素，产生磷酸根。目前，国内外学者普遍认为微生物解磷过程与有机酸产生、pH 降低最具相关性。当然，也有研究报道一些微生物不但不分泌任何酸性物质，也不提高培养基酸度，还降低了培养溶液中的酸度，但仍具有较强的溶解磷矿粉的能力[76]，表明解磷微生物在外界环境和自身代谢改变时，其解磷机制也会有所变化，这也为研究不同解磷微生物的解磷机制增加了难度。

1.3.3 解磷微生物在堆肥中的研究现状

尽管解磷菌在农业生产中对提高磷素流动和磷素有效性具有重要意义，但是在农田土壤中，解磷菌的丰度并不高，而且不同土壤中也存在较大差异。解磷细菌在数量上占细菌总量的1%～50%，而解磷真菌则仅占0.1%～0.5%[86,87]。另外，不同解磷菌在土壤中的竞争能力也大不相同，很难保证其在复杂的土壤生态系统中战胜其他优势微生物，获取有限的营养物质，发挥解磷效果。为了提高土壤解磷菌的丰度和解磷效果，利用解磷菌制备生物肥料并应用于农业土壤中，将极大改善磷肥中难溶性磷的溶解和磷素的利用率。

堆肥中也广泛存在解磷微生物，已报道的堆肥解磷微生物有芽孢杆菌属（*Bacillus*）、假单胞菌属（*Pseudomonas*）、节杆菌属（*Arthrobacter*）、黄杆菌属（*Flavobacterium*）、产碱菌属（*Alcaligenes*）、沙雷氏菌属（*Serratia*）以及一些酵母菌和霉菌等，与土壤中种属类别相似，但不同菌株的解磷能力存在差异[35,40,71,74]。根据报道，城市垃圾堆肥的单位解磷菌数为3.5×10^8～8.6×10^8 CFU/g，尹瑞龄等[88]从生活垃圾堆肥中筛选得到8株解磷菌，检测其对磷矿粉的磷素转化效率超过20%，将其接种于半腐熟的生活垃圾堆肥中，发现解磷菌可以将磷素固持在生物体内，并随微生物衰竭死亡而释放有效磷，堆肥3个月后有效磷含量增长约20%，但堆肥6个月后有效磷含量并未明显高于对照组。Chandra等[33]从不同堆肥和生物肥料的样品中筛选到3株解磷细菌、1株解磷放线菌和1株解磷真菌，这些解磷菌株不仅解磷能力较强，而且均具有较高的温度耐受性，可分泌淀粉酶、羧甲基纤维素酶、几丁质酶、果胶酶、蛋白酶、脂肪酶和固氮酶，接种后可明显促进堆肥腐熟、提升堆肥可溶性磷含量和解磷微生物数量。Mupambwa等[89]的研究结果表明，在以牛粪为主要物料的蚯蚓堆肥中接种具有解磷能力的EM菌剂，可以促进堆肥有机质的降解和磷素的矿化。Das等[51]从牛粪、土壤、腐熟堆肥中富集得到纤维素降解菌、解磷菌和固氮菌，对比添加菌剂的生物强化堆肥与微生物营养强化堆肥和氮磷钾复合肥在土壤中的应用效果，发现微生物营养强化堆肥产品可以显著促进作物产量并维持土壤正常的理化特性，而营养强化可以提高微生物接种堆肥的作用效果。虽然对于解磷微生物提升堆肥可利用磷的研究可以为有机肥料在施入土壤后快速供磷提供有效保证，但无机磷更容易在土壤中被吸附或发生沉淀而降低磷素利用率[90]。Malik等[91]研究表明堆肥中的有机磷由于水溶性磷组分较少，在土壤中不易被吸附或沉淀，施入土壤可以显著提升相对稳定的有机磷组分含量，这部分有机磷组分可以被植物产生的磷酸酶或在堆肥微生物的刺激作用下而矿化，为植物和微生物提供可持续的磷素供应。

综上所述，对于解无机磷微生物在植物根系及土壤等方面的报道较多，但涉及堆肥领域的研究较少，大多数解磷微生物很难适应堆肥过程中的复杂环境并发挥其解磷效果，同时，在堆肥体系中，微生物由于外部环境的改变，其自身代谢必然受到影响，解磷机制和解磷能力也许会产生变化。此外，对于堆肥产品磷素组分的调控方向存在一定的盲目性，大部分研究以改善堆肥产品速效磷或可利用磷含量为主要目的，忽略了堆肥产品的长效供磷能力和总利用率。因此，探究如何获得适合堆肥接种的无机磷解磷菌、如何保持堆肥过程中接种微生物的活性及堆肥过程的正常进行，以及如何调控解磷菌在堆肥中解磷能力和堆肥磷素转化方向的研究具有极高的应用价值。

1.4 堆肥微生物菌剂的研究进展

在堆肥过程中，微生物几乎参与所有有机、无机组分的生物化学转化过程，尤其是一些具有特殊酶活性的功能微生物，往往对堆肥过程起着至关重要的作用，但由于受到堆肥过程极端环境的限制，如剧烈的温度变化、有限的营养源等，堆肥过程中土著功能微生物菌群数量往往不足或活性不强，难以充分发挥其物质降解作用，限制了堆肥效率，因此，为了增加堆肥原料中微生物种群类别多样性和丰度、促进堆肥快速升温至高温期、增强微生物的降解活性并加速有机固废的分解，在堆肥过程中常常采用接种微生物菌剂的方法[92]。目前，对于微生物菌剂的研究较多，其在实际应用中发展迅速。已报道的微生物菌剂种类繁多，大体可分为两类：①个别高效功能菌经扩大培养而获得；②自然发酵物直接作为菌剂。

截至目前，关于在堆肥中采用微生物菌剂接种技术的研究报道已有很多，但对于堆肥接种菌剂的实际应用效果则并未得到一致结论。一些学者认为微生物菌剂的接种对堆肥进程有促进作用，有利于调节具有不同生化活性的微生物群落结构，提高堆肥产品质量。例如，席北斗等[93]通过由纤维素降解菌、酵母菌、固氮菌、放线菌、乳酸菌等多种菌株驯化培养制备得到的复合微生物菌剂，接种生活垃圾和污泥堆肥，使堆肥腐熟时间从 30 d 缩短至 12 d，明显加速堆肥进程，制备的堆肥产品含有大量微生物菌群，有助于提高有机肥料的生物活性；Zhao 等[94]研究结果表明，通过接种放线菌复合菌剂可以显著提升堆肥过程中有机质和纤维素降解效率；Zhang 等[95]研究表明，通过富集堆肥过程中的氨氧化细菌进行堆肥接种，可显著减少堆肥过程的氮损失；Xi 和 Hachicha 等[92,96]分别通过复合菌剂多阶段接种和单一菌接种提升堆肥的腐殖化程度。另一些专家学者坚持，接种微生物对加快堆肥进程或提高堆肥产品质量无显著作用，主要是由于有机固废富含有机营养物质，微生物种类和数量丰富，因此在堆肥初期适宜的环境条件下，微生物可以在较短的时间内繁殖至较多的数量，而且尽管在堆肥高温期各种微生物尤其是中温菌数量大幅减少，但在降温期温度适宜，微生物量又会恢复至较高水平，因而微生物数量不应属于堆肥限制因素。另外，微生物菌剂在接种后，一旦其能利用的底物耗尽或温度、pH 等条件发生变化，便很难在堆肥中继续发挥作用，并最终被其他土著微生物取代。

堆肥接入微生物菌剂后产生完全不同的效果主要与以下因素有关。第一，各堆肥试验没有规范的标准，也缺乏统一的试验规范流程及方法，致使不同堆肥过程的试验结果的可比性不高；第二，可能与试验材料不同有关，不同物料的营养成分存在差异，微生物菌群结构也可能不同；第三，微生物菌剂中的菌群不同，对于不同环境的适应能力可能存在差异，虽然其在纯培养或相对简单的条件下具有相应的代谢功能，但是与土著微生物竞争时未必能够占据上风；第四，在堆肥微环境中，有时可能出现微生物丰度较高，但优势功能微生物数量较少的情况，盲目接种微生物菌剂可能无法对堆肥进程起到明显益处，仅仅提高了堆肥过程中的微生物数目；第五，高效功能微生物虽然通过接种的方式融入堆肥微生物群落中，但由于对这些关键微生物代谢机制的研究较少，无法控制其代谢途径，微生物菌剂在应用后虽然可以存活并适应堆肥的复杂环境，但不进行特殊的代谢过程。因此，对于堆肥微生物菌剂接种技术应该客观合理的运用，充分调控堆肥工艺和反应条件，使其更适合功能微生物生长并发挥其优势代谢路径，同时应研究清楚不同堆肥过程中各阶段的微生物种群结构，识别对不同类型营养物质分解起主要作用的关键微生物，筛选关键微生物和优势种群并进行驯化，制备不同类型的菌剂，以适应整个堆肥过程并始终发挥作用，或仅在堆肥某一阶段、对某一特定成分起作用，总之，只有将稳定、功能冗余、活性强的菌剂以最优的接种方式应用于堆肥才能使堆肥的接种效果更为突出。

目前，支持微生物菌剂对堆肥有促进作用的学者大都认为，复合菌剂效果大多优于单一菌株的效果[97]，而且利用合适的接种方法、掌握最佳的接种时机可以使微生物更好地适应复杂的堆肥过程。通常采用的接种方式主要有堆肥某一时期单次接种法、堆肥过程两阶段分段接种法、堆肥过程三阶段控温接种法等[98]。大多数学者认为，在堆肥初期，把微生物菌剂与原料混合接种，可以明显加快堆肥升温过程[93]，也有部分专家赞同堆肥二次发酵时是关键接种时期，此时接种微生物可以有效促进纤维素、半纤维素、木质素的分解转化，提高堆肥腐熟度。Xi 等[92,98]的研究结果表明，在堆肥初期单次接种的效率最低，多阶段接种法的效果比两阶段接种法更佳，基于堆肥有机质组成和温度变化的多阶段接种法可以显著提升堆肥效率、加速堆肥进程。鄢海印等[99]采用园林绿化废弃物接种复合菌剂进行堆肥，发现后期接种的定殖效果最佳，同时可以显著提升堆肥功能菌数量。因此，不同微生物菌剂的接种方式应取决于功能菌剂在堆肥过程中的主要作用。

虽然有研究表明解磷微生物可以促进难溶性磷溶解，提高磷矿粉的磷素利用率，然而对堆肥中解磷微生物菌剂的研究报道较少，基本采用将不同种类的解磷微生物混合制备复合菌剂后在堆肥中共同发挥作用，但在堆肥过程中解磷微生物促进磷矿粉溶解也会引起一系列潜在的问题，如堆肥产品施入土壤后很可能引起土壤溶液中磷含量过高，在地表径流的作用下流失，同时，土壤中过量的磷素累积也可能抑制土壤解磷微生物的解磷能力[9,35]，因此，如何在提高磷矿粉可利用性的前提下利用堆肥微生物菌剂，控制难溶性磷的溶解速率，稳定由于过量溶解而产生的活性磷，对于改善富磷堆肥产品的长效肥力至关重要。众所周知，堆肥过程中腐殖酸类物质会逐渐形成[12]，而在土壤研究中也曾有报道，腐殖物质能够利用其螯合能力或通过形成金属桥，影响不同含磷化合物的溶解性，该过程被称为磷酸盐的生物固定[100]。如果该理论也适用于堆肥过程，那么结合解磷菌复合菌剂在堆肥中的接种时间、外源解磷菌和土著微生物群落的共生关系、堆肥腐殖物质的产生过程以及磷素化学形态组成动态变化规律，将有助于我们通过生物学和化学的角度去研究堆肥过程中的磷素组分转化机制，真正提高富磷堆肥产品的磷素利用率。

1.5 生物炭在堆肥中的应用

生物炭是木材、草、玉米秆或其他城镇、农业、林业废弃物等有机材料，在缺氧或绝氧环境中经过高温裂解炭化后生成的固态产物，碳含量极高，而且相对稳定，可以在土壤中长期保存[101]。与木炭和活性炭相比，生物炭由于具有环保、成本低、可再生的特质，近几年已得到较多专家学者关注，广泛应用于水源净化、重金属吸附、固碳减排、土壤改良和环境管理等诸多领域[43,102]。

生物炭作为修复剂施入到土壤后有许多益处，包括有助于土壤保水持水、促进植物生长、增加土壤离子交换能力、减少温室气体排放、固定碳源、调整土壤pH、改善土壤养分状况、提高土壤肥力和作物产量等[102-105]。Tian 等[106]提出单独将生物炭加入土壤不会影响土壤微生物群落组成，但会影响蛋白酶活性，而将生物炭与无机肥混施可以提高土壤肥力；Agegnehu 等[103]的研究结果表明，不同原料和不同处理工艺制备的生物炭具有不同的理化特征，因此会对土壤质量和作物产量以及温室气体排放产生不同的影响；Wang 和 Kammann 等[102,107]研究表明生物炭的添加能够有效地吸附氨气、铵盐和硝酸盐，同时影响反硝化细菌，进而减少氮发生反硝化作用，减少土壤 N_2O 排放。

然而，生物炭对堆肥过程影响的研究却远少于其在土壤中的研究应用，仅有一些学者将生物炭添加于营养物质含量丰富的有机固废如粪便或污泥中，研究表明，当在堆肥中添加生物炭后，生物炭一般会具有以下几种功能：①调节 C/N，其作为一种堆肥膨松剂，代替传统堆肥中常使用的木屑、秸秆，改善堆肥体系的通气情况；②增加堆肥过程中的 N 保留，减少 NH_3 挥发，同时吸附水溶性 NH_4^+，即减少 N 损失，Guo 等[105]通过在家禽废弃物添加 0%、5%和 20%生物炭的堆肥试验发现，添加生物炭可加速家禽废弃物降解，添加 20%生物炭与未添加生物炭的堆肥组相比降低 64% NH_3 挥发，同时减少 52%的 N 损失；③有效减少并控制重金属的迁移，有利于降低堆肥产品的毒性，堆肥产品还可用于修复被污染的土壤，但 Iqbal 等[101]研究发现，当存在过多的溶解性有机碳时会限制生物炭对金属的吸附能力；④增加堆肥的腐殖化程度，促进稳定的腐殖酸类物质形成，加速堆肥进程，Jindo 等[108]研究表明，在鸡粪和牛粪堆肥初期添加 10%的生物炭可以显著提升堆肥中腐殖酸碳含量和腐殖质结构的稳定性，尤其是富里酸组分中的芳香族碳和羧基碳的比例；⑤抑制堆肥过程中 N_2O、H_2S 等温室气体和臭气的排放；⑥影响堆肥过程中微生物数量和群落结构[43,102,104,109]；⑦缩短堆肥达到高温期的时间，延长堆肥高温期，Liu 等[104]研究报道，在鸡粪和番茄茎堆肥中添加生物炭，与添加沸石、泥炭相比，仅需 3 d 即可进入高温期，且明显提高了高温期温度和持续时间。当然，生物炭也会受到堆肥过程的影响，Prost 等[110]研究表明在堆肥过程中，由于生物炭上的微孔吸附堆肥物料而被堵塞，减少了生物炭的表面积，但同时也提升了生物炭中 C、N 等养分贮存量及阳离子交换能力和中和酸的能力。

据 Deb 等[111]研究报道，生物炭可以吸附土壤中的磷酸盐并促进土壤中解磷微生物的生长及活性。截至目前，关于生物炭对接种微生物菌剂堆肥过程的影响鲜有报道。生物炭具有多孔隙结构、较强的阳离子交换能力和吸附能力，可能成为微生物舒适的栖息地，进而改变堆肥微生物群落结构、提高微生物活力，以及影响微生物参与的养分循环、有机质降解和温室气体排放等[104,112]，在堆肥过程添加生物炭很有可能会改变土著微生物和外源接种微生物的群落组成以及内源、外源微生物之间的关系。因此，在接种解磷菌复合菌剂的生物强化堆肥中探究生物炭对堆肥磷素有效性以及微生物组的影响具有重要意义。

1.6 多元分析方法及其在堆肥中的应用

1.6.1 多元分析方法概述

排序（ordination）又称梯度分析（gradient analysis），是多元统计分析中最常用的方法之一，其可在可视化的低维空间展示多维数据结构，目前已被植物、动物、水生生物和土壤等生态学领域的专家学者广泛利用。该方法主要用于生物多样性研究，通过二维平面散点图最大限度地反映出样本之间的相对位置以及相互之间的关系，不仅体现出物种信息，同时也可以表征一定环境因素的梯度变化[113,114]。排序一般可分为非约束型排序（unconstrained ordination，又叫非限制性排序、间接梯度分析）和约束型排序（constrained ordination，又叫限制性排序、直接梯度分析），只使用物种组成数据的排序为非约束型排序，目的就是发现物种在环境梯度上的变化情况，而约束型排序则包含物种和环境因子两部分数据，二者的区别在于约束型排序是确认最好的解释变量（在已有的环境因子基础上寻找），而非约束型排序是寻找最能展示物种组成变化的潜在的解释变量，即排序轴。

非约束型排序包括主成分分析（principal component analysis，PCA）、主坐标分析（principal coordinate analysis，PCoA）、对应分析（correspondence analysis，CA）、降趋对应分析（detrended correspondence analysis，DCA，也叫去趋势对应分析）、非度量多维尺度分析（Non-metric Multidimen Sional Scaling，NMDS）等[114]。PCA 是从多维因素中筛选主要变量，可简化分析，但通常挖掘主要因素较为困难，因此一般需要利用原始变量的线性组合筛选新变量作为主要成分。基于排序技术的线性分析方法，若有多个响应变量需要分析，且解释变量为一个或多个，我们可以通过直接梯度分析来分析解释变量与多个响应变量之间的关系，这通常用于分析微生物群落结构和环境，此方法可以结合多个环境变量，并可以保持各个环境因素对生物群落变化的独立作用，其排序不仅可以反映物种组成及生态因素对群落的作用，也可反映环境因素的影响[115]。约束型排序一般包括冗余分析（redundancy analysis，RDA）和典范对应分析（canonical correspondence analysis，CCA）等排序方法[114,116]。所有提到的排序方法都是基于一定的数学模型，目前通常采用 Canoco、R 语言等软件对不同样品进行多元分析。主要用于反映物种和环境因子分为线性模型（linear model）和单峰模型（unimodal model），线性模型包括冗余分析和主成分分析，而单峰模型的分析方法都是以对应分析为基础而衍生出来的，主要包括对应分析、去趋势对应分析和典范对应分析等。

1.6.2 多元分析方法在堆肥研究中的应用

目前，多元分析方法已被普遍应用于分析各种环境样品数据。由于微生物在堆肥过程中具有重要推动作用，因此多元分析方法在堆肥过程微生物群落结构及其演替研究中也具有较大的应用[116,117]，在研究堆肥过程时，微生物信息库数据量庞大，且属于动态变化过程，如采用传统的微生物分离鉴定方法，仅能获取环境样品中 0.1%～10%的微生物，因此，近几年针对堆肥过程中的微生物群落结构及其演替规律，普遍结合现代生物化学及分子生物学技术。现代生物化学方法主要包括磷脂脂肪酸（phospholipid fatty acid，PLFA）分析法和醌类图谱分析（quinones profile），而现代分子生物学方法的根本研究方法都是聚合酶链反应（polymerase chain reaction，PCR），主要包含基于 16S 或 18S rRNA 基因序列的分析技术、变性梯度凝胶电泳（DGGE）、温度梯度凝胶电泳（TGGE）、单链构象多态性分析（single strand-conformation polymorphism，SSCP）技术、高通量测序（high-throughput sequencing）技术、限制性片段长度多态性（restriction fragment length polymorphism，RFLP）分析、随机扩增多态性 DNA（random amplified polymorphic DNA，RAPD）技术和扩增片段长度多态性（amplified fragment length polymorphism，AFLP）技术等[94,118]。这些技术为定性定量分析堆肥过程中微生物生物量、群落结构和群落多样性指标提供了基础，使多元分析方法在堆肥过程中可以更灵活的运用。不过，这些方法获取的微生物信息也存在一定缺陷，它们都不能具体反映种的变化，只可以反映某一类群微生物的相对丰度，因此，针对某一特定功能微生物，采用堆肥微生物传统研究方法结合现代分子生物学技术，可以更有效地研究堆肥过程中微生物群落结构多样性及其演替规律，并获取优势功能菌群，制备高效菌剂，改善有机固废堆肥的资源化和无害化效果。

一些学者甚至很巧妙地利用多元分析方法去鉴定影响具有特定功能的微生物群落的主要因子。例如，Ma 等[119]研究结果表明，利用冗余分析可以表征厌氧发酵过程中产甲烷菌菌群特征，揭示产甲烷菌群落演替、甲烷产量和引起酸化物质组成变化之间的关系；Chen 等[120]通过冗余分析探究堆肥过程中的反硝化细菌变化，预估出堆肥理化因子与反硝化菌群结构之间的响应关系；Xi 等[118]通过高通量测序分析堆肥过程中腐殖酸还原微生物的群落演替，并结合典范对应分析挖掘其与堆肥理化因子的变化规律；Zhang 等[95]结合变性梯度凝胶电泳和冗余分析找出氨氧化细菌影响堆肥过程氮损失的主要因素与关键菌群；Liu 等[121]利用高通量测序比较氨氧化古菌和氨氧化细菌的群落组成，并利用典范对应分析评价硝态氮、亚硝态氮、铵态氮等环境因子如何影响这两类功能菌群结构。但是，关于堆肥解磷菌群落的报道仍然十分罕见，主要原因可能有：①解磷菌种属分布广泛，一直缺乏针对解磷微生物功能基因的通用引物；②解磷菌的解磷机制还不清楚，不同解磷菌可能利用不同的途径达到解磷效果，而且解磷过程可能涉及多个代谢步骤；③对解磷菌筛选的方法比较单一，基本还是利用特定磷源的筛选环境去初步识别可能具备解磷能力的微生物，再去了解这部分微生物在环境中的丰度和组成[35]。因此，这些很容易引起实际堆肥生产中的盲目调控和无效工艺，极大限制了有机固废富磷堆肥产品的制备。

主要参考文献

[1] Liu C, Wu X. Factors influencing municipal solid waste generation in China: a multiple statistical analysis study[J]. Waste Management & Research, 2011, 29(4): 371-378.

[2] Li G H, Li H G, Leffelaar P A, et al. Characterization of phosphorus in animal manures collected from three (dairy, swine, and broiler) farms in China[J]. PLoS One, 2014, 9(7): e102698.

[3] Zhang W, Zhang L, Li A. Anaerobic co-digestion of food waste with MSW incineration plant fresh leachate: process performance and synergistic effects[J]. Chemical Engineering Journal, 2015, 259: 795-805.

[4] Zhou H, Meng A, Long Y, et al. An overview of characteristics of municipal solid waste fuel in China: physical, chemical composition and heating value[J]. Renewable and Sustainable Energy Reviews, 2014, 36: 107-122.

[5] Yang F, Li G X, Yang Q Y, et al. Effect of bulking agents on maturity and gaseous emissions during kitchen waste composting[J]. Chemosphere, 2013, 93(7): 1393-1399.

[6] Chen T, Zhang S, Yuan Z. Adoption of solid organic waste composting products: a critical review[J]. Journal of Cleaner Production, 2020, 272: 122712.
[7] de Guardia A, Mallard P, Teglia C, et al. Comparison of five organic wastes regarding their behavior during composting: part 2, nitrogen dynamic[J]. Waste Management, 2010, 30(3): 415-425.
[8] Aigle A, Bourgeois E, Marjolet L, et al. Relative weight of organic waste origin on compost and digestate 16S rRNA gene bacterial profilings and related functional inferences[J]. Frontiers in Microbiology, 2021, 12: 961.
[9] Wei Y, Zhao Y, Xi B, et al. Changes in phosphorus fractions during organic wastes composting from different sources[J]. Bioresource Technology, 2015, 189: 349-356.
[10] Zhao Y, Wei Y, Zhang Y, et al. Roles of composts in soil based on the assessment of humification degree of fulvic acids[J]. Ecological Indicators, 2017, 72: 473-480.
[11] Fournel S, Godbout S, Ruel P, et al. Production of recycled manure solids for use as bedding in Canadian dairy farms: II. composting methods[J]. Journal of Dairy Science, 2019, 102(2): 1847-1865.
[12] Wei Z, Xi B, Zhao Y, et al. Effect of inoculating microbes in municipal solid waste composting on characteristics of humic acid[J]. Chemosphere, 2007, 68(2): 368-374.
[13] Raut M P, William S P M P, Bhattacharyya J K, et al. Microbial dynamics and enzyme activities during rapid composting of municipal solid waste-a compost maturity analysis perspective[J]. Bioresource Technology, 2008, 99(14): 6512-6519.
[14] Puyuelo B, Gea T, Sanchez A. A new control strategy for the composting process based on the oxygen uptake rate[J]. Chemical Engineering Journal, 2010, 165(1): 161-169.
[15] Bernal M P, Alburquerque J A, Moral R. Composting of animal manures and chemical criteria for compost maturity assessment. A review[J]. Bioresource Technology, 2009, 100(22): 5444-5453.
[16] Juarez M F, Praehauser B, Walter A, et al. Co-composting of biowaste and wood ash, influence on a microbially driven-process[J]. Waste Management, 2015, 46: 155-164.
[17] Chan M T, Selvam A, Wong J W C. Reducing nitrogen loss and salinity during 'struvite' food waste composting by zeolite amendment[J]. Bioresource Technology, 2016, 200: 838-844.
[18] Onwosi C O, Igbokwe V C, Odimba J N, et al. Composting technology in waste stabilization: on the methods, challenges and future prospects[J]. Journal of Environmental Management, 2017, 190: 140-157.
[19] Fan S, Li A, ter Heijne A, et al. Heat potential, generation, recovery and utilization from composting: a review[J]. Resources, Conservation and Recycling, 2021, 175: 105850.
[20] López-González J A, Suarez-Estrella F, Vargas-Garcia M C, et al. Dynamics of bacterial microbiota during lignocellulosic waste composting: studies upon its structure, functionality and biodiversity[J]. Bioresource Technology, 2015, 175: 406-416.
[21] Roy E D. Phosphorus recovery and recycling with ecological engineering: a review[J]. Ecological Engineering, 2017, 98: 213-227.
[22] Batool T, Ali S, Seleiman M F, et al. Plant growth promoting rhizobacteria alleviates drought stress in potato in response to suppressive oxidative stress and antioxidant enzymes activities[J]. Scientific Reports, 2020, 10(1): 1-19.
[23] Schwedt G. The Essential Guide to Environmental Chemistry[M]. New York: Wiley, 2001.
[24] Wang T, Camps-Arbestain M, Hedley M, et al. Predicting phosphorus bioavailability from high-ash biochars[J]. Plant and Soil, 2012, 357(1): 173-187.
[25] Sarr P S, Tibiri E B, Fukuda M, et al. Phosphate-solubilizing fungi and alkaline phosphatase

trigger the P solubilization during the co-composting of sorghum straw residues with Burkina Faso phosphate rock[J]. Frontiers in Environmental Science, 2020, 8: 174.

[26] Rashad F M, Saleh W D, Moselhy M A. Bioconversion of rice straw and certain agro-industrial wastes to amendments for organic farming systems: 1. composting, quality, stability and maturity indices[J]. Bioresource Technology, 2010, 101(15): 5952-5960.

[27] Rashid A, Awan Z I, Ryan J. Diagnosing phosphorus deficiency in spring wheat by plant analysis: proposed critical concentration ranges[J]. Communications in Soil Science and Plant Analysis, 2005, 36: 609-622.

[28] Khan K S, Joergensen R G. Changes in microbial biomass and P fractions in biogenic household waste compost amended with inorganic P fertilizers[J]. Bioresource Technology, 2009, 100(1): 303-309.

[29] Khan M S, Zaidi A, Ahmad E. Mechanism of Phosphate Solubilization and Physiological Functions of Phosphate-Solubilizing Microorganisms[M]. New York: Springer International Publishing, 2014: 31-62.

[30] Perli T, van der Vorm D N A, Wassink M, et al. Engineering heterologous molybdenum-cofactor-biosynthesis and nitrate-assimilation pathways enables nitrate utilization by *Saccharomyces cerevisiae*[J]. Metabolic Engineering, 2021, 65: 11-29.

[31] Tate K R. The Biological Transformation of P in Soil[M]. New York: Springer Netherlands, 1984: 245-256.

[32] Withers P J A, Sylvester-Bradley R, Jones D L, et al. Feed the crop not the soil: rethinking phosphorus management in the food chain[J]. Environmental Science & Technology, 2014, 48(12): 6523-6530.

[33] Chandra P, Singh E, Singh R. Agriculturally Important Fungi for Sustainable Agriculture[M]. New York: Springer, Cham, 2020: 483-500.

[34] Busato J G, Lima L S, Aguiar N O, et al. Changes in labile phosphorus forms during maturation of vermicompost enriched with phosphorus-solubilizing and diazotrophic bacteria[J]. Bioresource Technology, 2012, 110: 390-395.

[35] Mander C, Wakelin S, Young S, et al. Incidence and diversity of phosphate-solubilising bacteria are linked to phosphorus status in grassland soils[J]. Soil Biology and Biochemistry, 2012, 44(1): 93-101.

[36] Bouwman L, Goldewijk K K, van der Hoek K W, et al. Exploring global changes in nitrogen and phosphorus cycles in agriculture induced by livestock production over the 1900-2050 period[J]. Proceedings of the National Academy of Sciences, 2013, 110(52): 20882-20887.

[37] Johnston A E, Poulton P R, Fixen P E, et al. Phosphorus: its efficient use in agriculture[J]. Advances in Agronomy, 2014, 123: 177-228.

[38] Sunita G. Effect of fungal consortium and animal manure amendments on phosphorus fractions of paddy-straw compost[J]. International Biodeterioration & Biodegradation, 2014, 94: 90-97.

[39] Shackira A M, Puthur J T. Phytostabilization of Heavy Metals: Understanding of Principles and Practices[M]. New York: Springer, Cham, 2019: 263-282.

[40] Vassilev N, Mendes G, Costa M, et al. Biotechnological tools for enhancing microbial solubilization of insoluble inorganic phosphates[J]. Geomicrobiology Journal, 2014, 31(9): 751-763.

[41] Schumann A W, Sumner M E. Formulation of environmentally sound waste mixtures for land application[J]. Water Air and Soil Pollution, 2004, 152(1): 195-217.

[42] Wang F, Sims J T, Ma L, et al. The phosphorus footprint of China's food chain: implications for food security, natural resource management, and environmental quality[J]. Journal of

Environmental Quality, 2011, 40(4): 1081-1089.

[43] Ngo P T, Rumpel C, Ngo Q A, et al. Biological and chemical reactivity and phosphorus forms of buffalo manure compost, vermicompost and their mixture with biochar[J]. Bioresource Technology, 2013, 148: 401-407.

[44] Jurado M, Lopez M J, Suarez-Estrella F, et al. Exploiting composting biodiversity: study of the persistent and biotechnologically relevant microorganisms from lignocellulose-based composting[J]. Bioresource Technology, 2014, 162: 283-293.

[45] Scervino J M, Mesa M P, Monica I D, et al. 2010. Soil fungal isolates produce different organic acid patterns involved in phosphate salts solubilization[J]. Biology and Fertility of Soils, 2010, 46(7): 755-763.

[46] Gulati A, Sharma N, Vyas P, et al. Organic acid production and plant growth promotion as a function of phosphate solubilization by *Acinetobacter rhizosphaerae* strain BIHB 723 isolated from the cold deserts of the trans-Himalayas[J]. Archives of Microbiology, 2010, 192(11): 975-983.

[47] Zhang X, Zhan Y, Zhang H, et al. Inoculation of phosphate-solubilizing bacteria (*Bacillus*) regulates microbial interaction to improve phosphorus fractions mobilization during kitchen waste composting[J]. Bioresource Technology, 2021, 340: 125714.

[48] Hashimoto Y, Takamoto A, Kikkawa R, et al. Formations of hydroxyapatite and inositol hexakisphosphate in poultry litter during the composting period: sequential fractionation, P K-edge XANES and solution 31P NMR investigations[J]. Environmental Science & Technology, 2014, 48: 5486-5492.

[49] Zvomuya F, Helgason B L, Larney F J, et al. Predicting phosphorus availability from soil-applied composted and noncomposted cattle feedlot manure[J]. Journal of Environmental Quality, 2006, 35(3): 928-937.

[50] Li B, Boiarkina I, Yu W, et al. Phosphorous recovery through struvite crystallization: challenges for future design[J]. Science of the Total Environment, 2019, 648: 1244-1256.

[51] Das D, Bhattacharyya P, Ghosh B C, et al. Bioconversion and biodynamics of *Eisenia foetida* in different organic wastes through microbially enriched vermiconversion technologies[J]. Ecological Engineering, 2016, 86: 154-161.

[52] Biswas D R, Narayanasamy G. Rock phosphate enriched compost: an approach to improve low-grade Indian rock phosphate[J]. Bioresource Technology, 2006, 97(18): 2243-2251.

[53] Bangar K C, Yadav K S, Mishra M M. Transformation of rock phosphate during composting and the effect of humic acid[J]. Plant and Soil, 1985, 85(2): 259-266.

[54] Bustamante M A, Ceglie F G, Aly A, et al. Phosphorus availability from rock phosphate: combined effect of green waste composting and sulfur addition[J]. Journal of Environmental Management, 2016, 182: 557-563.

[55] Zayed G, Abdel-Motaal H. Bio-active composts from rice straw enriched with rock phosphate and their effect on the phosphorous nutrition and microbial community in rhizosphere of cowpea[J]. Bioresource Technology, 2005, 96(8): 929-935.

[56] Hameeda B, Reddy Y H K, Rupela O P, et al. Effect of carbon substrates on rock phosphate solubilization by bacteria from composts and macrofauna[J]. Current Microbiology, 2006, 53(4): 298-302.

[57] 魏自民，王世平，席北斗，等. 生活垃圾堆肥对难溶性磷有效性的影响[J]. 环境科学，2007, 28(3): 679-683.

[58] Rehman R A, Qayyum M F. Co-composts of sewage sludge, farm manure and rock phosphate can substitute phosphorus fertilizers in rice-wheat cropping system[J]. Journal of

environmental management, 2020, 259: 109700.

[59] Nishanth D, Biswas D R. Kinetics of phosphorus and potassium release from rock phosphate and waste mica enriched compost and their effect on yield and nutrient uptake by wheat (*Triticum aestivum*)[J]. Bioresource Technology, 2008, 99(9): 3342-3353.

[60] Kanwal S, Iram S, Khan M, et al. Aerobic composting of water lettuce for preparation of phosphorus enriched organic manure[J]. African Journal of Microbiology Research, 2011, 5(14): 1784-1793.

[61] Sharif M, Matiullah K, Tanvir B, et al. Response of fed dung composted with rock phosphate on yield and phosphorus and nitrogen uptake of maize crop[J]. African Journal of Biotechnology, 2011, 10(59): 12595-12601.

[62] 王涛, 周健民, 王火焰. 固体废弃物及土壤中磷的形态分析技术[J]. 土壤学报, 2011, 48(1): 185-191.

[63] Pigoli A, Zilio M, Tambone F, et al. Thermophilic anaerobic digestion as suitable bioprocess producing organic and chemical renewable fertilizers: a full-scale approach[J]. Waste Management, 2021, 124: 356-367.

[64] He Z, Toor G S, Honeycutt C W, et al. An enzymatic hydrolysis approach for characterizing labile phosphorus forms in dairy manure under mild assay conditions[J]. Bioresource Technology, 2006, 97(14): 1660-1668.

[65] Toor G S, Peak J D, Sims J T. Phosphorus speciation in broiler litter and turkey manure produced from modified diets[J]. Journal of Environmental Quality, 2005, 34(2): 687-697.

[66] Negassa W, Kruse J, Michalik D, et al. Phosphorus speciation in agro-industrial byproducts: sequential fractionation, solution ^{31}P NMR, and P K- and $L_{2,3}$-edge XANES spectroscopy[J]. Environmental Science & Technology, 2010, 44(6): 2092-2097.

[67] Yao X, Zhou H, Meng H, et al. Amino acid profile characterization during the co-composting of a livestock manure and maize straw mixture[J]. Journal of Cleaner Production, 2021, 278: 123494.

[68] Babana A H, Antoun H. Effect of Tilemsi phosphate rock-solubilizing microorganisms on phosphorus uptake and yield of field-grown wheat (*Triticum aestivum* L.) in Mali[C]. First International Meeting on Microbial Phosphate Solubilization. Berlin: Springer, 2007: 51-58.

[69] Reyes I, Valery A, Valduz Z. Phosphate-solubilizing microorganisms isolated from rhizospheric and bulk soils of colonizer plants at an abandoned rock phosphate mine[J]. Plant and Soil, 2006, 287(1-2): 69-75.

[70] Vassilev N, Medina A, Azcon R, et al. Microbial solubilization of rock phosphate on media containing agro-industrial wastes and effect of the resulting products on plant growth and P uptake[J]. Plant and Soil, 2006, 287(1-2): 77.

[71] Acevedo E, Galindo-Castañeda T, Prada F, et al. Phosphate-solubilizing microorganisms associated with the rhizosphere of oil palm (*Elaeis guineensis* Jacq.) in Colombia[J]. Applied Soil Ecology, 2014, 80: 26-33.

[72] 赵越, 赵霞, 侯佳奇, 等. 耐高温解无机磷菌的解磷特性及生长动态研究[J]. 东北农业大学学报, 2013, 44(8): 64-69.

[73] Hameeda B, Harini G, Rupela O P, et al. Growth promotion of maize by phosphate-solubilizing bacteria isolated from composts and macrofauna[J]. Microbiological Research, 2008, 163(2): 234-242.

[74] Bolo P, Kihara J, Mucheru-Muna M, et al. Application of residue, inorganic fertilizer and lime affect phosphorus solubilizing microorganisms and microbial biomass under different tillage

and cropping systems in a ferralsol[J]. Geoderma, 2021, 390: 114962.

[75] 陈哲, 吴敏娜, 秦红灵, 等. 土壤微生物解磷分子机理研究进展[J]. 土壤学报, 2009, 46(5): 925-931.

[76] 赵小蓉, 林启美, 李保国. 微生物溶解磷矿粉能力与 pH 及分泌有机酸的关系[J]. 微生物学杂志, 2003, 23(3): 5-7.

[77] Molla M A, Chowdhury A A, Islam A, et al. Microbial mineralization of organic phosphate in soil[J]. Plant and Soil, 1984, 78(3): 393-399.

[78] Liu S, Wang J, Pu S, et al. Impact of manure on soil biochemical properties: a global synthesis[J]. Science of The Total Environment, 2020, 745: 141003.

[79] 赵小蓉, 林启美. 微生物解磷的研究进展[J]. 土壤肥料, 2001, 3: 7-11.

[80] Chen Y P, Rekha P D, Arun A B, et al. Phosphate solubilizing bacteria from subtropical soil and their tricalcium phosphate solubilizing abilities[J]. Applied Soil Ecology, 2006, 34(1): 33-41.

[81] Patel D K, Archana G, Kumar G N. Variation in the nature of organic acid secretion and mineral phosphate solubilization by *Citrobacter* sp. DHRSS in the presence of different sugars[J]. Current Microbiology, 2008, 56(2): 168-174.

[82] Tian J, Ge F, Zhang D, et al. Roles of phosphate solubilizing microorganisms from managing soil phosphorus deficiency to mediating biogeochemical P cycle[J]. Biology, 2021, 10(2): 158.

[83] Patel K J, Singh A K, Nareshkumar G, et al. Organic-acid-producing, phytate-mineralizing rhizobacteria and their effect on growth of pigeon pea (*Cajanus cajan*)[J]. Applied Soil Ecology, 2010, 44(3): 252-261.

[84] Lin T F, Huang H I, Shen F T, et al. The protons of gluconic acid are the major factor responsible for the dissolution of tricalcium phosphate by *Burkholderia cepacia* CC-A174[J]. Bioresource Technology, 2006, 97(7): 957-960.

[85] Whitelaw M A. Growth promotion of plants inoculated with phosphate-solubilizing fungi[J]. Advances in Agronomy, 1999, 69: 99-151.

[86] Sharma S B, Sayyed R Z, Trivedi M H, et al. Phosphate solubilizing microbes: sustainable approach for managing phosphorus deficiency in agricultural soils[J]. Springerplus, 2013, 2(587): 1-14.

[87] Khan M S, Zaidi A, Wani P A. Role of phosphate: solubilizing microorganisms in sustainable agriculture—a review[J]. Agronomy for Sustainable Development, 2007, 27(1): 29-43.

[88] 尹瑞龄, 许月蓉, 顾希贤. 解磷接种物对垃圾堆肥中难溶性磷酸盐的转化及在农业上的应用[J]. 应用与环境生物学报, 1995, 1(4): 371-378.

[89] Mupambwa H A, Ravindran B, Mnkeni P N S. Potential of effective micro-organisms and *Eisenia foetida* in enhancing vermi-degradation and nutrient release of fly ash incorporated into cow dung-paper waste mixture[J]. Waste Management, 2016, 48: 165-173.

[90] Tóthné Bogdányi F, Boziné Pullai K, Doshi P, et al. Composted municipal green waste infused with biocontrol agents to control plant parasitic nematodes—a review[J]. Microorganisms, 2021, 9(10): 2130.

[91] Malik M A, Marschner P, Khan K S. Addition of organic and inorganic P sources to soil-effects on P pools and microorganisms[J]. Soil Biology and Biochemistry, 2012, 49: 106-113.

[92] Xi B, He X, Dang Q, et al. Effect of multi-stage inoculation on the bacterial and fungal community structure during organic municipal solid wastes composting[J]. Bioresource Technology, 2015, 196: 399-405.

[93] 席北斗, 刘鸿亮, 孟伟, 等. 高效复合微生物菌群在垃圾堆肥中的应用[J]. 环境科学, 2001, 22(5): 122-125.
[94] Zhao Y, Lu Q, Wei Y, et al. Effect of actinobacteria agent inoculation methods on cellulose degradation during composting based on redundancy analysis[J]. Bioresource Technology, 2016, 219: 196-203.
[95] Zhang Y, Zhao Y, Chen Y, et al. A regulating method for reducing nitrogen loss based on enriched ammonia-oxidizing bacteria during composting[J]. Bioresource Technology, 2016, 221: 276-283.
[96] Hachicha R, Rekik O, Hachicha S, et al. Co-composting of spent coffee ground with olive mill wastewater sludge and poultry manure and effect of *Trametes versicolor* inoculation on the compost maturity[J]. Chemosphere, 2012, 88(6): 677-682.
[97] Simarmata R, Widowati T, Nurjanah L, et al. The role of microbes in organic material decomposition and formation of compost bacterial communities[J]-IOP Conference Series: Earth and Environmental Science, 2021, 762(1): 012044.
[98] Xi B, He X, Wei Z, et al. Effect of inoculation methods on the composting efficiency of municipal solid wastes[J]. Chemosphere, 2012, 88(6): 744-750.
[99] 鄢海印, 刘可星, 毛敬麟, 等. 接种方式对堆肥过程中功能菌定殖的影响[J]. 农业环境科学学报, 2012, 31(10): 2039-2045.
[100] Borggaard O K, Raben-Lange B, Gimsing A L, et al. Influence of humic substances on phosphate adsorption by aluminium and iron oxides[J]. Geoderma, 2005, 127(3-4): 270-279.
[101] Iqbal H, Garcia-Perez M, Flury M. Effect of biochar on leaching of organic carbon, nitrogen, and phosphorus from compost in bioretention systems[J]. Science of the Total Environment, 2015, 521-522: 37-45.
[102] Wang C, Lu H, Dong D, et al. Insight into the effects of biochar on manure composting: evidence supporting the relationship between N_2O emission and denitrifying community[J]. Environmental Science & Technology, 2013, 47(13): 7341-7349.
[103] Agegnehu G, Bass A M, Nelson P N, et al. Benefits of biochar, compost and biochar-compost for soil quality, maize yield and greenhouse gas emissions in a tropical agricultural soil[J]. Science of the Total Environment, 2016, 543: 295-306.
[104] Liu W, Wang S, Zhang J, et al. Biochar influences the microbial community structure during tomato stalk composting with chicken manure[J]. Bioresource Technology, 2014, 154: 148-154.
[105] Guo X, Liu H, Zhang J. The role of biochar in organic waste composting and soil improvement: a review[J]. Waste Management, 2020, 102: 884-899.
[106] Tian J, Wang J, Dippold M, et al. Biochar affects soil organic matter cycling and microbial functions but does not alter microbial community structure in a paddy soil[J]. Science of the Total Environment, 2016, 556: 89-97.
[107] Kammann C, Ratering S, Eckhard C, et al. Biochar and hydrochar effects on greenhouse gas (carbon dioxide, nitrous oxide, and methane) fluxes from soils[J]. Journal of Environmental Quality, 2012, 41: 1052-1066.
[108] Jindo K, Sonoki T, Matsumoto K, et al. Influence of biochar addition on the humic substances of composting manures[J]. Waste Management, 2016, 49: 545-552.
[109] Zhang L, Sun X. Changes in physical, chemical, and microbiological properties during the two-stage co-composting of green waste with spent mushroom compost and biochar[J]. Bioresource Technology, 2014, 171: 274-284.

[110] Prost K, Borchard N, Siemens J, et al. Biochar Affected by composting with farmyard manure[J]. Journal of Environmental Quality, 2013, 42(1): 164-172.
[111] Deb D, Kloft M, Lässig J, et al. Variable effects of biochar and P solubilizing microbes on crop productivity in different soil conditions[J]. Agroecology and Sustainable Food Systems, 2016, 40(2): 145-168.
[112] Jindo K, Sanchez-Monedero M A, Hernandez T, et al. Biochar influences the microbial community structure during manure composting with agricultural wastes[J]. Science of the Total Environment, 2012, 416: 476-481.
[113] 张金屯. 数量生态学[M]. 北京: 科学出版社, 2004: 131-180.
[114] 赖江山. 生态学多元数据排序分析软件 Canoco5 介绍[J]. 生物多样性, 2013, 21(6): 765-768.
[115] 张嘉超, 曾光明, 喻曼, 等. 农业废物好氧堆肥过程因子对细菌群落结构的影响[J]. 环境科学学报, 2010, 30(5): 1002-1010.
[116] Duque-Acevedo M, Belmonte-Urena L J, Cortés-García F J, et al. Agricultural waste: review of the evolution, approaches and perspectives on alternative uses[J]. Global Ecology and Conservation, 2020, 22: e00902.
[117] Wang X, Cui H, Shi J, et al. Relationship between bacterial diversity and environmental parameters during composting of different raw materials[J]. Bioresource Technology, 2015, 198: 395-402.
[118] Xi B, Zhao X, He X, et al. Successions and diversity of humic-reducing microorganisms and their association with physical-chemical parameters during composting[J]. Bioresource Technology, 2016, 219: 204-211.
[119] Ma G, Chen Y, Ndegwa P. Association between methane yield and microbiota abundance in the anaerobic digestion process: a meta-regression[J]. Renewable and Sustainable Energy Reviews, 2021, 135: 110212.
[120] Chen Y, Zhou W, Li Y, et al. Nitrite reductase genes as functional markers to investigate diversity of denitrifying bacteria during agricultural waste composting[J]. Applied Microbiology and Biotechnology, 2014, 98(9): 4233-4243.
[121] Liu S, Hu B, He Z, et al. Ammonia-oxidizing archaea have better adaptability in oxygenated/hypoxic alternant conditions compared to ammonia-oxidizing bacteria[J]. Applied Microbiology and Biotechnology, 2015, 99(20): 8587-8596.

第 2 章　有机固体废弃物堆肥磷素组成及解磷微生物特性

2.1　不同有机固体废弃物堆肥磷素组成特性研究

2.1.1　不同物料堆肥过程中的总磷、无机磷及有机磷变化

如图 2-1 所示，不同来源的有机固废堆肥中总磷含量占干重的比例存在显著不同，在堆肥初期，7 种物料堆肥中秸秆堆肥总磷含量最低，为 0.25%，鸡粪堆肥最高，为 2.39%，变异幅度较大。在堆肥腐熟期，不同物料堆肥总磷含量均高于堆肥第 1 天，在第 23 天的堆肥样品中，秸秆堆肥总磷含量最低，为 0.30%，而鸡粪堆肥含量最高，为 3.00%；同一种有机固废第 23 天的堆肥样品中总磷含量显著高于第 1 天（$P < 0.01$）。总磷含量增加与堆肥过程的“浓缩效应”有关，在堆肥过程中碳、氮、氢等元素会以 CO_2、NH_3 及 H_2O 等气体形式流失，但磷素仍然会保留在堆体内，因此，堆肥过程中总磷含量呈现升高趋势。在本研究中，除畜禽粪便堆肥外，其他物料的总磷含量接近，约为 0.40%，且随堆肥天数增加总磷含量的上升趋势明显（图 2-1）。如表 2-1 所示，23 d 堆肥样品中，鸡粪、猪粪和生活垃圾堆肥总磷浓度分别为 29.99 g/kg、21.95 g/kg、6.76 g/kg，显著高于其他物料堆肥腐熟产品；而差异性分析结果表明，其余 23d 堆肥产品（园林垃圾、餐厨垃圾、果蔬垃圾和秸秆堆肥）之间总磷含量差异不显著，分别为 4.62 g/kg、3.36 g/kg、3.29 g/kg、2.99 g/kg（表 2-1）。鸡粪堆肥和猪粪堆肥中较高的总磷含量是由于畜禽养殖中饲料中存在较高的矿物磷添加（鸡饲料，4.9 g P/kg；猪饲料，7.3 g P/kg）[1]，在畜禽养殖中饲料中的总磷含量一旦超出标准，往往会导致家禽或家畜排出的粪便具有较高的磷含量[2]。研究报道，中国鸡粪和猪粪总磷含量明显高于发达国家，纵向比较发现，目前鸡粪、猪粪中总磷含量也显著高出中国 20 年前的水平，20 年前猪粪、鸡粪中总磷含量平均仅为 0.9%[2]。

利用连续提取法对堆肥总磷中的无机磷、有机磷进行提取，分布如图 2-2 所示，除秸秆堆肥外，其他堆肥尽管原材料不同，但无机磷和有机磷在总磷中的分布十分相似，无机磷均超过 50%，而秸秆堆肥中无机磷仅占总磷的 32.35%。在猪粪、鸡粪、生活垃圾和园林垃圾堆肥样品中，74%～90%的磷是无机磷，其中鸡粪堆肥中无机磷占总磷比例最高，堆肥过程平均为 85%，该比例与 Zvomuya 等[3]

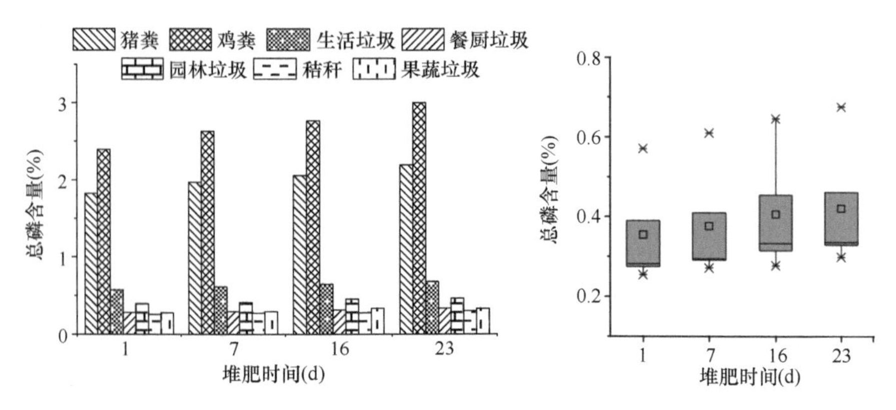

图 2-1　不同来源有机固体废弃物堆肥过程中总磷含量的变化

左图为 7 种物料堆肥过程中总磷含量的变化，右图为除鸡粪、猪粪外其他低磷物料堆肥过程中总磷含量的变化

表 2-1　不同有机固体废弃物 23 d 堆肥产品中磷组分含量的多重比较

	总磷含量（g/kg）	无机磷含量（g/kg）	有机磷含量（g/kg）	无机磷/有机磷	Olsen 磷含量（g/kg）	水溶性磷含量（g/kg）	柠檬酸磷含量（g/kg）	微生物量磷含量（g/kg）	可利用磷含量（g/kg）
猪粪	21.95b	18.19b	3.76b	4.83a	6.08b	1.85b	5.00b	1.36a	9.24b
鸡粪	29.99a	25.11a	4.88a	5.15a	8.64a	4.87a	9.70a	0.93b	13.47a
生活垃圾	6.76c	5.42c	1.34d	4.04b	1.17cd	0.64cd	1.57c	0.15c	2.03cd
餐厨垃圾	3.36d	1.90de	1.46d	1.30e	0.78d	0.73cd	1.70c	0.26c	1.75cd
园林垃圾	4.62d	3.43d	1.19d	2.89c	1.86c	1.12c	1.81c	0.33c	2.55c
秸秆	2.99d	0.74e	2.25c	0.33f	0.40d	0.09e	0.12d	0.10c	0.43e
果蔬垃圾	3.29d	2.24de	1.05d	2.14d	0.78d	0.58de	0.83cd	0.12c	1.03de

注：同一列中不同字母代表存在显著差异（$P < 0.05$），表格中数据为三组测量平均值

的研究结果相似。在堆肥过程中有机质的降解往往伴随着无机磷含量的升高[4]，然而，在堆肥过程中有机磷含量的变化趋势与无机磷并不相同。例如，猪粪堆肥中有机磷含量在堆肥初期逐渐增加并达到稳定，在 16 d 后小幅下降；除果蔬垃圾、餐厨垃圾堆肥外，其他堆肥有机磷含量呈现波动趋势，相对于第 1 天有小幅增加。对于无机磷与有机磷之比（IP/OP），猪粪和鸡粪堆肥在 23 d 具有最大值，平均为 5.15 和 4.83（图 2-2），而在第 23 天秸秆堆肥的 IP/OP 却最低，平均仅为 0.33（表 2-1）。综上所述，在不同物料堆肥过程中无机磷是磷的主要形态，这可能是引起堆肥施入土壤后磷素易大量流失的主要原因，因此，调整堆肥产品的磷组分比例对改善堆肥磷素利用率具有重要意义。

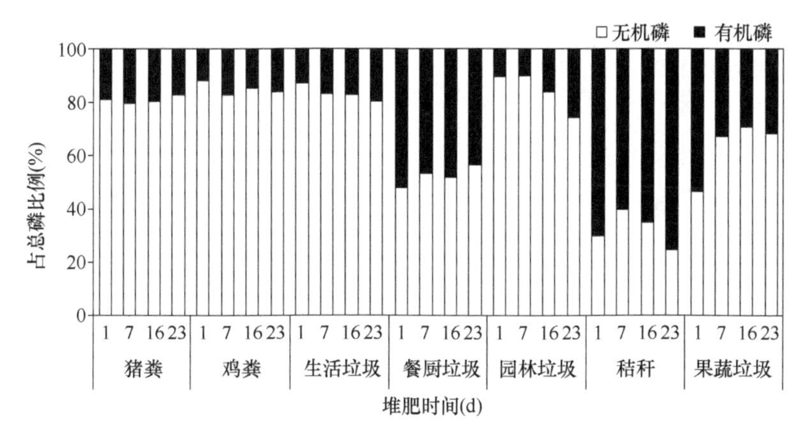

图 2-2 不同物料堆肥过程中无机磷和有机磷占总磷的比例

2.1.2 不同物料堆肥过程中磷组分变化

水溶性磷是活性最高、最易被利用的磷组分，在不同有机固废堆肥过程中水溶性磷含量为 0.09～4.87 g/kg，占总磷的 3.02%～29.11%（图 2-3）。在所有物料堆肥中，鸡粪堆肥水溶性磷含量最高，为 4.87 g/kg（表 2-1），而园林垃圾堆肥的水溶性磷占总磷比例最高，平均为 27.83%，秸秆垃圾堆肥最低，为 5.45%（图 2-4）。正如 Gaind[4]的研究所述，在有机质降解过程中无机磷通过有机质降解产生的酸性物质进行溶解，因此，秸秆堆肥中无机磷占总磷比例最低（图 2-3），这可能是导致其堆肥溶液中释放的水溶性磷比例最低的原因。

通常可利用磷组分包括水溶性磷、Olsen 磷和柠檬酸磷，在堆肥过程中，水溶性磷占可利用磷的比例为 19.06%～68.15%（图 2-4），表明物料种类不同可导致堆肥水溶性磷含量的巨大差异。在堆肥过程中水溶性磷占总磷的比例逐渐下降，这与之前 Eneji 等[5]的报道一致。

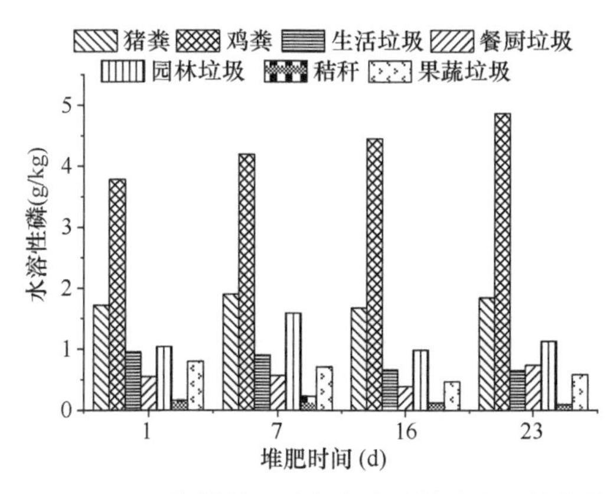

图 2-3 不同物料堆肥过程中水溶性磷含量的变化

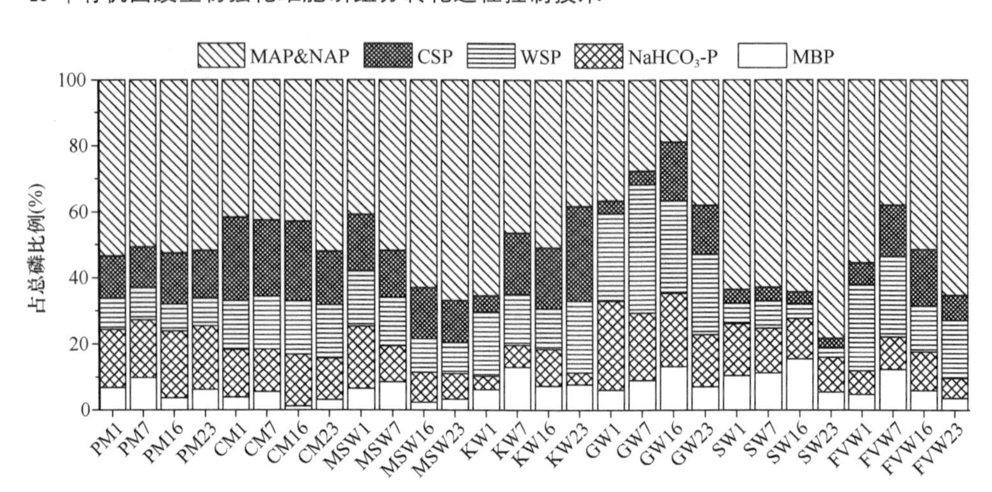

图 2-4　不同物料堆肥过程中不同磷组分占总磷比例的变化

鸡粪用 CM 表示，猪粪用 PM 表示，生活垃圾用 MSW 表示，餐厨垃圾用 KW 表示，园林垃圾用 GW 表示，秸秆用 SW 表示，果蔬垃圾用 FVW 表示。堆肥名称后的数字（1、7、16、23）代表取样天数。MAP&NAP 代表中度可利用磷和不可利用磷，CSP 代表柠檬酸溶解的磷组分，WSP 代表水溶性磷，$NaHCO_3$-P 代表可被 $NaHCO_3$ 溶解的磷组分，MBP 代表微生物量磷

如图 2-4 所示，不同有机固废堆肥中柠檬酸磷组分所占的平均比例依照以下顺序逐步升高：秸秆堆肥（7.21%）<猪粪堆肥（22.72%）<生活垃圾堆肥（27.64%）<果蔬垃圾堆肥（32.76%）<餐厨垃圾堆肥（34.98%）<鸡粪堆肥（38.22%）<园林垃圾堆肥（38.9%）。在所有堆肥中，鸡粪堆肥柠檬酸磷含量最高（10.24 g/kg），紧接着是猪粪堆肥（4.56 g/kg）。水溶性磷含量约为柠檬酸磷含量的一半（52.02%），表明在堆肥过程中，水溶性磷是柠檬酸磷的主体成分。除生活垃圾和餐厨垃圾堆肥以外，所有堆肥中的柠檬酸磷含量在经过堆肥高温期后呈小幅下降直至堆肥结束（图 2-5）。柠檬酸溶解的磷组分（CSP）是指柠檬酸磷组分中去除水溶性磷组分后剩余的磷，其占总磷的比例在鸡粪、生活垃圾和秸秆堆肥末期相对

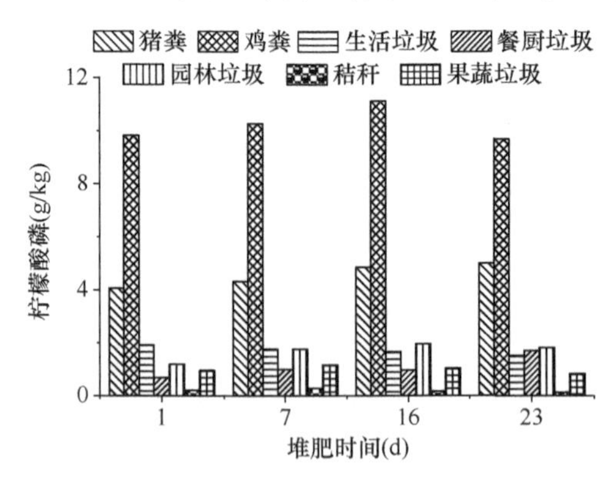

图 2-5　不同物料堆肥过程中柠檬酸磷含量的变化

于堆肥初期显著降低，而在餐厨垃圾、园林垃圾和猪粪堆肥中 CSP 显著升高（$P < 0.05$）（图 2-5）。

Olsen 磷指 $NaHCO_3$ 溶解的磷组分，是最具移动性并容易矿化的磷组分，因此在土壤中也容易被固定。Olsen 磷含量较低的是餐厨垃圾、秸秆和果蔬垃圾堆肥，分别是 0.78 g/kg、0.40 g/kg、0.78 g/kg，而在鸡粪堆肥中最高（8.64 g/kg），其次是猪粪堆肥（6.08 g/kg）（表 2-1）。在猪粪、鸡粪和餐厨垃圾堆肥过程中 Olsen 磷含量显著增加，相反，在生活垃圾、园林垃圾、秸秆和果蔬垃圾堆肥中却大幅下降（$P < 0.05$）（图 2-6）。除猪粪和餐厨垃圾堆肥外，Olsen 磷占总磷的比例在堆肥过程中逐渐下降，这可能与活性磷向中度活性磷和中稳性磷转化有关[6]。在除生活垃圾堆肥（46.35%）外的所有堆肥中 Olsen 磷占可利用磷的比例超过 50.06%（图 2-6）。这表明 Olsen 磷是堆肥过程中可利用磷的主要组分。虽然活性有机磷也可被 Olsen 法所提取，但 Olsen 磷主要还是以无机磷的形式存在[6]。综上可知，尽管有些磷组分含量较低，但它们的变化依然会受堆肥环境因素的影响[2]。

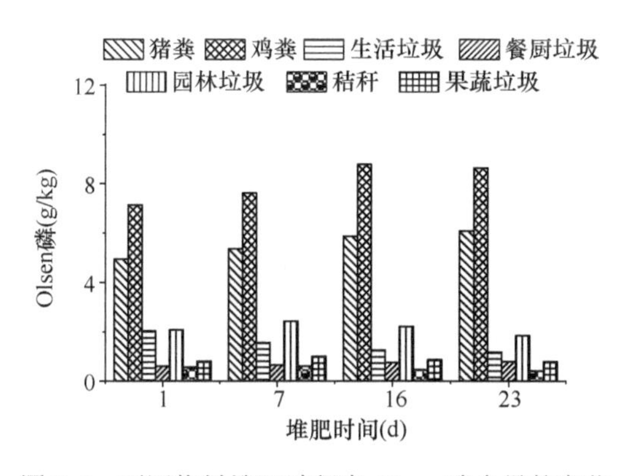

图 2-6　不同物料堆肥过程中 Olsen 磷含量的变化

微生物量磷代表存留于微生物体内的有机磷。因为在有机固废施入土壤后微生物量磷可以随微生物裂解转换成活性磷，所以它对于植物生长来说是一种重要的磷源[7]。在堆肥初期，微生物量磷的含量在 0.13～1.20 mg/kg（图 2-7）。在堆肥第 7 天，也就是达到高温期时，猪粪、鸡粪、生活垃圾、餐厨垃圾和果蔬垃圾堆肥微生物量磷含量随着温度的上升快速增长至最大值（0.36～1.90 mg/kg）。在堆肥初期，物料中往往富含大量的可降解小分子量物质，如有机质、蛋白质、糖类等[8,9]，有利于微生物的生长，进而将游离的磷素（如正磷酸盐和正磷酸盐单酯等）同化至微生物体内[2]。然而，在园林垃圾和秸秆堆肥中，微生物量磷在第 16 天才达到最大值，这很可能与物料中有机组分的差异有关。在园林垃圾和秸秆堆肥中有机组分主要为木质素、纤维素和半纤维素等，这些物质很难被降解，因此，对于微生物的生长来说，易降解类营养物质相对缺乏，进而限制了微生物的生长。根据 Wei 等[8]的报道，不同物料堆肥在第 16 天时已经全部进入降温期，此时的微生物量磷含量与堆肥过程中微生物量磷最大值相比平均下降了 40.56%。在堆肥末期，猪粪、鸡粪、生活垃圾、餐厨垃圾、园林垃圾、秸秆和果蔬垃圾堆肥的微生物量磷比例分别为 6.27%、3.14%、3.29%、7.77%、7.06%、5.47%和 3.63%（图 2-4）。不同物料堆肥中微生物量磷含量的差异可能是由于基质营养物质组分的差异以及可被微生物同化的可利用磷含量不同，此外，考虑到微生物量磷可以被生物转化进而缓慢释放并被作物吸收，有效避免了磷的固定和淋溶[10]，含有更高微生物量磷的猪粪、餐厨垃圾和园林垃圾堆肥具有更大的供磷潜力。

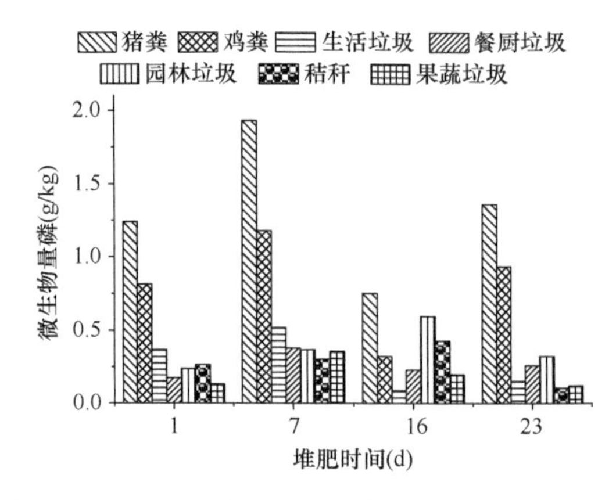

图 2-7　不同物料堆肥过程中微生物量磷含量的变化

如图 2-4 所示，不同物料堆肥过程中不同磷组分变化存在差异。在不同物料堆肥中，中度可利用磷和不可利用磷（MAP&NAP）占总磷的比例最高，平均为 50.35%，而微生物量磷占总磷的比例最低，平均仅为 7.14%。在不同有机固废堆肥中，可利用磷占总磷的比例存在显著差异，在秸秆堆肥中可利用磷占总磷的比例最低（22.26%），在园林垃圾堆肥中最高（60.98%），其次为鸡粪堆肥，约为 51.89%。在堆肥高温期以后，除餐厨垃圾堆肥外，可利用磷（包括水溶性磷、Olsen 磷和柠檬酸磷）占总磷比例呈现下降趋势，平均从 44.31%下降至 36.21%，而中度可利用磷和不可利用磷比例逐渐上升，平均从 48.54%上升至 59.78%，表明磷组分可利用性的主要转换阶段在堆肥后期，此时磷组分中活性磷比例下降而稳定性磷比例升高。

综上所述，堆肥是一种有效的管理有机固废中磷素资源的方式，极大地减少了磷流失的可能性，将腐熟的堆肥施用于种植作物的土壤中，可以提高植物的磷素利用率[5]。

2.1.3　不同物料堆肥磷素相关性分析和聚类分析

2.1.3.1　磷组分相关性分析

如图 2-8 所示，不同磷组分（包括无机磷、有机磷、Olsen 磷、水溶性磷和柠檬酸磷）含量之间呈显著正相关（$P < 0.01$），而微生物量磷占总磷的比例（MBP%）与无机磷、水溶性磷、Olsen 磷和柠檬酸磷组分含量之间明显呈现负相关，这与 Gaind[4]等的报道结果一致。此外，可利用磷占总磷的比例（AP%）与水溶性磷（$r = 0.46$，$P < 0.05$）、Olsen 磷（$r = 0.39$，$P < 0.05$）和柠檬酸磷（$r = 0.40$，$P < 0.05$）组分含量分别呈现显著相关，但是与微生物量磷占总磷的比例并不相关。中度可利用磷和不可利用磷组分与可利用磷组分含量呈现极显著负相关，相关系数达到–0.96。基于 2.1.2 内容所述，微生物量磷占总磷的比例很低，推测堆肥过程可能是一个可利用活性磷含量下降，而中度可利用磷和不可利用磷含量升高的过程。

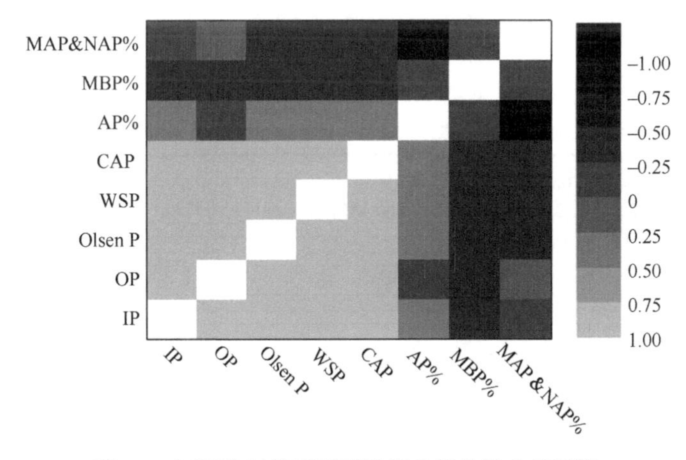

图 2-8　不同物料堆肥不同磷组分相关性分析矩阵

MAP&NAP 代表中度可利用磷和不可利用磷，MBP 代表微生物量磷，AP 代表可利用磷，CAP 代表柠檬酸磷，WSP 代表水溶性磷，Olsen P 代表可被 Olsen 法提取的有效磷组分，OP 和 IP 分别代表有机磷和无机磷

2.1.3.2　磷组分和堆肥理化指标相关性分析

碳氮比（C/N）是一个评价堆肥腐熟度的重要指标，往往随着堆肥腐熟度升高而下降[11]，如表 2-2 所示，碳氮比与除微生物量磷以外的所有磷组分含量呈显著负相关关系（$P < 0.05$），表明随堆肥腐熟度升高，总磷、无机磷与可利用磷（包含 Olsen 磷、水溶性磷和柠檬酸磷）也在逐渐增加。除微生物量磷占总磷的比例（MBP%）与中度可利用磷和不可利用磷占总磷的比例（MAP&NAP%）两个指标

外，所有磷含量指标均与水溶性有机氮（DON）呈显著正相关。MBP%与含水率（MC）（$r = 0.43$，$P < 0.05$）、C/N（$r = 0.40$，$P < 0.05$）、有机质（OM）（$r = 0.48$，$P < 0.01$）和铵态氮（NH_4^--N）（$r = 0.43$，$P < 0.05$）呈显著正相关，与发芽指数（GI）（$r = -0.46$，$P < 0.05$）呈显著负相关。水溶性有机碳（DOC）、水溶性有机氮（DON）和水溶性磷均与微生物量磷呈显著相关关系（图 2-8，表 2-2），表明水溶性有机物的迁移转化会影响微生物活动。

表 2-2　不同物料堆肥中不同磷组分和堆肥理化指标的相关矩阵

	总磷	无机磷	有机磷	Olsen 磷	水溶性磷	柠檬酸磷	微生物量磷	可利用磷	MBP%	MAP&NAP%
温度	0.07	0.07	0.04	0.06	0.07	0.09	0.03	0.06	0.09	–0.12
pH	0.40*	0.41*	0.33	0.41*	0.34	0.35	0.39*	0.39*	–0.04	–0.13
含水率	–0.16	–0.15	–0.21	–0.08	–0.01	–0.06	0.02	–0.08	0.43*	–0.31
铵态氮	–0.01	–0.00	–0.02	0.01	0.04	0.02	0.35	0.01	0.43*	–0.21
硝态氮	0.37	0.36	0.38*	0.33	0.33	0.31	0.13	0.31	–0.37	0.15
C/N	–0.42*	–0.42*	–0.40*	–0.40*	–0.41*	–0.43*	–0.12	–0.42*	0.40*	0.06
有机质	–0.13	–0.14	–0.06	–0.08	–0.09	–0.11	0.16	–0.10	0.48**	–0.10
发芽指数	0.33	0.32	0.36	0.30	0.24	0.27	–0.00	0.29	–0.46*	0.15
DOC	0.36	0.36	0.35	0.38*	0.35	0.35	0.63**	0.36	0.19	–0.38*
DON	0.61**	0.60**	0.53**	0.61**	0.57**	0.65**	0.44*	0.65**	–0.27	–0.29

注：*表示显著性 $P < 0.05$，**表示显著性 $P < 0.01$

MBP%表示微生物量磷占总磷的比例；MAP&NAP%表示中度可利用磷和不可利用磷占总磷的比例；DOC 和 DON 分别代表水溶性有机碳和水溶性有机氮

2.1.3.3　不同物料堆肥聚类分析

上述研究结果已表明总磷、无机磷、有机磷、水溶性磷、Olsen 磷、柠檬酸磷和微生物量磷等大部分磷组分含量呈显著相关关系，为进一步明确不同有机废固体弃物堆肥的磷素特性，依据堆肥过程中不同磷组分含量，利用聚类方法分析获取的树状图结果见图 2-9，不同物料堆肥在树状图中层次距离越近表示磷组分含量分布越相似。由图 2-9 可以看出，7 种不同物料堆肥根据磷组分差异基本可以分成 2 个大类和 4 个亚类，第一大类（A）可以分成两个亚类，餐厨垃圾堆肥、果蔬垃圾堆肥和秸秆堆肥属于第一亚类，生活垃圾堆肥和园林垃圾堆肥属于第二亚类；第二大类（B）也可分成两个亚类，第一亚类仅包含猪粪堆肥，而第二亚类仅含有鸡粪堆肥。结合总磷含量数据，可以发现第二大类中物料的磷组分含量明显高于第一大类。

堆肥中的磷素在土壤生态系统营养物质转化和微生物活动中具有重要作用，充分利用堆肥中的磷素有助于解决作物因可利用磷含量受限而难以实现高产的问

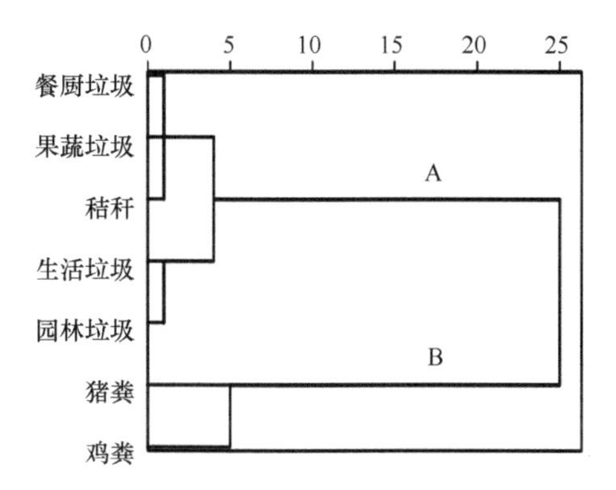

图 2-9　不同物料堆肥根据磷组分含量的聚类分析树状图

题。以上研究结果表明，堆肥可利用磷素特性取决于磷的含量和磷组分的分布，如果不同物料堆肥具有相同的总磷含量，那么可利用磷组分含量占总磷的比例越高的堆肥可提供生物可利用性磷素的能力越强，正如鸡粪和猪粪堆肥，总磷含量较高，而且可利用磷组分（Olsen 磷、水溶性磷和柠檬酸磷）比例也较高（表 2-1，图 2-4），必然具备较高的生物可利用性；相反，如果总磷含量较低而且可利用磷组分比例也不高的堆肥则生物利用性相对较低，如秸秆堆肥；然而，含有相对较高的总磷含量但却含有较低的可利用磷组分比例的这类有机固废堆肥，如生活垃圾堆肥，以及含有较低总磷含量但却含有较高可利用磷组分比例的这类有机固废堆肥，如园林垃圾堆肥（表 2-1，图 2-4），也可能具备较高的生物可利用性。因此，结合聚类分析结果和堆肥磷含量，可以看出不同来源的有机固废堆肥的磷素可利用性排序如下：鸡粪堆肥>猪粪堆肥>生活垃圾堆肥、园林垃圾堆肥>餐厨垃圾堆肥、果蔬垃圾堆肥和秸秆堆肥（表 2-1，图 2-4）。这些结果为了解中国有机固废堆肥中磷素资源特性提供了有价值的信息，也可以指导未来农业生产，即通过判别不同堆肥中磷组分差异选择最合适的堆肥进行土壤施用。对于高磷物料，如畜禽粪便，应进行稀释处理，以避免磷素大量施入土壤超出作物需求而引起面源污染；对于低磷物料，则可以根据作物磷素需求量适当添加难溶性磷酸盐，并接种解磷微生物，制备富磷生物强化堆肥产品。

2.2　堆肥过程关键解磷菌辨识及其与环境因子的响应

2.2.1　堆肥过程中可培养细菌和解磷细菌丰度变化

不同堆肥过程中可培养细菌（bacteria）和解磷细菌（PSB）的数目如表 2-3 所示，在不同有机固废堆肥中细菌数大约为 10^7 CFU/g，其中生活垃圾堆肥中细菌数最大，是秸秆堆肥中细菌数的 4.27 倍。本研究中细菌数比 López-González 等[12]的研究报道的低大约一个数量级，可能是由于有机固废的来源不同以及对高温细菌（50℃培养）与常温细菌（30℃培养）的测定方法不同所致。不同物料堆肥在第 7 天均达到细菌数的最大值，随后表现为逐渐下降的过程，直至堆肥结束。这一变化可能是由于堆肥初期存在丰富的可降解的糖类、蛋白质和脂肪等营养物质，这些物质可以被微生物快速降解利用，维系微生物活力，而在堆肥后期营养物质匮乏，限制了微生物活性和细菌数量[13,14]。

表 2-3　不同物料堆肥过程中可培养细菌数和解磷细菌数

	堆肥	平均微生物数量（$\times10^6$ CFU/g）			
		1 d	7 d	16 d	23 d
可培养细菌	猪粪	28.5±0.9	65.1±2.3	57.8±3.5	46.9±3.3
	鸡粪	16.7±2.4	40.1±3.7	33.4±4.1	22.3±4.0
	生活垃圾	67.5±5.2	89.1±4.1	78.9±4.2	55.2±3.4
	餐厨垃圾	24.9±1.0	79.2±4.3	64.4±3.6	41.2±1.3
	园林垃圾	16.9±1.4	42.4±2.1	38.6±1.7	23.1±2.5
	秸秆	15.8±2.8	34.1±1.5	27.3±2.8	19.0±1.2
	果蔬垃圾	53.8±1.3	80.5±6.8	64.5±3.0	55.9±3.6
解磷细菌	猪粪	7.35±0.04	6.88±0.32	6.62±0.44	6.50±0.62
	鸡粪	8.27±0.25	8.33±0.47	8.47±0.17	8.91±0.55
	生活垃圾	12.32±0.11	8.86±0.21	10.72±0.78	9.05±0.82
	餐厨垃圾	10.46±0.15	12.06±0.12	9.95±0.63	8.20±1.21
	园林垃圾	7.08±0.53	8.26±0.09	5.45±0.51	7.24±0.52
	秸秆	8.65±0.98	6.87±0.14	8.76±0.88	5.42±0.09
	果蔬垃圾	9.86±0.35	9.29±0.43	11.03±1.03	9.84±1.10

如图 2-10～图 2-12 所示，线性回归分析结果表明，堆肥过程中细菌数的对数值（lgBacteria，lgB）与温度、水溶性有机碳（DOC）和有机质（OM）含量均呈显著线性关系，但不同的是 lgB 与温度（$R^2 = 0.2517$，$P < 0.01$）和水溶性有机碳（$R^2 = 0.1100$，$P < 0.05$）分别呈现正相关关系，而与有机质（$R^2 = 0.2544$，$P < 0.01$）呈显著负相关关系，说明温度的变化和水溶性有机物（dissolved organic matter，DOM）的迁移在堆肥过程中对细菌活性提高至关重要。

不同物料堆肥过程中解磷细菌数存在较大差异，如表 2-3 所示，变化范围从最低的秸秆堆肥（5.42×10^6 CFU/g）至最高的生活垃圾堆肥（1.232×10^7 CFU/g）。在生活垃圾、餐厨垃圾和果蔬垃圾堆肥过程中平均解磷菌数显著高于秸秆、园林垃圾、鸡粪和猪粪堆肥（$P < 0.05$）。在整个堆肥过程中，解磷菌数的变化与可培养细菌数的变化并不相同，例如，当堆肥在第 7 天进入高温期时，在生活垃圾、秸秆、

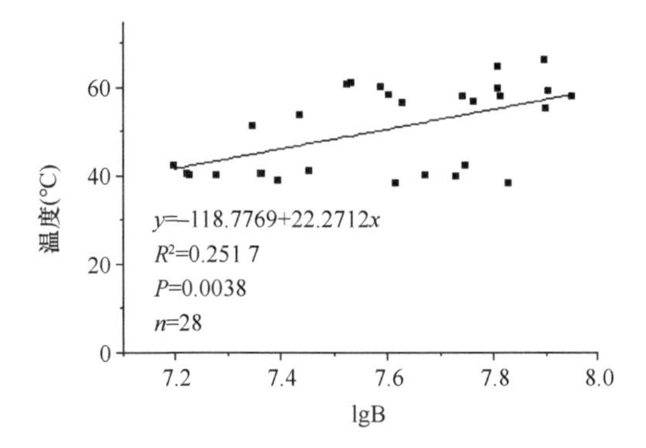

图 2-10 堆肥过程中细菌数与温度的线性回归分析

lgB 代表细菌数的对数值

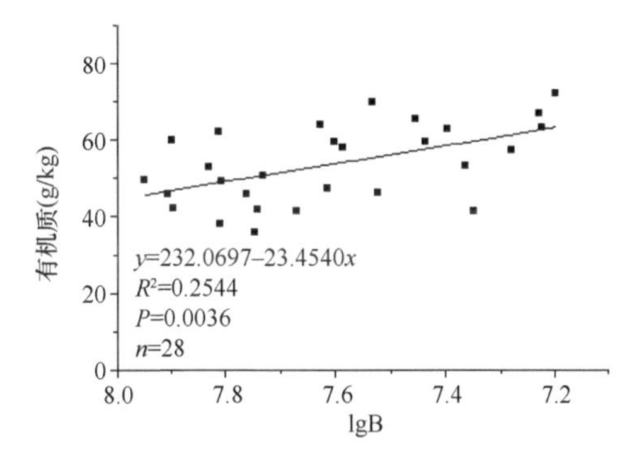

图 2-11 堆肥过程中细菌数与有机质含量的线性回归分析

lgB 代表细菌数的对数值

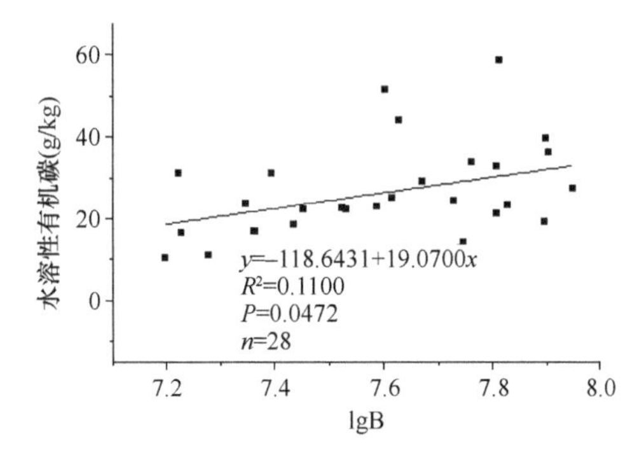

图 2-12 堆肥过程中细菌数与水溶性有机碳含量的线性回归分析

lgB 代表细菌数的对数值

果蔬垃圾和猪粪堆肥中，随堆肥温度升高解磷菌数快速下降，可能是由于堆肥进入高温期，较高的温度对中温解磷菌的生长及酶活性明显抑制[13]。然而在园林垃圾和餐厨垃圾堆肥过程中，进入高温期后解磷菌数快速上升至最大值，可能是由于这些物料中含有较高比例的耐高温或嗜热解磷菌。因此，可以从园林垃圾和餐厨垃圾堆肥高温期样品中筛选具备较高代谢活性和解磷能力的解磷菌，制成微生物菌剂用于堆肥高温期。除鸡粪和猪粪堆肥外，其他堆肥过程中解磷菌数在 16 d 后呈现波动的趋势。不同堆肥中解磷菌数变化存在差异的主要原因可能是堆肥物料中营养成分的差异和解磷菌群落结构的不同。

线性回归分析结果表明，堆肥过程中不同环境参数也与解磷菌的平均数量存在显著线性相关关系，如图 2-13 和图 2-14 所示。在堆肥过程中解磷菌数与 pH 存在显著负相关关系（R^2 = 0.1395，P < 0.05），研究表明解磷菌可通过代谢产生小分子有机酸，降低 pH，溶解难溶性磷[15,16]；另外，解磷菌数也与堆肥过程中微生物量磷存在显著线性关系（R^2 = 0.1181，P < 0.05），Mander 等[14]的研究结果表明在草原土壤中解磷菌的表型与总磷含量存在显著负相关关系，说明磷含量可能对解磷菌表型存在一定筛选压力，但本研究中解磷菌数与总磷含量并不相关，可能该理论并不适用于营养物质更复杂的堆肥环境。

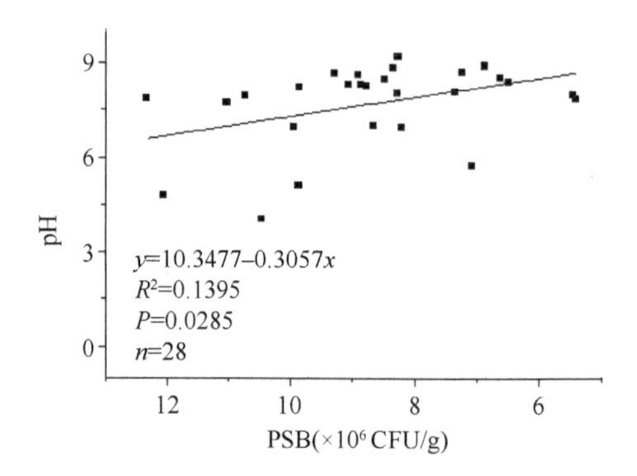

图 2-13　堆肥过程中解磷菌数与 pH 的线性回归分析

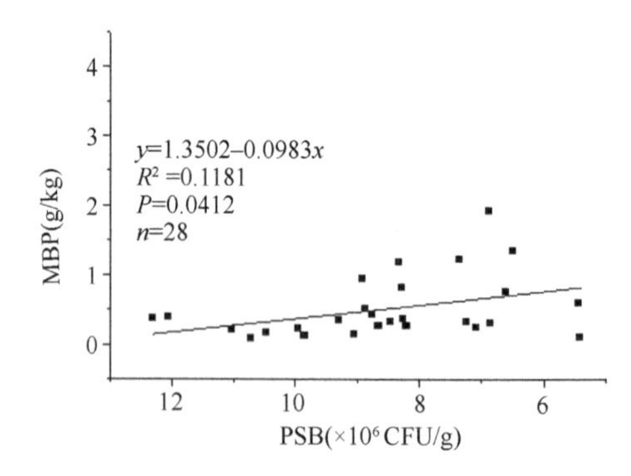

图 2-14　堆肥过程中解磷菌数与微生物量磷含量的线性回归分析

在堆肥过程中，解磷菌在细菌群落中的出现频率变化幅度较大，最低出现在生活垃圾堆肥中，仅为 9.94%，最高出现在秸秆中，高达 54.75%，均显著高于

Sharma 等[17]所报道的在土壤中解磷菌的出现频率。鸡粪和秸秆堆肥过程中解磷菌出现频率最高，平均分别为 33.90%和 33.88%，而在猪粪和生活垃圾堆肥过程中发生率最低，仅分别为 15.41%和 14.54%，以上结果表明解磷菌并不是堆肥细菌群落中的主要菌群，但始终保持一定的比例。如图 2-15～图 2-17 所示，回归分析

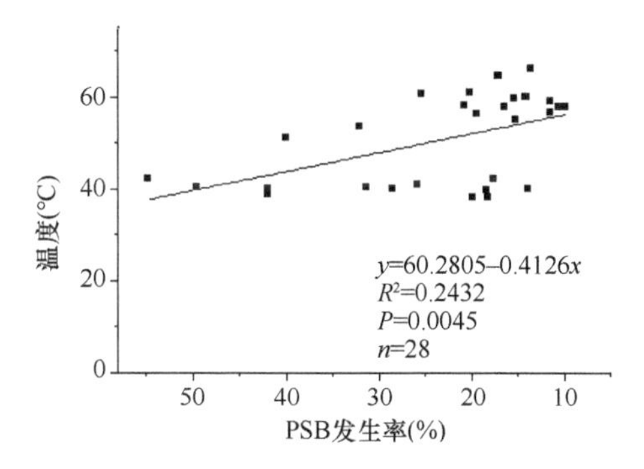

图 2-15　堆肥过程中解磷菌发生率与温度的线性回归分析

PSB 发生率代表解磷菌发生率，即解磷菌在细菌中的出现频率

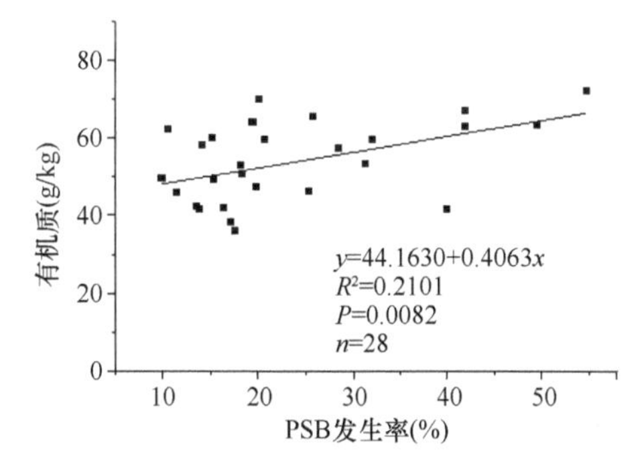

图 2-16　堆肥过程中解磷菌发生率与有机质含量的线性回归分析

PSB 发生率代表解磷菌发生率，即解磷菌在细菌中的出现频率

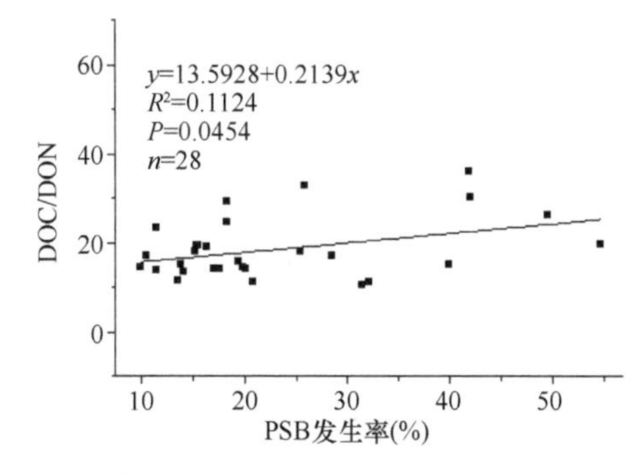

图 2-17　堆肥过程中解磷菌发生率与 DOC/DON 的线性回归分析

DOC/DON 代表水溶性有机碳比水溶性有机氮

表明在细菌中解磷菌的发生率与温度($R^2 = 0.2432$，$P < 0.01$)、有机质($R^2 = 0.2101$，$P < 0.01$)和水溶性有机碳与水溶性有机氮之比(DOC/DON)($R^2 = 0.1124$，$P < 0.05$)存在显著线性关系，表明解磷菌占细菌的比例与堆肥环境因素相关，因此可以在不同的极端环境压力（高温、低有机质含量等）下筛选堆肥过程中的解磷菌或调控堆肥中的解磷菌群落，并将这些具有特殊功能的解磷菌在堆肥过程中不同阶段进行接种，改变堆肥解磷菌的数量和出现频率，促进堆肥过程中不同磷组分可持续地向微生物量磷转换[18-20]。

2.2.2 DGGE 分析解磷细菌群落结构

采用不同堆肥过程中解磷细菌总DNA中各菌属16S rDNA条带类型指纹图谱分析解磷细菌群落结构，变性梯度凝胶电泳（DGGE）图谱中每一条带代表 16S rDNA 序列具有相似解链温度的细菌菌属[21]。在本研究中，不同物料堆肥过程中解磷细菌 DGGE 图谱共检测到 42 条不同类型的 16S rDNA 基因片段，如图 2-18 所示，其中标号 1～30 的条带代表测序条带。从 DGGE 图谱中可以看出 7 种物料堆肥的解磷细菌群落结构明显不同，同种物料堆肥不同时期的解磷细菌群落结构也发生明显的动态变化。在所有堆肥检测到的 42 个条带中，28.61%的条带是普遍存在的，但是在峰强度上却明显不同。此外，条带 11、15 和 17 在不同物料堆肥的不同时期中都存在，说明其对堆肥过程动态变化环境的适应性较强。

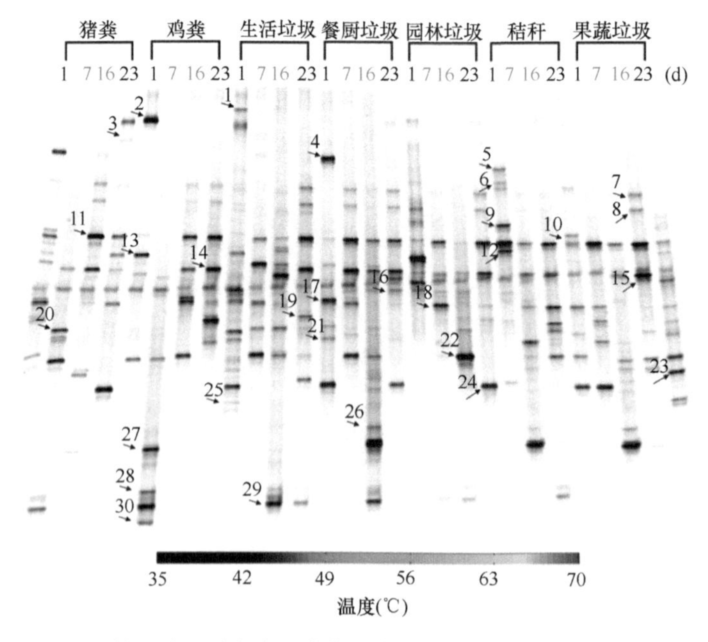

图 2-18 不同物料堆肥过程中可培养解磷细菌 16S rDNA 片段 DGGE 图谱

不同物料堆肥过程中解磷细菌多样性指标如表 2-4 所示，在所有堆肥过程中多样性指标物种丰度（S）、香农-维纳多样性指数（H'）和均匀度指数（J'）的变化趋势相似，生活垃圾、猪粪和鸡粪堆肥中解磷细菌物种多样性在第 1 天较高，这与堆肥初期易降解有机物含量丰富有关[13]，充足的营养物质保证了解磷细菌的快速增殖。在堆肥第 7 天后多样性指数开始下降，这与之前获得的关于解磷细菌数的结果一致，表明在达到高温条件时大部分解磷细菌活性减弱或被严重抑制[22,23]。除餐厨垃圾堆肥多样性指数在第 16 天达到最高值外，其余

表 2-4　不同物料堆肥过程中解磷细菌多样性指数

堆肥名称	S	H'	J'	D
PM1	22	3.8447	0.8622	0.0942
PM7	12	3.0508	0.8510	0.1565
PM16	13	3.0618	0.8274	0.1657
PM23	12	3.0431	0.8489	0.1619
CM1	18	3.4277	0.8600	0.1248
CM7	12	3.0673	0.8046	0.1494
CM16	16	3.2183	0.8556	0.1494
CM23	12	3.0829	0.8220	0.1474
MSW1	29	4.4225	0.9104	0.0604
MSW7	15	3.2368	0.8285	0.1401
MSW16	19	3.6899	0.8686	0.0996
MSW23	18	3.5005	0.8395	0.1175
KW1	17	3.4269	0.8384	0.1251
KW7	13	3.2122	0.8591	0.1323
KW16	23	3.8861	0.8681	0.0920
KW23	15	3.1848	0.8152	0.1389
GW1	13	3.0883	0.8346	0.1557
GW7	18	3.4578	0.8292	0.1296
GW16	15	3.2335	0.8276	0.1640
GW23	10	2.6549	0.7992	0.1996
SW1	14	3.2064	0.8422	0.1406
SW7	15	3.0800	0.7884	0.1632
SW16	16	3.2823	0.8401	0.1346
SW23	15	3.1831	0.8147	0.1354
FVW1	12	2.7341	0.7626	0.2003
FVW7	16	3.4702	0.8882	0.1144
FVW16	13	3.1011	0.8380	0.1548
FVW23	15	3.2309	0.8077	0.1598

注：鸡粪用 CM 表示，猪粪用 PM 表示，生活垃圾用 MSW 表示，餐厨垃圾用 KW 表示，园林垃圾用 GW 表示，秸秆用 SW 表示，果蔬垃圾用 FVW 表示。堆肥名称后的数字（1、7、16、23）代表取样天数。S 表示多样性指标物种丰度，H'表示香农-维纳多样性指数，J'表示均匀度指数，D 代表辛普森指数

物料堆肥在堆肥中后期的变化趋势都逐渐趋于稳定，这可能是因为餐厨垃圾中富含脂肪，脂肪具备较高的化学能，可以形成脂肪膜，延长高温期，进而抑制不具备分解脂肪活性的解磷细菌的生长和解磷过程，在餐厨垃圾堆肥过程中，当脂肪被大量降解后解磷细菌的相对丰度和多样性才逐渐增加。虽然秸秆、园林垃圾和果蔬垃圾这些物料富含大量的纤维素、半纤维素和木质素，但在这些物料堆肥过程中，解磷细菌多样性指数在高温期却显著快速上升，与其他堆肥明显不同，正如之前的研究报道一样，这些物料含有较高比例的解磷细菌和一些耐高温或多功能微生物，如可分解纤维素、木质素等[12,19]，因此很适合从中分离解磷细菌以用于堆肥高温期（>50℃）添加。辛普森指数（D）表现出与其他多样性指标明显相反的趋势，因为它是表征样品中两个随机个体属于同一物种的可能性大小的指标[12]，本研究结果表明，辛普森指数最低值，即多样性最大值，都出现在堆肥初期和高温期（在第 1～16 天）。

图 2-18 中标注的条带 1～30 代表测序菌属，这些条带的测序结果如表 2-5 所示，所有测序序列与 GenBank 比对的相似度为 89%～100%。鉴于同源性≥97%才可以算作同一菌属，条带 7 和 16 与数据库中序列比对的同源性分别仅为 95%和 89%，因此，它们有可能属于新菌或其他已知菌属但并未在 GenBank 基因数据库中存有记录。本研究是首次描述不同来源堆肥过程中解磷菌类群演替，基于 16S rRNA 部分基因序列测序结果表明，检测到的核心解磷菌群落结构中主要包括三个门：厚壁菌门（Firmicutes）、变形菌门（Proteobacteria）和拟杆菌门（Bacteroidetes），如图 2-19 所示，其中厚壁菌门占总测序条带的 44.70%，变形菌门占 41.08%，而拟杆菌门仅占 1.90%，其他条带由于相对丰度较低，因此并未进行切胶测序，约占总条带的 12.32%。之前的研究表明，假单胞菌科（Pseudomonadaceae）、肠杆菌科（Enterobacteriaceae）和芽孢杆菌科（Bacillaceae）是土壤中具备解磷功能的主要细菌类群[12,23,24]。可以发现，堆肥中解磷菌的主要菌属与不同土壤和根系样品中解磷菌的群落结构存在相似之处[25]，鉴于堆肥过程中的解磷菌经受了较大的温度变化范围，当堆肥产品施入土壤后，这些微生物可以更好地适应不同的土壤生态系统。因此，虽然细菌数量不同，但在培肥土壤中解磷菌的群落结构可能与相应土壤群落结构相似[26,27]。虽然很少有关于芽孢杆菌属（*Bacillus*）具有解磷能力并在土壤中解磷的报道，但在本研究不同物料堆肥中，芽孢杆菌属占总解磷菌群落的 33.33%，造成这一结果的原因可能是芽孢杆菌不仅参与有机质降解，具备纤维素降解功能，还可以适应较大的温度范围[28]。此外，一些物料堆肥中还存在特有的解磷菌类群，例如，条带 30 仅出现在鸡粪堆肥第 7 天，因此可以针对不同物料堆肥筛选专性解磷菌剂。考虑到解磷菌株筛选和驯化的难度，本研究进一步研究了解磷菌群落与堆肥环境因子的响应关系，欲利用堆肥环境因子调控堆肥过程中的解磷菌或从堆肥中筛选高效解磷菌株，以提高堆肥的生物安全性。

表 2-5　解磷菌 16S rDNA DGGE 图谱中条带测序比对结果

编号	登录号	微生物门类	比对相似序列信息（序列号）	同源性（%）
1	KT340563	Firmicutes	*Bacillus megaterium* strain XJ24（KC510023.1）	99
2	KT340565	Betaproteobacteria	*Herbaspirillum* sp. GT 3-03（KM253088.1）	99
3	KT340566	Bacteroidetes	*Moheibacter* sp. 784B1_12ECASO（KP119861.1）	99
4	KT340567	Firmicutes	*Bacillus* sp. N74521UB08_16S_27f（KR514556.1）	99
5	KT340568	Firmicutes	*Bacillus subtilis* subsp. *subtilis* strain NBRA22（KR029831.1）	99
6	KT340564	Gammaproteobacteria	*Raoultella terrigena* strain P1（KF951047.1）	98
7	KT340554	Gammaproteobacteria	*Raoultella ornithinolytica* strain Ec1（KC139402.1）	95
8	KT340555	Gammaproteobacteria	*Klebsiella oxytoca* KCTC 1686（KM201330.1）	99
9	KT340556	Gammaproteobacteria	*Raoultella terrigena* strain NBRC 14941（KP764199.1）	97
10	KT340557	Gammaproteobacteria	*Enterobacter cancerogenus* strain Z32（KF835740.1）	97
11	KT340569	Betaproteobacteria	*Comamonas kerstersii* strain J29（KT248535.1）	99
12	KT340570	Firmicutes	*Bacillus licheniformis* strain CIAD-1（KF242348.1）	99
13	KT340558	Gammaproteobacteria	*Klebsiella oxytoca* strain 87（KJ742557.1）	97
14	KT340559	Gammaproteobacteria	*Enterobacter* sp. MB 116（JQ966294.1）	98
15	KT340560	Gammaproteobacteria	*Pantoea* sp. U3（KC434994.1）	99
16	KT340571	Firmicutes	*Bacillus pumilus* strain DB27（KP694309.1）	89
17	KT340572	Firmicutes	*Bacillus* sp. PSu2_37（KP296428.1）	99
18	KT340573	Firmicutes	*Bacillus sonorensis* strain R2A53（KP659613.1）	100
19	KT340574	Firmicutes	*Bacillus* sp. FJAT-22511（KP728951.1）	99
20	KT340575	Firmicutes	*Bacillus thermoamylovorans* strain O21（KT364469.1）	100
21	KT340576	Firmicutes	*Bacillus* sp. TMR1.17（JN596247.1）	99
22	KT340577	Firmicutes	*Bacillus thermoamylovorans* strain 7S（KP164876.1）	99
23	KT340578	Firmicutes	*Paenibacillus barengoltzii* strain NBRC101215（KP704353.1）	99
24	KT340579	Firmicutes	*Bacillus* sp. PSu4_9（KP296558.1）	100
25	KT340580	Firmicutes	*Aeribacillus* sp. F09D004（KC847997.1）	97
26	KT340581	Firmicutes	*Bacillus smithii* strain ET（KP010238.1）	99
27	KT340582	Firmicutes	*Aneurinibacillus thermoaerophilus* strain（LN681597.1）	99
28	KT340583	Betaproteobacteria	*Burkholderia* sp. MR64（KM672530.1）	97
29	KT340561	Gammaproteobacteria	*Enterobacter cancerogenus* strain KNUC5010（JQ682635.1）	97
30	KT340562	Gammaproteobacteria	*Kluyvera* sp. UIWRF0568（KR190078.1）	99

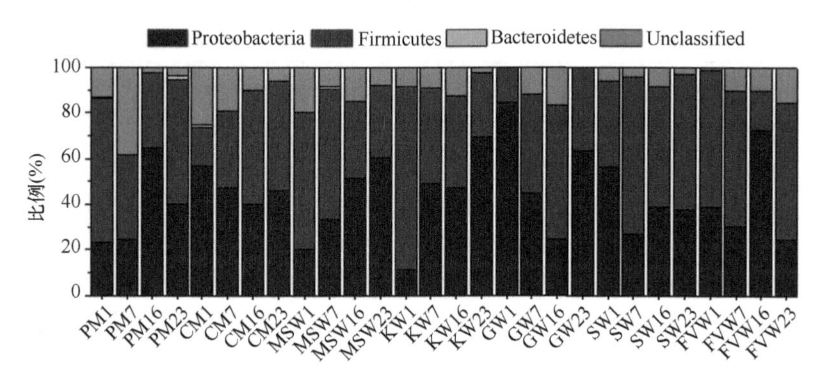

图 2-19 不同物料堆肥过程中可培养解磷菌类群分布及比例

鸡粪用 CM 表示，猪粪用 PM 表示，生活垃圾用 MSW 表示，餐厨垃圾用 KW 表示，园林垃圾用 GW 表示，秸秆用 SW 表示，果蔬垃圾用 FVW 表示。堆肥名称后的数字（1、7、16、23）代表取样天数。Unclassified 表明该部分序列信息未能比对出特定的微生物类群

2.2.3 堆肥磷组分、解磷菌和环境因子的响应关系

2.2.3.1 筛选磷组分相关的关键解磷菌

在不同堆肥样品中条带亮度的变化反映了对应物种相对丰度的变化[29]。因此，本研究用条带相对丰度的数据来研究不同解磷细菌群落组成和磷组分以及环境因子的关系。

为探究解磷菌群落如何影响磷组分变化以及哪一类解磷菌在堆肥过程磷组分转化中发挥最重要的作用，本研究用冗余分析（RDA）探究磷组分的特性。蒙特卡洛法检验第一排序轴和所有排序轴，结果表明，排序轴具有显著性（$P < 0.05$），所有解磷菌条带对解释磷组分变化具有重要性。利用 RDA 我们进一步在复杂的解磷菌群落中手动筛选出显著影响磷组分变化的驱动因子，在不同有机固废堆肥过程中，检测到的 42 条解磷菌条带里有 13 个关键菌属变化与堆肥过程中的不同磷组分变化显著相关（$P < 0.05$）。RDA 排序轴特征值如表 2-6 所示，所有排序轴特征值表明，13 个关键解磷菌的条带数据可以在统计学上解释堆肥过程中磷组分的变化（$P < 0.05$），解释率约为 79.90%。不同物料堆肥过程中，“物种-环境”变量相关性很高，均超过 70.00%，表明关键解磷菌物种和磷组分存在较强的相互作用关系。方差分解分析（variation partitioning analysis）可以算出手动筛选得到的关键因子对环境变量影响的大小[30]。方差分解分析在本研究中用于计算 13 个关键解磷菌单独对磷组分变化的影响，结果表明条带 15、16 和 20 在 13 个关键解磷菌中对磷组分的单独解释率最高，分别为 11.9%（$P = 0.002$）、14.5%（$P = 0.002$）和 13.1%（$P = 0.002$）。

表 2-6　基于 DGGE 图谱对磷组分和关键解磷菌 RDA 结果

	排序轴	特征值	物种-环境变量相关性	物种累积变化（%）	物种-环境累积变化（%）	总典范特征值
磷组分	轴 1	0.722	0.901	72.2	90.4	0.799
	轴 2	0.053	0.815	77.5	97.1	
	轴 3	0.019	0.903	79.4	99.5	
	轴 4	0.004	0.772	79.8	100.0	
关键解磷菌	轴 1	0.107	0.771	10.7	32.1	0.334
	轴 2	0.079	0.666	18.7	55.8	
	轴 3	0.057	0.559	24.4	72.9	
	轴 4	0.044	0.624	28.8	83.1	

RDA 是一种可以量化环境样品中生物群落结构与环境变量之间关系的统计方法。为了更形象地表示关键解磷菌和磷组分变化的关系，我们选择对在排序图上显示的结果进行观察，如图 2-20 所示。条带 16 和 18 均与无机磷、水溶性磷、柠檬酸磷和 Olsen 磷含量呈正相关关系，与有机磷呈负相关关系。相反，存在于多种物料堆肥中的条带 17 和 20 与有机磷显著正相关。未测序但被 QuantityOne 软件识别的条带 Uc7 与微生物量磷呈显著正相关关系，对比图 2-18，条带 Uc7 的相对丰度较低，但很可能直接参与不同磷组分向微生物量磷转化的过程。另外，主要影响中度可利用磷和不可利用磷组分的关键条带是条带 1、4 和 15，其可能是堆肥过程中调控磷组分可利用性的重要驱动因子。

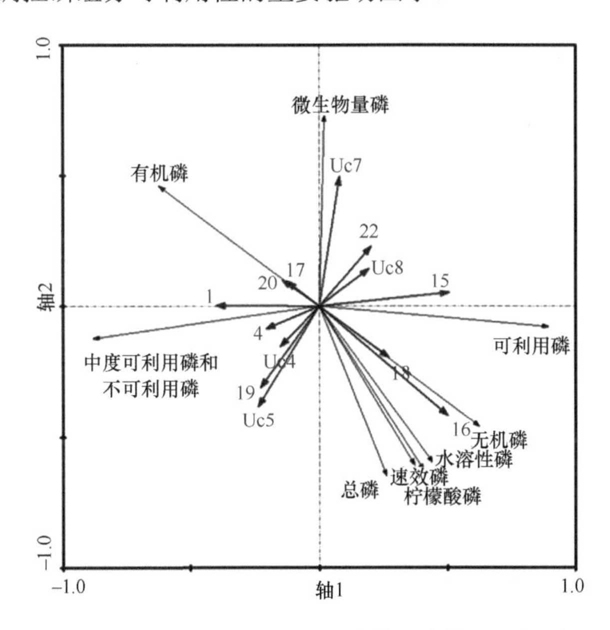

图 2-20　基于不同磷组分和堆肥关键解磷菌的冗余分析图

图中数字表示解磷菌的条带编号，见表 2-5，Uc（unclassified band）代表相对丰度较低且未测序但可被 QuantityOne 软件识别的条带

2.2.3.2 关键解磷菌与堆肥环境因子的响应

为进一步判断堆肥环境因子对关键解磷菌在堆肥中的影响。由表 2-6 可知，根据 DGGE 图谱中筛选的关键解磷菌和堆肥环境因子进行的 RDA 分析，第一和第二排序轴分别解释了关键解磷菌在堆肥中丰度变化的 10.70%和 7.90%。通过手动进一步筛选关键环境因子，结果发现水溶性有机碳（DOC）是影响堆肥过程中关键解磷菌的最主要环境因素（$P < 0.05$），在之前 Zhang 等[30]的研究中也曾报道，DOC 与堆肥中微生物群落结构和代谢类型显著相关。本研究结果表明，不同环境因子对单一关键解磷菌物种的影响存在差异，为明确堆肥中物种与环境因子的关系，本研究根据 Wang 等[31]的方法，建立了关于关键解磷菌和堆肥环境因子的二维排序图（图 2-21）。主要在果蔬垃圾、生活垃圾和园林垃圾堆肥高温期中存在的条带 15 和 17 与堆肥过程中温度指标呈显著正相关关系，表明这些解磷细菌可以较好地适应不同物料中的高温堆肥环境，同时，根据之前的结果可知，这两株关键解磷菌也与堆肥产品中可利用磷和有机磷的累积有关(图 2-21)，由此可以推测，如果适当调整堆肥温度，高温也许会促进这些解磷菌的生长，并提高与之相关的可利用磷和有机磷组分含量。一些关键解磷细菌不能够忍受堆肥过程中的较高温度，如条带 1、4 和 19，条带 19 显著受堆肥过程中硝态氮（NO_3^--N）的影响，而主要影响条带 1 和 4 的环境因子是有机质（OM）和水溶性有机氮（DON）含量，NO_3^--N、DON 和 OM 含量的降低会限制这些物种的生长，而这些物种又会影响中度可利用磷和不可利用磷的累积（图 2-21）。同样地，条带 16 与 DON 和

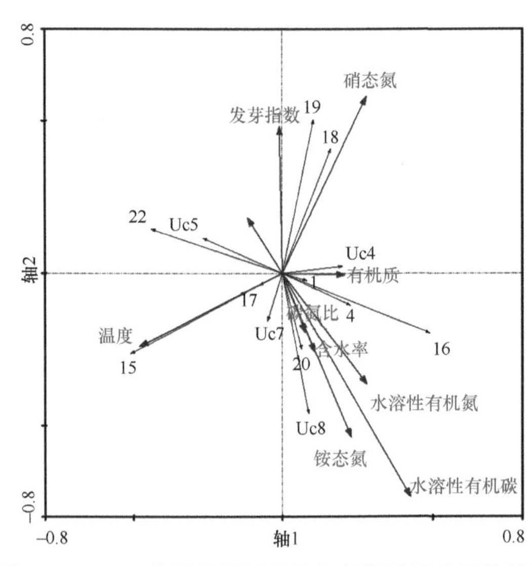

图 2-21 RDA 分析关键解磷菌和环境因子的相关关系

图中数字表示解磷菌的条带编号，见表 2-5，Uc（unclassified band）代表相对丰度较低且未测序但可被 QuantityOne 软件识别的条带

OM 存在显著相关关系，表明这两个环境因子可能影响条带 16 所代表的关键解磷菌或受这种关键解磷菌的影响。秸秆堆肥和果蔬垃圾堆肥中含有较高比例的木质素与纤维素，鉴于条带 16 是源于除秸秆和果蔬垃圾堆肥外的有机固废堆肥中，可以推测条带 16 所代表的解磷菌属可能仅能消耗易降解小分子量有机物。条带 20 可以显著影响有机磷的变化，通过与环境因子的分析发现 C/N、含水率和 NH_4^+-N 是条带 20 的主要影响因素，结合条带 20 这类关键解磷菌对应的 C/N 和含水率数据，发现其在不同物料堆肥中对应较高有机磷含量时的 C/N 是 18～26，而含水率是 65.02%～72.21%，表明此范围的环境条件适宜其发挥作用形成有机磷。通过 QuantityOne 检测到的未测序条带 Uc7 也被许多环境指标所影响，例如，温度、C/N、湿度和 NH_4^+-N，表明如果想刺激这种关键解磷菌生长需提供较复杂的营养环境。

2.3　不同堆肥过程有机磷解磷菌辨识及其在磷转化中的作用

2.3.1　不同堆肥有机磷解磷菌丰度和组成识别

不同堆肥可培养细菌和有机磷解磷菌数量演替情况如图 2-22 所示，不同堆肥过程中有机磷解磷菌检测数量在 3.60×10^5 CFU/g 至 4.00×10^7 CFU/g 之间，在堆肥初期有机磷解磷菌数量最多，显著高于其他堆肥时期（$P < 0.05$）。从堆肥第 1～16 天，堆肥中有机磷解磷菌丰度呈现下降趋势，尤其在高温期和降温期达到最低值，随后丰度开始逐渐升高，但猪粪堆肥后期有机磷解磷菌丰度变化规律存在不同。如表 2-7 所示，相关性分析表明，有机磷解磷菌丰度和温度呈现显著负相关（$P < 0.05$），说明堆肥高温期时的高温条件抑制了多数嗜中温有机磷解磷菌的生长和酶活性。综合来看，堆肥过程中有机磷解磷菌丰度变化趋势与无机磷解磷菌明显不同[12,13]，这可能与不同功能微生物对有机组分作为养分存在偏好差异且功能微生物群落组成存在差异有关。

有机磷解磷菌在细菌中的出现频率在不同物料堆肥过程中存在较大差异，最低为餐厨垃圾堆肥，仅为 0.60%，最高为秸秆堆肥，可达 71.40%，比无机磷解磷菌的比例范围更大[12]。在不同物料堆肥过程中，有机组分主要为木质纤维素的秸秆堆肥平均有机磷解磷菌出现频率最高，为 30.20%，而富含脂质的餐厨垃圾堆肥平均有机磷解磷菌出现频率最低，仅为 9.10%。如表 2-7 所示，相关性分析进一步表明有机磷解磷菌在细菌中的出现频率与 C/N、有机质含量以及 DOC/DON 显著正相关（$P < 0.01$），说明有机碳源的含量和类型变化尤其是水溶性有机物的变化对有机磷解磷菌活性的影响更为重要。

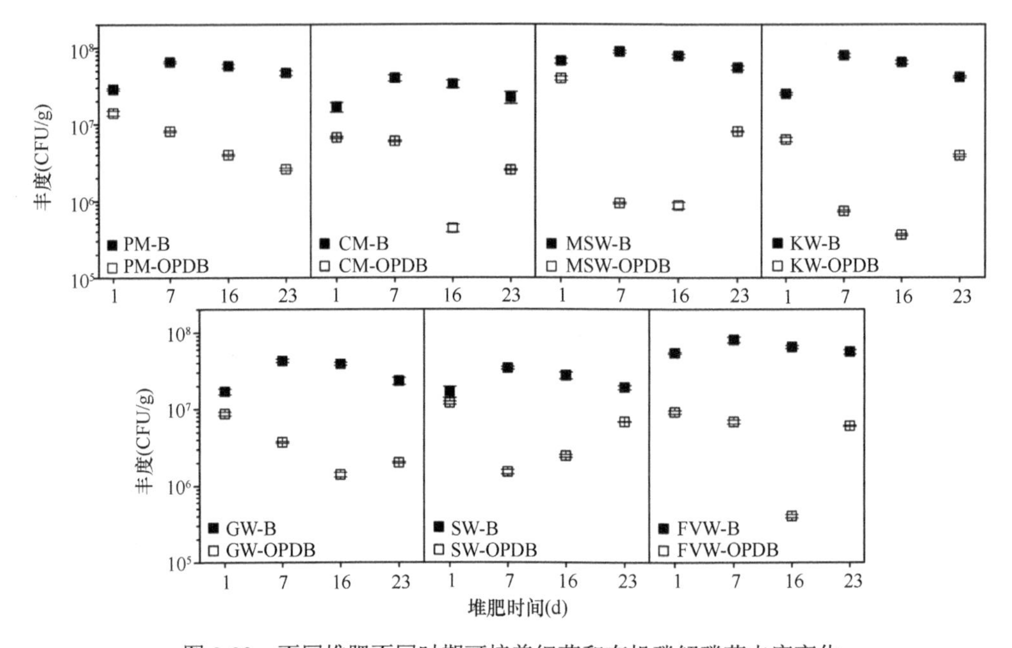

图 2-22 不同堆肥不同时期可培养细菌和有机磷解磷菌丰度变化

PM，猪粪堆肥；CM，鸡粪堆肥；MSW，生活垃圾堆肥；KW，餐厨垃圾堆肥；GW，园林垃圾堆肥；SW，秸秆堆肥；FVW，果蔬垃圾堆肥；B，细菌；OPDB，有机磷解磷菌

表 2-7 不同堆肥不同环境因子与有机磷解磷菌丰度、出现频率和多样性指数的相关性分析（$n=28$）

	OPDB 丰度（CFU/g）	OPDB 出现频率（%）	H'	温度	C/N	OM	DOC/DON
OPDB 丰度（CFU/g）	1	0.726**	0.630**	–0.475*	0.432*	0.181	0.443*
出现频率（%）	0.726**	1	0.796**	–0.649**	0.521**	0.530**	0.626**
H'	0.63**	0.796**	1	–0.650**	0.539**	0.345	0.588**

注：显著性水平*$P<0.05$，**$P<0.01$。OPDB 代表有机磷解磷菌；H'代表香农-维纳多样性指数；C/N 表示碳氮比；OM 表示有机质；DOC/DON 表示水溶性有机碳与水溶性有机氮比

不同物料堆肥过程中有机磷解磷菌群落结构变化如图 2-23 所示，共识别出 25 条不同的优势条带，对部分优势条带进行了测序分析，结果表明所有测序结果与 GenBank 数据库序列相比相似度为 97%～100%（表 2-8）。如表 2-7 所示，堆肥有机磷解磷菌主要分为 5 类，分别为 Alphaproteobacteria（11.1%）、Betaproteobacteria（22.2%）、Gammaproteobacteria（16.7%）、Bacteroidetes（16.7%）和 Firmicutes（33.3%）。多数研究报道 *Pseudomonas*、*Bacillus*、*Rhizobium*、*Enterobacter* 等细菌种属的菌株可以表现出较强的解磷能力[17,19,23,24]，但以往的研究多针对无机磷解磷菌群落，对堆肥过程中有机磷解磷菌的种属识别鲜有报道。

表 2-8　不同堆肥过程有机磷解磷菌群落的变性梯度凝胶电泳优势条带序列比对

条带编号	微生物门类	最相近比对序列	同源性
1	Bacteroidetes	Chitinophagaceae bacterium F1（AB535716.1）	99%
2	Betaproteobacteria	*Herbaspirillum* sp. CZBSD1（KJ184879.1）	98%
3	Firmicutes	*Bacillus* sp. KDM1（JX532715.1）	99%
6	Bacteroidetes	*Sphingobacterium* strain 4M24（EF122436.1）	98%
7	Bacteroidetes	*Flavobacterium* sp. MH51（EU182879.1）	97%
8	Firmicutes	*Paenibacillus* sp. RS5-1（KC117518.1）	99%
9	Betaproteobacteria	*Comamonas terrigena* strain SQ105-2（KC920989.1）	99%
10	Firmicutes	*Paenibacillus* sp. CH-3（HQ329105.1）	100%
11	Betaproteobacteria	*Comamonas* sp. FM3（KX279654.1）	98%
12	Alphaproteobacteria	*Azospirillum lipoferum* strain A5（HQ288929.1）	97%
14	Gammaproteobacteria	*Luteimonas* sp. strain MB29（KY445633.1）	98%
16	Gammaproteobacteria	*Pseudoxanthomonas taiwanensis* strain EBT30D-1（KF305110.1）	100%
17	Firmicutes	*Bacillus* sp. B8 ZZ-2008（FM180522.1）	100%
18	Betaproteobacteria	*Ralstonia* sp. strain D-97（KY906998.1）	98%
20	Gammaproteobacteria	*Enterobacter cloacae* strain LH-St1（GU459207.1）	99%
21	Firmicutes	*Paenibacillus xylanilyticus* strain R-15（KF831008.1）	99%
23	Alphaproteobacteria	*Rhizobium* sp. SRM1C（JN052162.1）	98%
25	Firmicutes	*Bacillus coagulans* strain AAU L3（KJ396072.1）	100%

基于香农-维纳多样性指数可以发现（图 2-23），不同物料堆肥有机磷解磷菌呈现相似的变化规律，分别在堆肥 7 d 和 16 d 呈现明显的下降趋势，在堆肥结束前开始升高，这与有机磷解磷菌数量变化规律一致，堆肥初期有机磷解磷菌多样性最高。相关性分析表明，有机磷解磷菌香农-维纳多样性指数与温度、C/N 显著相关（表 2-7），说明大多数有机磷解磷菌的活性严重受控于温度变化，当高温期温度过高时活性下降，且有机磷解磷菌群落结构和多样性受堆肥物料的 C/N 影响。

非度量多维尺度分析（NMDS）用于比较不同物料堆肥不同时期有机磷解磷菌群落结构的相似性，如图 2-23 所示，可以看出不同堆肥阶段有机磷解磷菌群落差异明显，除 PM1、GW7、KW16 和 CM23 外，几乎所有源于相同时期的堆肥样品聚为一类，说明有机磷解磷菌在不同堆肥的相同堆肥阶段呈现相似的群落组成，而堆肥环境因子的变化如温度、pH、有机质含量等相较于初始物料来说对细菌群落组成演替的影响更为重要。值得注意的是，在 NMDS 中堆肥 7 d 后即高温期样品间距离较远，说明不同来源堆肥中的有机磷解磷菌耐高温能力存在显著差异。

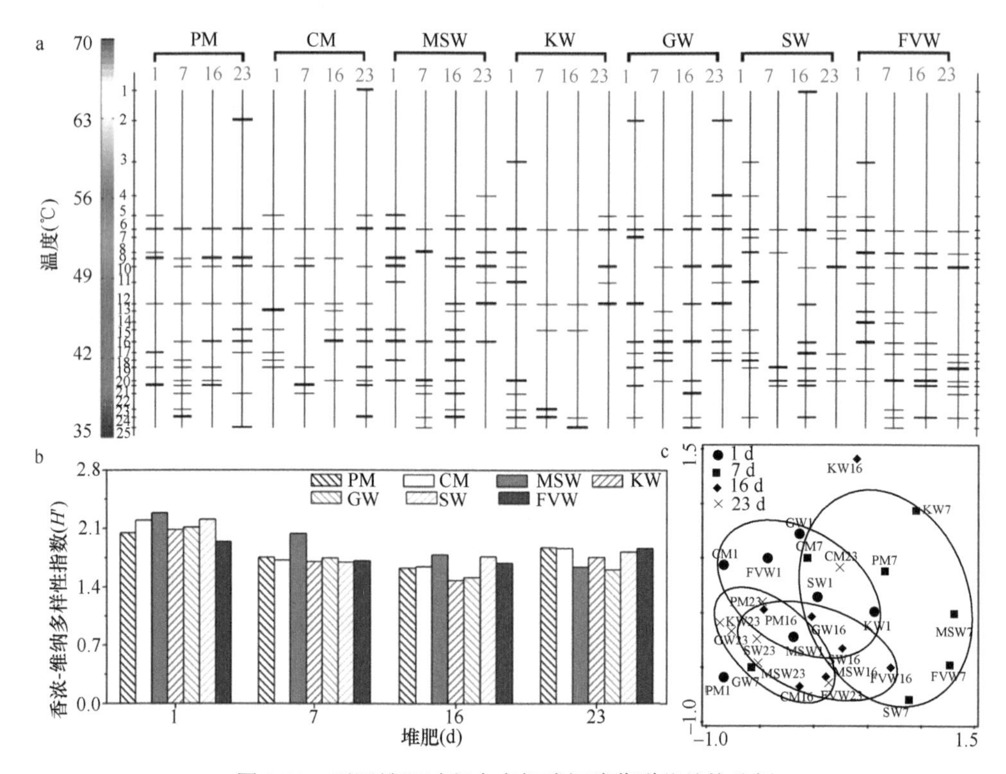

图 2-23　不同堆肥过程中有机磷解磷菌群落结构分析

a. 有机磷解磷菌的 DGGE 图谱分析；b. 不同堆肥样品的香农-维纳多样性指数；c. 基于 DGGE 数据组的有机磷解磷菌群落非度量多维尺度分析（NMDS）

由于无机磷解磷菌群落和有机磷解磷菌群落是从相同堆肥中分离出来的，其所处的环境条件相同，因此，可根据其演替规律的差异进一步分析这两类功能微生物的组成差异和潜在的相互作用[13]。对比图 2-23 和图 2-24 可以看出，有机磷解磷菌和无机磷解磷菌在不同堆肥相同时期的种群结构存在明显差异，尤其是在堆肥初期和高温期。例如，无机磷解磷菌第 1 天和第 7 天样品在 NMDS 中的分布较有机磷解磷菌更为分散，在堆肥降温期和腐熟期样品中，无机磷解磷菌较有机磷解磷菌聚类更为紧密。考虑到原料中的微生物、堆肥过程环境因子和生物因素都会对微生物种群结构与丰度波动产生较大的影响，以上结果表明高温期以后存在的大多数有机磷解磷菌相比无机磷解磷菌具有更高的竞争效率和存活能力。

2.3.2　调控堆肥关键有机磷解磷菌影响磷组分变化

通过冗余分析（RDA）进一步确定有机磷解磷菌群落对堆肥磷组分的影响程度并识别出驱动堆肥磷转化的关键解磷菌，如图 2-25 所示，RDA 分析结果表明

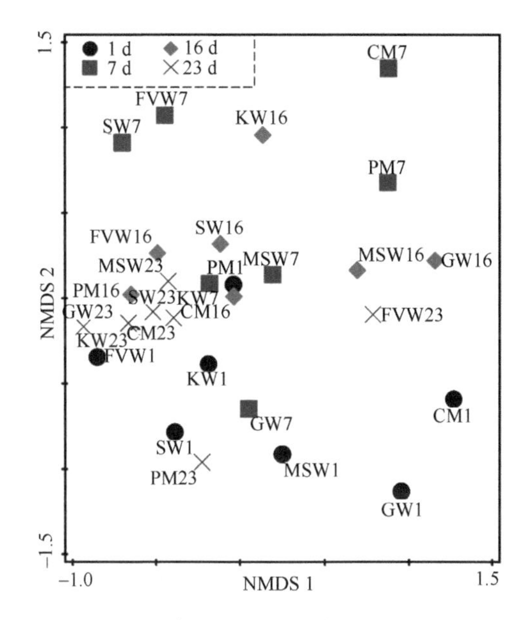

图 2-24　不同堆肥过程中无机磷解磷菌群落基于 DGGE 指纹图谱的非度量多维尺度分析（NMDS）

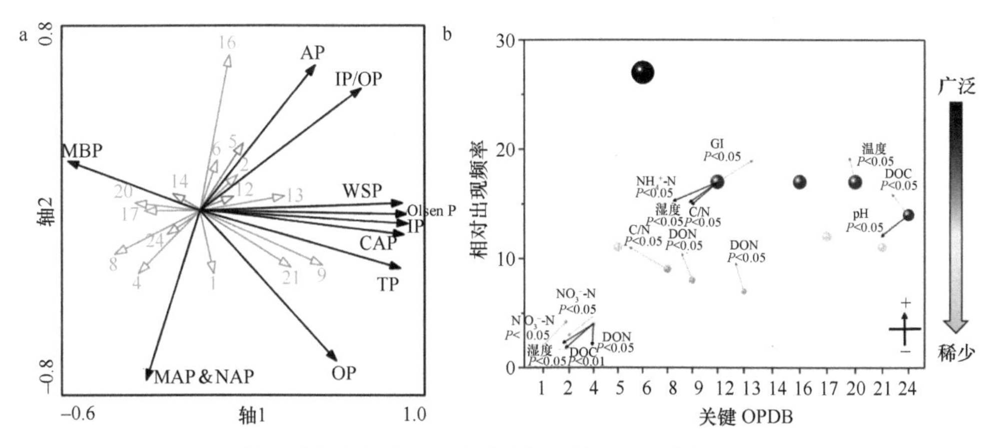

图 2-25　堆肥过程有机磷解磷菌群落与环境因子及磷组分的关系识别

a. RDA 分析不同磷组分和堆肥关键有机磷解磷菌的关系，b. 关键有机磷解磷菌相对出现频率（纵轴）和相对丰度（气泡直径）与不同堆肥环境因子的关系（$P < 0.05$）

所有排序轴具有显著性（$P < 0.05$），说明这些优势条带对于磷组分的转化具有显著作用，通过进一步筛选显著影响排序轴变化的有机磷解磷菌识别出关键微生物群落，共有 15 个条带与不同磷组分显著相关（$P < 0.05$），可作为关键有机磷解磷菌，进一步筛选后的 RDA 模型可解释 83.7%的磷组分变化（$P = 0.002$），第一、第二排序轴均具有较高的物种环境相关性（>90.00%），说明关键有机磷解磷菌与磷组分存在较强的相互作用。方差分解分析进一步体现不同关键有机磷解磷菌对不同磷组分转化的贡献程度[30,32,33]，可以看出，条带 9、13、21 和 8 是解释磷组分变化最为关键的有机磷解磷菌，贡献率分别为 24.0% （$P = 0.002$）、13.2%（$P = 0.002$）、9.4% （$P = 0.002$） 和 7.20% （$P = 0.010$）。条带 9、13 与 Olsen 磷和水溶性磷以及柠檬酸磷呈显著正相关，条带 20 与微生物量磷存在正相关关系，可能有助于通过稳定过量的速效磷提高堆肥产品的长效性。条带 2、5、13 和 16 与可利用磷、IP/OP 显著正相关，尤其是条带 6 和 12 几乎存在于不同物料堆肥过程，可以看出这些有机磷解磷菌可能是磷素有效性和堆肥过程中有机磷向无机磷转化的主要影响因素。所以，可以将这些筛选出的关键有机磷解磷菌作为调节堆肥磷组分转化的优先控制因子。

堆肥过程中的微生物群落有些会长期存在于堆肥中，而有些微生物由于环境适应性限制仅会在堆肥中短暂出现随即消失[12]，这可能与微生物的适应性和竞争能力有关，处于竞争劣势的种属可能具有特殊的生态功能，因此，调控堆肥关键有机磷解磷菌影响磷组分转化应该更关注于堆肥中出现频率较低、丰度较低的弱势物种群体。为了确定影响调控磷组分关键有机磷解磷菌变化的环境因子，通过 RDA 分析进一步识别了关键有机磷解磷菌和环境因子的响应关系，图 2-25 展示出了不同来源堆肥过程中通过进一步筛选的关键有机磷解磷菌相对丰度和出现频率及其相关的环境因子（$P < 0.05$）。由于检测的环境因子数目有限，很难分析所有代表性环境因子的作用，因此，仅标记出部分关键有机磷解磷菌的潜在调控因子（环境因子）。条带 9 和 13 与 DON 显著正相关（$P < 0.05$），主要调控水溶性磷、Olsen 磷和柠檬酸磷（图 2-25），说明补充 DON 有可能会通过调控条带 9 和 13 提升磷素可利用性，正如通过氮素添加促进有机氮转化与特定功能微生物的响应[34,35]。条带 12 和 2 对无机磷和有机磷分布的变化也起到类似的作用，均受 NO_3^--N 影响，条带 2 受 NO_3^--N 正向调控，条带 12 受 NO_3^--N 负向调控，由于条带 12 与条带 2 相比在堆肥过程中丰度和比例更高，增加 NO_3^--N 含量虽然会在一定程度上限制条带 12，但会促进条带 2 菌丰度的增加，可能会有助于促进可利用磷的累积，该方法与 Wang 等提出的生物刺激方法类似[36]。总体来说，这种调控手段为通过调控环境因子改变堆肥磷组分分布提供了一种潜在有效的方法，即强化堆肥中与不同磷组分相关的关键有机磷解磷菌，尤其是相对丰度和出现频率较低的弱势细菌种属，从而实现磷素调控，该方法可以作为无机磷解磷菌调控方法的补充[13]，共同影响堆肥磷组分转化。

2.3.3 不同解磷功能微生物在堆肥磷转化中的角色

微生物尤其是解磷微生物（包括无机磷解磷菌和有机磷解磷菌）在磷素转化

过程中扮演着重要的角色，它们通过不同的机制转化土壤中的有机磷和无机磷，提高磷素的利用性[17,19]。但很少有学者关注不同来源堆肥过程中无机磷解磷菌和有机磷解磷菌的作用，以及它们是否具有直接或间接影响磷素有效性的功能。在堆肥过程中有机磷解磷菌与无机磷解磷菌的丰度和组成上的差异，有助于进一步识别两类解磷功能微生物在改变堆肥磷素有效性机制上的不同，可能是由于它们对堆肥环境因子适应性的差异，也可能是由于堆肥物料不同碳源、氮源对于微生物的利用性不同。由于结构方程模型具有可以直观地解析生态系统内复杂关系特征的优势[37]，本研究通过构建结构方程模型来分析堆肥环境因子、堆肥碳氮特征、不同磷组分、磷素可利用性及无机磷解磷菌或有机磷解磷菌群落丰度及组成之间的因果关系，结果如图 2-26 所示。对于有机磷解磷菌来说，堆肥物料的碳氮特性显著正向影响堆肥环境因子和有机磷解磷菌组成，而堆肥碳氮特性、堆肥环境因子和有机磷解磷菌组成对柠檬酸磷的影响程度相对较小，有机磷解磷菌群落丰度会直接影响堆肥主要可利用磷中柠檬酸磷含量。多元方差分析表明，该结构方程模型可解释 75.00%的堆肥磷素有效性变化。对于无机磷解磷菌，其群落组成和丰度都是 Olsen 磷的驱动因子，能够间接提升磷素可利用性，共解释 77.00%的堆肥

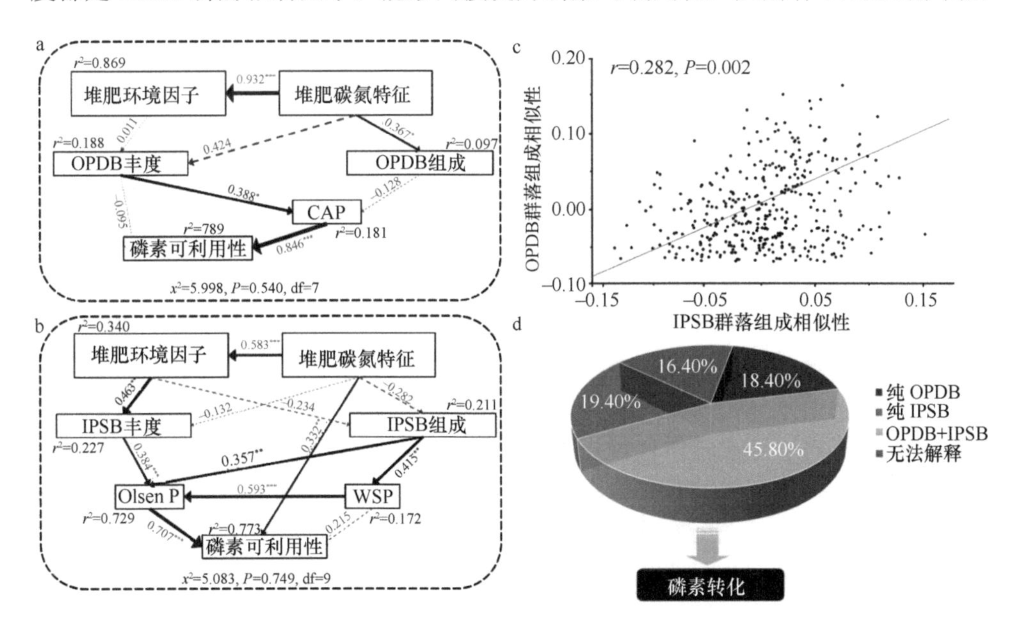

图 2-26　结构方程模型代表堆肥环境因子、堆肥碳氮特征、有机磷或无机磷解磷菌群落丰度和组成、磷组分与磷素有效性的关系

a. 有机磷解磷菌；b. 无机磷解磷菌；c. 有机磷解磷菌和无机磷解磷菌的关系；d. 有机磷解磷菌和无机磷解磷菌对磷组分变化解释的维恩图

箭头指示因果关系，实线和虚线分别代表显著和不显著相关，箭头宽度与 r 值成正比，变量的解释比例用 r^2 值表示，$^*P < 0.05$，$^{**}P < 0.01$，$^{***}P < 0.001$

磷素有效性的变化。堆肥物料碳氮特征和环境因子对磷素可利用性的贡献效果不容忽视[38]，有机磷解磷菌和无机磷解磷菌作为间接微生物驱动力可显著调节磷素有效性，但无机磷解磷菌和有机磷解磷菌是通过调控不同的有效磷组分（柠檬酸磷、Olsen 磷与水溶性磷）来影响磷素可利用性的。

细菌种属的功能和演替除了受环境因子影响，还受到微生物间相互作用的影响，如典型的协同共生和不同功能微生物间的竞争关系，都会对细菌的不同表型进行筛选；如微生物的解磷功能和木质纤维素降解等[12,32,38]。根据堆肥无机磷解磷菌和有机磷解磷菌群落组成相似性矩阵的Mantel简要结果可以看出（图2-26c），参与堆肥磷组分转化的几个关键生物因素并非完全独立，它们会通过不止一种作用方式相互影响进而促进可利用磷的累积。部分堆肥土著无机磷解磷菌的相对丰度与有机磷解磷菌群落的异质性显著相关，可通过种间合作或互利共生相互影响。通过对无机磷解磷菌群落和有机磷解磷菌群落进行磷组分转化的方差分解分析，如图 2-26d 所示，微生物群落共同解释了 83.60%的磷组分变化，其中大部分（45.80%）是由无机磷解磷菌和有机磷解磷菌的交互作用引起的，甚至高于每种功能菌群的单独解释量，有 16.40%的磷组分变化无法解释，可能与其他物种的相互作用或非生物因子有关。

堆肥生态系统具有丰富的微生物量和多样性，且酶种类繁多，功能复杂，本研究中，依赖传统培养方法分离并富集了堆肥过程中的有机磷解磷菌，考虑到通过培养基仅能富集小部分微生物[14,38]，因此本研究获取的代表性有机磷解磷菌仍存在一定的不确定性，这也是造成解磷微生物多样性相比于之前的研究较低的原因[16,21]。此外，虽然堆肥初始物料与环境因子的差异影响堆肥不同功能细菌群落的数量和多样性，但根据堆肥进程（主要是温度变化）分类的堆肥升温期、高温期、降温期和腐熟期仍可以在一定程度上预测细菌群落与数量的演替规律。一些功能微生物群落，如无机磷解磷菌群落和有机磷解磷菌群落，可能会不断地适应堆肥内部变化的养分供应条件和其他环境因子。因此，鉴于无机磷解磷菌和有机磷解磷菌之间对于磷素转化有较强的协同作用，可以提出调控堆肥磷组分的新方法，即结合无机磷解磷菌和有机磷解磷菌共同调控，从而提升堆肥细菌群落对磷组分转化的效果。基于调控关键有机磷解磷菌的策略可以根据相同的环境因子在同一时间实现生物刺激，调控与可利用磷或微生物量磷显著相关的关键无机磷解磷菌和有机磷解磷菌。例如，如果调控 NO_3^--N 含量提升，部分关键无机磷解磷菌的活性将得到改善，进而影响堆肥过程中无机磷和有机磷组分的平衡[32]，同时升高的 NO_3^--N 含量能够促进部分关键有机磷解磷菌的生长（如条带 2），从而有助于有机磷的降解和可利用磷的累积，因此，添加 NO_3^--N 类营养物质可能会同时强化不同的关键解磷细菌种属，促进难溶性磷向可降解有机磷的转化，同时通过不同的微生物代谢途径使有机磷转化为可利用磷。总之，本研究建议通过生物刺激协同调控与相同环境因子相关的无机磷解磷菌和有机磷解磷菌，进而提升磷素的利用率和不同来源堆肥的长效肥力。

堆肥有机磷解磷菌和无机磷解磷菌的酶活性直接影响大部分磷组分的转化过程，然而，考虑到微生物之间的复杂联系以及微生物活性和含磷化合物之间的多重响应关系，基于多元分析方法很难完全确定哪类微生物或酶对可利用磷的产生起到最大的影响力，因此，今后的研究需要针对关键无机磷解磷菌和有机磷解磷菌与可利用磷相关的功能基因进行调控，从而深入理解堆肥过程中由微生物不同生化反应引起的磷素转化机制。

2.4　讨　　论

2.4.1　基于物料磷组分优化有机固体废弃物堆肥模式

通过不同有机固废堆肥试验调查了不同来源有机固废堆肥过程中磷组分的变化及不同磷组分与堆肥过程中理化因素的响应关系，结果发现不同来源堆肥中磷组分含量存在显著差异，其中鸡粪堆肥和猪粪堆肥包含最高的总磷含量和可利用磷组分比例，如果将这两种堆肥直接施入土壤，必然会造成土壤磷素的大量累积，超过作物生产所需要的适宜磷含量阈值，进而增加由地表径流或渗漏淋失而造成的磷素流失风险[39-42]。因此，对于鸡粪和猪粪堆肥在农业土壤的应用，应该更加关注磷素的长效利用效果，避免可利用性磷素未被作物利用，造成流失而污染水体，浪费有限的磷素资源。为了减少畜禽粪便中磷的流失，有必要提出一种综合的管理模式，包括调整家畜家禽的饲料、猪粪鸡粪的收集和贮存，及大田施用。Chapuis-Lardy 等[43]的研究表明，家畜家禽饲料中磷浓度是影响其排泄物中磷含量的主要因素，因此，在农场的家畜家禽饲养中，应尽量在维持家畜家禽生产生殖需要的基础上控制饲料磷含量，减少粪便中的磷素累积，进而减少畜禽粪便堆肥施入土壤后造成磷流失。然而，考虑到中国的现状，人口剧增、对家畜家禽产量的需求逐渐增加，而降低饲料中的磷含量又可能影响家畜家禽的肉质及产量，短期内大量控制饲料中磷含量的政策难以落实。因此，基于中国不同有机固废堆肥的磷组分特性和作物磷需求，有必要提出一种优化的堆肥模式，充分发挥有机固废堆肥可作为一种替代磷肥的优势，既保证农业生产，又控制环境中磷流失而污染水体。

根据 Yan 等[44]的研究结果表明，在大田种植中，磷的平均当季施入量为 117 kg P/hm^2（有机肥 52 kg P/hm^2、化肥 66 kg P/hm^2）。然而，在收获的作物中检测到作物真正吸收利用的磷仅为 25 kg P/hm^2，这表明化肥和有机肥中的磷在土壤中明显属于过量施入状况。如果选用本研究中所检测的有机固废堆肥产品去替代有机肥，鸡粪堆肥和猪粪堆肥的磷施入量仍然是作物需求的 2.1 倍和 1.5 倍，如果选用其他有机固废堆肥产品，其供磷量将无法满足作物的平均需求。因此，本研究基于堆肥物料磷组分特征，提出优化的堆肥模式[45]：①选用高可利用磷含量的有机固废（如鸡粪）与低可利用磷含量的有机固废（如秸秆）进行联合堆肥，以提高土壤磷含量至满足作物平均磷需求量，充分利用不同有机固废的优势制备腐熟堆肥，既得到富磷堆肥产品，又实现有机固废的环境安全化，还可减少磷素过量施入引起面源污染的可能性和营养物质流失的可能性。例如，混合鸡粪和园林垃圾或餐厨垃圾或果蔬垃圾或秸秆堆肥，以 5.23∶4 至 6.15∶4 的比例，或者混合鸡粪和生活垃圾堆肥，以 1∶2 的比例，或者混合猪粪和园林垃圾或餐厨垃圾或果蔬垃圾或秸秆堆肥，以 1.89∶3 至 2.22∶3 的比例，或混合猪粪和生活垃圾堆肥，以 1∶1 的比例，进行联合堆肥，均可以为作物生长提供足够的磷素；②对有机固废堆肥中的磷素水平进行调节，对于总磷含量较低且可利用磷比例也低的有机固废堆肥，受到地域限制而无法收集高磷或高可利用磷水平的有机固废堆肥进行联合堆肥，可以通过补充磷矿粉等无机磷源进行富磷堆肥化过程，并在堆肥过程中补充解磷菌或可矿化磷酸盐微生物[4,46]，提高磷矿粉的溶解效果，最终改善堆肥产品的农用价值；③对于鸡粪和猪粪堆肥，由于其富含大量的磷和较高比例的水溶性磷，利用聚磷菌（phosphate-accumulating organism，PAO）可以积累大量的磷酸盐于微生物体内的代谢机制，结合其在污水处理中的应用方式[13]，将其接种至堆肥过程中，提高磷的生物迁移转化，改变堆肥产品中磷的存在形态。

2.4.2 基于改善堆肥微环境调控磷组分分布

应用富含相对高水平磷素的堆肥于农业土壤中，不仅可以改善土壤的理化性质，也可以影响土壤中的磷素循环[9,47]，而解磷菌也在各种生物圈中参与磷组分的动态变化[48]，如在堆肥生态系统中。接种功能性解磷微生物菌剂可以提高可利用磷含量和体系中解磷微生物的数量[33]。然而，由于堆肥具有复杂的环境条件，体系中解磷菌群落的生物多样性更依赖于土著菌的特性，如是否具有环境耐受性、多种功能酶活性。根据 Zhang 等[30]的报道，堆肥过程中一些环境参数会显著改变微生物群落，因此，很有必要考虑给予合适的堆肥环境去改善土著细菌的性质，提高功能性微生物的活性，使堆肥可以发生物质定向转化，以提高堆肥产品的应用效果。本研究发现不同物料堆肥过程中无机磷解磷菌的数量、出现频率和群落组成存在显著差异，通过 DGGE 技术和 RDA 分析，明确了堆肥过程中土著可培养解磷菌的群落结构以及解磷菌群落与环境因子、磷组分转化三者之间的关系。基于对不同磷组分转化具有靶向性调控的关键解磷菌和影响不同堆肥过程中这些关键解磷菌的主要环境因子，本研究提出了一种调控堆肥过程中磷组分分布的方法，如图 2-27 所示，此方法将为提高堆肥产品中磷素利用率提供一种简单、经济、具有环境安全性的新思路。

土壤磷库中的可利用磷（AP）组分可以被植物或微生物快速利用[9]，而有机磷（OP）能够在堆肥应用于土壤后经转化成为活性磷，作用类似于磷肥缓释剂，为植物长期提供重要的磷素[12]。此外，研究表明，微生物量磷（MBP）也属于土壤活性磷库中的一分子，它可以有效减缓磷的固定[17]。因此，在保证堆肥过程正常进行的前提下，通过适当刺激关键解磷菌来累积堆肥产品中的可利用磷、有机磷和微生物量磷，将有助于堆肥产品为作物提供可快速利用的磷源和随着堆肥在土壤中施用时间的累积而缓慢释放的磷素。以餐厨垃圾堆肥为例，条带 1、4、17 和 20 主要出现在堆肥高温期，它们都与 MAP&NAP 和 OP 组分紧密相关（图 2-20），而主要存在于餐厨垃圾堆肥高温期的条带 16、Uc7 和 Uc8 又分别与 IP、AP 与 MBP 存在显著正相关关系，另外，在堆肥后期有较高丰度的条带 15 又与 AP 显著相关。另一方面，环境因子（C/N、NH_4^+-N、NO_3^--N 等）又显著影响这些解磷菌的丰度（图 2-21）。因此，如果在堆肥初期和高温期适当提高含水率、C/N 与 NH_4^+-N，同时适当减少 DON 与 NO_3^--N，将有助于提高条带 20、Uc7 和 Uc8 的丰度，同时也可以限制一些关键解磷菌，如条带 1、4 和 16。这样，关键解磷菌群落的改变，帮助个别菌属成为优势菌群，进而将有助于磷组分中的 IP 和 MAP&NAP 向 AP、OP 与 MBP 转化（图 2-27）。再以鸡粪堆肥为例，条带 18 在鸡粪后期具有较高丰度，它对于无机磷的影响较大，也与 NO_3^--N 显著相关，比较鸡粪堆肥的理化指标可以发现，鸡粪堆肥第 23 天具有最高的 NO_3^--N 含量，因此，很有可能在较低的 NO_3^--N 条件下，这种关键解磷菌（条带 18）会受到抑制，进而影响堆肥过程中无机磷和有机磷的平衡。虽然在堆肥过程中改变环境因素可能会为部分微生物提供一些可利用的营养源，进而延长堆肥过程，但这对于影响磷组分转化的解磷菌来说刺激性也许更大，也有可能促进堆肥的腐殖化进程[33]。因此，这种过程控制方法利大于弊，更有助于制备高效生物堆肥产品。

本研究通过对不同有机固废堆肥过程中可培养解磷菌群落的丰度、出现频率和多样性进行调查，结合多元分析方法（冗余分析）初步判断出影响堆肥过程中磷组分分布变化的关键解磷菌及其与环境因子的响应关系，通过调控堆肥过程中与关键可培养解磷菌相关的环境因子，改善堆肥微环境，进而提高优势解磷微生物的活性，调控堆肥过程磷组分分布的过程控制方法[13]不仅方便、容易操作，也可快速获得收益，对改善堆肥磷组分及磷素利用状态具有重要意义。另外，考虑到不可培养微生物在生态环境中占有较高比例，而且具有较大的生物化学应用潜质[49]，将分子生物学鉴定方法（如 DGGE、高通量测序等）和多元分析方法

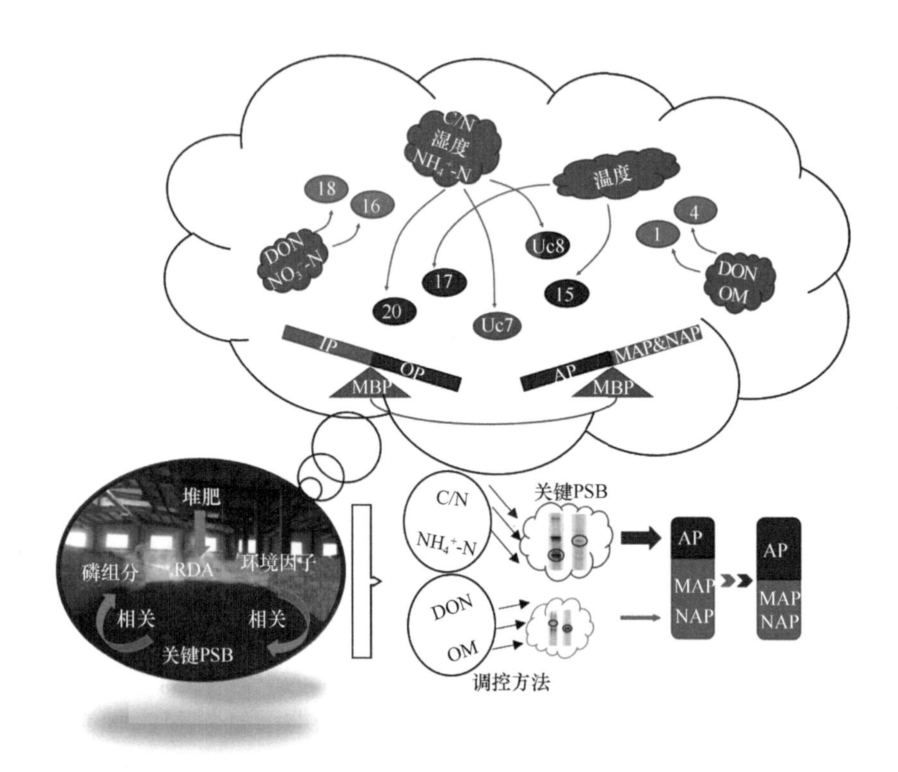

图 2-27 基于堆肥微环境调控的磷组分分布

图中云彩形状代表不同环境因子，椭圆形和长方形代表不同关键解磷菌和磷组分，图中数字表明解磷菌的条带编号，见表 2-3，Uc（unclassified band）代表相对丰度较低且未测序但可被 QuantityOne 软件识别的条带，MAP 和 NAP 代表中度可利用磷和不可利用磷，AP 代表可利用磷，OP 和 IP 分别代表有机磷和无机磷，MBP 代表微生物量磷。具有显著相关性的用相同深浅度表示。蓝色箭头指示不同环境因素影响关键解磷菌，跷跷板模型表征环境因子调节不同关键解磷菌丰度进而引起堆肥过程中可利用磷、有机磷和微生物量磷的累积

（如 RDA）联合应用，根据某一特定生态功能，从微生物群落中筛选关键微生物及其相关环境因子，通过改变微环境，对各类环境样品中不可培养微生物物种进行调控。

2.5 小 结

2.5.1 不同有机固废堆肥磷组分辨识

不同有机固废腐熟堆肥具备明显不同的总磷含量及磷组分含量，堆肥过程中无机磷、有机磷、Olsen 磷、水溶性磷和柠檬酸磷等几种主要磷组分呈现显著正相关关系，基于聚类分析结果，不同有机固废堆肥可利用磷含量按以下排序逐渐降低：鸡粪堆肥>猪粪堆肥>生活垃圾堆肥、园林垃圾堆肥>餐厨垃圾堆肥、果蔬垃

圾堆肥、秸秆堆肥，基于作物对磷素需求和有机固废堆肥的供磷能力，建议依照本研究所提出的堆肥优化模式，将高磷物料（猪粪、鸡粪）与低磷物料（生活垃圾、园林垃圾、餐厨垃圾、果蔬垃圾和秸秆）进行联合堆肥，混合施入农业土壤，最大限度地提高磷素利用率，减少磷素流失及可能引起的面源污染。

2.5.2　不同有机固废堆肥过程中关键解磷细菌识别

不同有机固废堆肥过程中具有明显不同的细菌数量、解磷细菌数量、解磷菌发生率和解磷菌群落组成，这些微生物类群与堆肥原材料、pH、温度、有机质含量及水溶性有机碳和水溶性有机氮比均显著相关。序列分析表明在不同物料堆肥过程中主要的可培养解磷细菌门类是厚壁菌门（Firmicutes）和变形菌门（Proteobacteria）。多样性指标也进一步说明在堆肥初期和高温期解磷细菌具有较丰富的群落组成，多样性高于其他堆肥阶段。冗余分析结果也明确了解磷菌群落组成的变化明显会影响堆肥过程中不同磷组分的含量和比例，而经 RDA 进一步筛选初步确定了 13 个关键解磷细菌条带。最终，本研究基于不同有机固废堆肥过程中的关键解磷细菌、磷组分和环境因子的关系，提出了一种初步调控堆肥磷组分分布的方法：①辨识堆肥过程中与磷组分显著相关的关键解磷菌；②利用冗余分析找出与关键解磷菌有显著相关关系的环境因子；③调控堆肥环境因子，提高关键解磷菌丰度和活性，促进磷组分转化。

主要参考文献

[1] Jindo K, Audette Y, Higashikawa F S, et al. Role of biochar in promoting circular economy in the agriculture sector. Part 1: a review of the biochar roles in soil N, P and K cycles[J]. Chemical and Biological Technologies in Agriculture, 2020, 7(1): 1-12.

[2] Turner B, Leytem A. Phosphorus compounds in sequential extracts of animal manures: chemical speciation and a novel fractionation procedure[J]. Environmental Science & Technology, 2004, 38(22): 6101-6108.

[3] Zvomuya F, Helgason B L, Larney F J, et al. Predicting phosphorus availability from soil-applied composted and noncomposted cattle feedlot manure[J]. Journal of Environmental Quality, 2006, 35(3): 928-937.

[4] Gaind S. Effect of fungal consortium and animal manure amendments on phosphorus fractions of paddy-straw compost[J]. International Biodeterioration & Biodegradation, 2014, 94: 90-97.

[5] Eneji A E, Honna T, Yamamoto S, et al. Changes in humic substances and phosphorus fractions during composting[J]. Communications in Soil Science and Plant Analysis, 2003, 34(15-16): 2303-2314.

[6] Ngo P T, Rumpel C, Ngo Q A, et al. Biological and chemical reactivity and phosphorus forms of buffalo manure compost, vermicompost and their mixture with biochar[J]. Bioresource Technology, 2013, 148: 401-407.

[7] Wang Y, Cai Z, Sheng S, et al. Comprehensive evaluation of substrate materials for

contaminants removal in constructed wetlands[J]. Science of The Total Environment, 2020, 701: 134736.
[8] Wei Z M, Zhao X Y, Zhu C W, et al. Assessment of humification degree of dissolved organic matter from different composts using fluorescence spectroscopy technology[J]. Chemosphere, 2014, 95: 261-267.
[9] Li G H, Li H G, Leffelaar P A. et al. Characterization of phosphorus in animal manures collected from three (dairy, swine, and broiler) farms in China[J]. PLos One, 2014, 9(7): e102698.
[10] Khan K S, Joergensen R G. Changes in microbial biomass and P fractions in biogenic household waste compost amended with inorganic P fertilizers[J]. Bioresource Technology, 2009, 100(1): 303-309.
[11] He X S, Xi B D, Wei Z M, et al. Spectroscopic characterization of water extractable organic matter during composting of municipal solid waste [J]. Chemosphere, 2011, 82(4): 541-548.
[12] López-González J A, Suárez-Estrella F, Vargas-García M C, et al. Dynamics of bacterial microbiota during lignocellulosic waste composting: studies upon its structure, functionality and biodiversity[J]. Bioresource Technology, 2015, 175: 406-416.
[13] Wei Y, Wei Z, Cao Z, et al. A regulating method for the distribution of phosphorus fractions based on environmental parameters related to the key phosphate-solubilizing bacteria during composting. Bioresource Technology, 2016, 211: 610-617.
[14] Mander C, Wakelin S, Young S, et al. Incidence and diversity of phosphate-solubilising bacteria are linked to phosphorus status in grassland soils. Soil Biol Biochem, 2012, 44 (1): 93-101.
[15] Zhang L, Li L, Sha G, et al. Aerobic composting as an effective cow manure management strategy for reducing the dissemination of antibiotic resistance genes: an integrated meta-omics study[J]. Journal of Hazardous Materials, 2020, 386: 121895.
[16] Vassilev N, Mendes G, Costa M, et al. Biotechnological tools for enhancing microbial solubilization of insoluble inorganic phosphates[J]. Geomicrobiology Journal, 2014, 31(9): 751-763.
[17] Sharma S B, Sayyed R Z, Trivedi M H, et al. Phosphate solubilizing microbes: sustainable approach for managing phosphorus deficiency in agricultural soils[J]. Springerplus, 2013, 2(587): 1-14.
[18] Tang X, Huang Y, Li Y, et al. Study on detoxification and removal mechanisms of hexavalent chromium by microorganisms[J]. Ecotoxicology and Environmental Safety, 2021, 208: 111699.
[19] Chang C, Yang S. Thermo-tolerant phosphate-solubilizing microbes for multi-functional biofertilizer preparation[J]. Bioresource Technology, 2009, 100(4): 1648-1658.
[20] Xi B, He X, Dang Q, et al. Effect of multi-stage inoculation on the bacterial and fungal community structure during organic municipal solid wastes composting[J]. Bioresource Technology, 2015, 196: 399-405.
[21] Ovreas L, Forney L, Daae F L, et al. Distribution of bacterioplankton in meromictic Lake Saelenvannet, as determined by denaturing gradient gel electrophoresis of PCR-amplified gene fragments coding for 16S rRNA[J]. Applied and Environmental Microbiology, 1997, 63(9): 3367-3373.
[22] Wan W, Wang Y, Tan J, et al. Alkaline phosphatase-harboring bacterial community and multiple enzyme activity contribute to phosphorus transformation during vegetable waste and chicken manure composting[J]. Bioresource Technology, 2020, 297: 122406.
[23] Acevedo E, Galindo-Castañeda T, Prada F, et al. Phosphate-solubilizing microorganisms

associated with the rhizosphere of oil palm (*Elaeis guineensis* Jacq.) in Colombia[J]. Applied Soil Ecology, 2014, 80: 26-33.

[24] Oliveira C A, Alves V M C, Marriel I E, et al. Phosphate solubilizing microorganisms isolated from rhizosphere of maize cultivated in an oxisol of the Brazilian Cerrado biome[J]. Soil Biology and Biochemistry, 2009, 41(9): 1782-1787.

[25] Lauber C L, Hamady M, Knight R, et al. Pyrosequencing-based assessment of soil pH as a predictor of soil bacterial community structure at the continental scale[J]. Applied and Environmental Microbiology, 2009, 75(15): 5111-5120.

[26] Sciubba L, Cavani L, Negroni A, et al. Changes in the functional properties of a sandy loam soil amended with biosolids at different application rates[J]. Geoderma, 2014, 221-222: 40-49.

[27] García-Jaramillo M, Redondo-Gómez S, Barcia-Piedras J M, et al. Dissipation and effects of tricyclazole on soil microbial communities and rice growth as affected by amendment with alperujo compost[J]. Science of the Total Environment, 2016, 550: 637-644.

[28] Yi J, Wu H, Wu J, et al. Molecular phylogenetic diversity of Bacillus community and its temporal-spatial distribution during the swine manure of composting[J]. Applied Microbiology and Biotechnology, 2012, 93(1): 411-421.

[29] Papik J, Folkmanova M, Polivkova-Majorova M, et al. The invisible life inside plants: deciphering the riddles of endophytic bacterial diversity[J]. Biotechnology Advances, 2020, 44: 107614.

[30] Zhang J, Zeng G, Chen Y, et al. Effects of physico-chemical parameters on the bacterial and fungal communities during agricultural waste composting[J]. Bioresource Technology, 2011, 102(3): 2950-2956.

[31] Wang X, Cui H, Shi J, et al. Relationship between bacterial diversity and environmental parameters during composting of different raw materials[J]. Bioresource Technology, 2015, 198: 395-402.

[32] Wan W, Qin Y, Wu H, et al. Isolation and characterization of phosphorus solubilizing bacteria with multiple phosphorus sources utilizing capability and their potential for lead immobilization in soil[J]. Frontiers in Microbiology, 2020, 11: 752.

[33] Wu J, Yue Z, Wei Z, et al. Effect of precursors combined with bacteria communities on the formation of humic substances during different materials composting. Bioresource Technology, 2016, 226: 191.

[34] Bashan Y, Kamnev A A, de-Bashan L E. Tricalcium phosphate is inappropriate as a universal selection factor for isolating and testing phosphate-solubilizing bacteria that enhance plant growth: a proposal for an alternative procedure[J]. Biology and Fertility of Soils, 2013, 49(4): 465-479.

[35] Tan W, Wang G, Huang C, et al. Physico-chemical protection, rather than biochemical composition, governs the responses of soil organic carbon decomposition to nitrogen addition in a temperate agroecosystem. Science of The Total Environment, 2017, 598: 282-288.

[36] Wang H, Zhao Y, Wei Y Q, et al. Biostimulation of nutrient additions on indigenous microbial community at the stage of nitrogen limitations during composting. Waste Management, 2018, 74: 194-202.

[37] Flores-Rentería D, Rincón A, Valladares F, et al. 2016. Agricultural matrix affects differently the alpha and beta structural and functional diversity of soil microbial communities in a fragmented Mediterranean holm oak forest. Soil Biology & Biochemistry, 2016, 92: 79-90.

[38] Jones D L, Oburger E. Solubilization of Phosphorus by Soil Microorganisms[M]. New York: Phosphorus in action, Springer, 2011: 169-198.

[39] Zhao Y, Lu Q, Wei Y Q, et al. Effect of actinobacteria agent inoculation methods on cellulose degradation during composting based on redundancy analysis. Bioresource Technology, 2016, 219: 196-203.

[40] Ogino A, Koshikawa H, Nakahara T, et al. Succession of microbial communities during a biostimulation process as evaluated by DGGE and clone library analyses. Journal of Applied Microbiology, 2001, 91(4): 625-635.

[41] Ali I, He L, Ullah S, et al. Biochar addition coupled with nitrogen fertilization impacts on soil quality, crop productivity, and nitrogen uptake under double-cropping system[J]. Food and Energy Security, 2020, 9(3): e208.

[42] Li Q, Li J M, Cui X L, et al. On farm assessment of bio-solid effects on nitrogen and phosphorus accumulation in soils[J]. Journal of Integrative Agriculture, 2012, 11(9): 1545-1554.

[43] Chapuis-Lardy L, Fiorini J, Toth J, et al. Phosphorus concentration and solubility in dairy feces: variability and affecting factors[J]. Journal of Dairy Science, 2004, 87(12): 4334-4341.

[44] Yan Z J, Liu P P, Li Y H, et al. Phosphorus in China's intensive vegetable production systems: overfertilization, soil enrichment, and environmental implications[J]. Journal of Environmental Quality, 2013, 42(4): 982-989.

[45] Wei Y, Zhao Y, Xi B, et al. Changes in phosphorus fractions during organic wastes composting from different sources[J]. Bioresource Technology, 2015, 189: 349-356.

[46] Zhan Y, Zhang Z, Ma T, et al. Phosphorus excess changes rock phosphate solubilization level and bacterial community mediating phosphorus fractions mobilization during composting[J]. Bioresource Technology, 2021, 337: 125433.

[47] Rodriguez H, Fraga R. Phosphate solubilizing bacteria and their role in plant growth promotion[J]. Biotechnology Advances, 1999, 17(4-5): 319-339.

[48] Patel A, Mungray A A, Mungray A K. Technologies for the recovery of nutrients, water and energy from human urine: a review[J]. Chemosphere, 2020, 259: 127372.

[49] Ward D M, Weller R, Bateson M M. 16S rRNA sequences reveal numerous uncultured microorganisms in a natural community[J]. Nature, 1990, 345(6270): 63-65.

第 3 章　解磷微生物筛选及复合菌剂制备

3.1　耐高温解磷菌株解磷能力的分析

3.1.1　耐高温解磷菌株解磷能力的定性分析

解磷圈是解磷细菌在其解磷作用下使得含有无机磷的固体培养基中的难解磷组分溶解，并在菌落外缘形成的透明圆环[1,2]。解磷微生物 P1 和 P7 在解磷微生物培养基（PKO 培养基）上的解磷圈与菌落的大小如图 3-1 所示，解磷菌在 PKO 培养基上的解磷圈形状呈“品”字形。

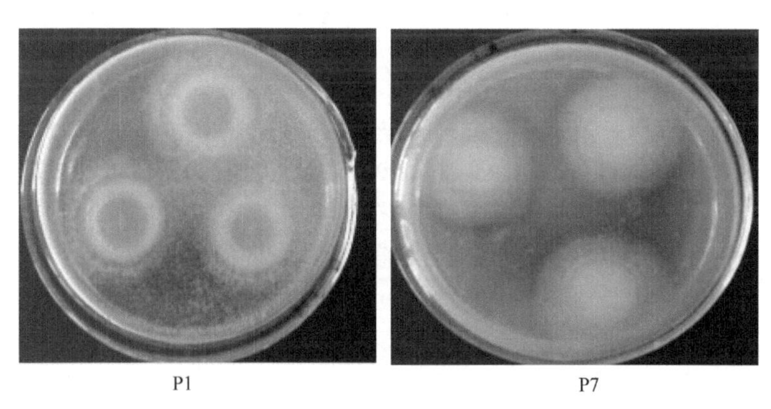

P1　　P7

图 3-1　在 PKO 培养基上各菌株的解磷现象

3.1.1.1　解磷细菌解磷能力定性测定

将解磷细菌接种到 PKO 培养基上，于 50℃条件下培养，培养过程中每 12 h 产生解磷圈直径（*D*）与菌落直径（*d*）比值（*D*/*d*）的结果见表 3-1。各菌株在不培养同时间所产生的解磷圈大小有较大差异。根据解磷圈的有或无、大或小，可以初步确定具有解磷能力的细菌为解磷细菌。因此，*D*、*d* 以及 *D*/*d* 是表征解磷细菌解磷能力的一个重要指标。

从表 3-1 可以看出不同培养时间，菌株 P1 的 *D*/*d* 值先增加后降低，在培养 24 h 时，*D*/*d* 值最大，为 1.61，与 12 h、48 h、72 h 的值差异显著，但其他三个培养时间的 *D*/*d* 值无明显差异。但是在培养 48 h 之后 *D*/*d* 值出现减少。随着培养时

表 3-1　细菌在 PKO 培养基上解磷圈的大小

菌株编号	PKO 培养基的 *D*/*d*			
	12 h	24 h	48 h	72 h
P1	1.39±0.13a	1.61±0.15b	1.36±0.11a	1.25±0.07a

注：字母不同代表差异显著（$P < 0.05$，n=8 或 9）（运用 SPSS 18.0 统计软件单因素分析中 Scheffe 法进行统计分析）

间增加，菌株 P1 的 *d* 与 *D* 趋近，其解磷效率减弱，可能是解磷细菌的生长进入衰亡期，导致其解磷能力下降。但是由于解磷微生物的生长情况与解磷圈和菌落直径之比（*D*/*d*）并不呈正相关，因此，其解磷效果的比较，还需要通过发酵实验的定量测定进一步确定。解磷圈的有无是否是解磷菌株能较好地分解难溶性磷的证据仍需进一步研究。

3.1.1.2　解磷真菌解磷能力定性测定

从表 3-2 中可以看出，试验过程 8 种真菌在同一培养时间的 *D*/*d* 值有一定差异。培养 24 h 时，各解磷真菌均未出现解磷圈。在培养 48 h 后，P2 的 *D*/*d* 最大，为 1.58，P2 菌株与其余几种真菌的解磷能力差异较显著，同时 P3 与 P4、P9 之间的差异性也较为显著，其余 6 种真菌的差异不显著。培养 72 h 时，P2 菌株的 *D*/*d* 最大，数值为 2.04，且与 P4、P5、P6、P7、P8、P9 的 *D*/*d* 值具有显著差异，同时所有解磷真菌的解磷效果均是增强的。在培养 96 h 后，P2 的解磷圈 *D*/*d* 仍最大，为 2.12，与 P4、P6、P7 的 *D*/*d* 值有显著差异，而 P3 的解磷圈 *D*/*d* 值与其他 7 种解磷真菌的差异均不显著。

表 3-2　真菌在 PKO 上解磷圈的大小

菌株编号	PKO 培养基的 *D*/*d*			
	24 h	48 h	72 h	96 h
P2	—	1.58±0.18a，A	2.04±0.57a，A	2.12±0.43a，A
P3	—	1.37±0.16a，B	1.83±0.34b，A	1.86±0.31b，A
P4	—	1.35±0.10a，BC	1.56±0.09b，BA	1.62±0.07b，BA
P5	—	1.17±0.09a，B	1.40±0.08b，B	1.89±0.13c，A
P6	—	1.23±0.08a，B	1.44±0.07b，BA	1.74±0.07c，BA
P7	—	1.28±0.07a，B	1.39±0.04b，B	1.71±0.08c，BA
P8	—	1.24±0.05a，B	1.41±0.09b，BA	1.80±0.11c，A
P9	—	1.16±0.10a，BD	1.37±0.07b，B	1.76±0.15c，A

注：字母不同表示差异显著。小写字母显示不同时间的差异，大写字母显示不同菌株的差异（$P<0.05$，n=8～12）。（运用 SPSS 18.0 统计软件单因素分析中 Scheffe 法进行统计分析）

在同种真菌的不同培养时间上解磷圈 *D*/*d* 值也有一定差异。P2 在三个培养时间上的 *D*/*d* 值的差异不大，而其余 7 种解磷真菌在不同培养时间上均表现出显著差异。从图 3-2 中能更直观地看出，8 种真菌在 24h 到 96h 均呈上升趋势，但在 120 h 时，4 种解磷真菌均开始呈现下降趋势，其解磷能力趋缓。由于 P2、P3 与 P4 在 120 h 时解磷圈过大，超出有效测量范围，因此只有其余 4 种解磷真菌的 *D*/*d* 值。

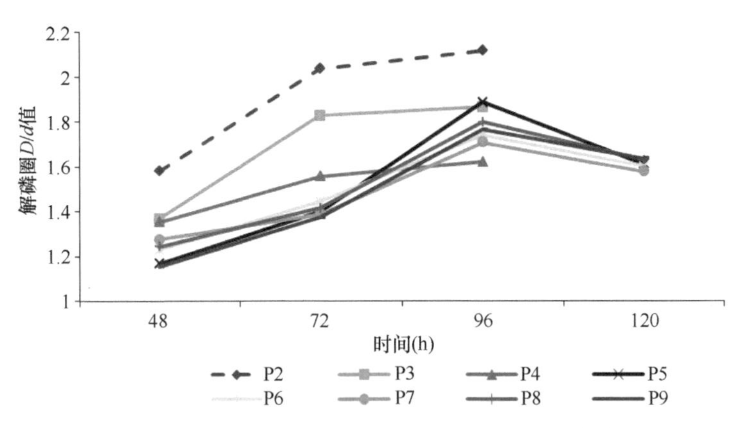

图 3-2　解磷真菌在 PKO 上解磷圈 *D*/*d* 值的动态变化

3.1.2　耐高温解磷菌株解磷能力的定量分析

该试验以 $Ca_3(PO_4)_2$ 为发酵液中唯一磷源，测定各解磷菌株的可溶性磷、微生物量磷和总磷含量，分析各解磷菌的解磷能力。由表 3-3 可以看出，在 9 种菌株的发酵培养中，P5 菌株的总有效磷含量最高，为 66.98 μg/mL，其可溶性磷和微生物量磷含量也最高，分别为 19.27 μg/mL 和 47.71 μg/mL；其次是 P3 菌株的总有效磷含量，为 47.88 μg/mL，其可解磷与微生物量磷含量也仅次于 P5，分别为 9.96 μg/mL 和 37.92 μg/mL。P9 菌株的总有效磷含量最低，为 5.10 μg/mL，但其可解磷含量较 P2 的高，为 4.71 μg/mL。P5 菌株在平板培养 96 h 时的解磷圈 *D*/*d* 值较小，为 1.89（表 3-2），但是测得的总有效磷含量却为最高，说明解磷圈 *D*/*d* 值只能定性分析菌株是否有解磷能力，不能进行解磷能力大小的比较。同时，没有解磷圈的菌株也不一定没有解磷能力，可能是由于解磷菌株的解磷机制不同，不能分泌渗出液。

由图 3-3 更能直观地看出，各菌株中总有效磷含量最高的为 P5，次之为 P3；可溶性磷含量最高的为 P5，最低为 P2；微生物量磷含量最高的仍为 P5，最低为 P9。P9 菌株的微生物量磷含量远小于可溶性磷含量，P1 和 P6 菌株的微生物量磷含量与可溶性磷含量相差不大，其余 6 种菌株微生物量磷含量远大于可溶性磷含量。P1 菌株的可溶性磷含量略高于 P2。

表 3-3　解磷微生物菌株的复筛结果

菌株编号	发酵液中各种有效磷含量（μg/mL）		
	可溶性磷	微生物量磷	总有效磷
P1	4.81	4.55	9.37
P2	2.93	8.02	10.95
P3	9.96	37.92	47.88
P4	4.22	14.55	18.77
P5	19.27	47.71	66.98
P6	5.11	4.45	9.55
P7	4.81	12.42	17.23
P8	4.61	7.42	12.03
P9	4.71	0.39	5.10

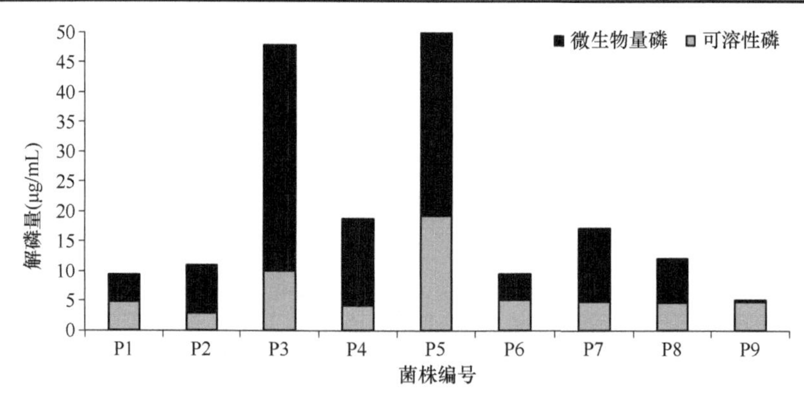

图 3-3　解磷微生物菌株的复筛结果

因此，在这些菌株中，P3、P4 和 P5 菌株解磷效果较好，可将其选为接种堆肥的解磷微生物菌剂，可与其他功能菌株复合，通过正交均匀设计，获得微生物复合菌剂的最佳配比，接种于堆肥中并提升各功能菌株的活性，促进堆肥腐熟。

3.2　耐高温解无机磷复合菌剂解磷条件优化的分析

3.2.1　高效耐高温解磷菌株的筛选

本试验以磷矿粉为发酵液中唯一磷源，培养 8 d 后，测定其发酵液中总有效磷含量，为后期解磷菌复合菌剂中解磷菌株的选取提供依据。由表 3-4 和图 3-4 可以看出，在 9 种解磷菌株的发酵培养中，接种 P5 菌株总有效磷含量最高，为 183.18 μg/mL，其次为 P3，其含量为 171.46 μg/mL。P9 的总有效磷含量最低，为

24.76 μg/mL。在接灭活菌处理中，P7 菌株的总有效磷含量最高，为 83.18 μg/mL，其次为 P3，其含量为 81.20 μg/mL，接灭活菌株的发酵液中总有效磷含量也较高，可能的原因是各菌株经灭菌后，与解磷有关的一些成分仍能发挥部分解磷效果；但 P9 的总有效磷含量仍为最低，仅为 1.00 μg/mL，可能是由于灭菌后与解磷相关的有效成分（如挥发性有机酸）被挥发、相关的酶失活等不能发挥其解磷作用[3]，因此在接菌与接灭活菌的比值中，P9 的值最大，为 24.81，远超过其他菌株两者的比值。

表 3-4　解磷微生物菌株的总有效磷含量

菌株编号	各处理发酵液中总有效磷含量（μg/mL）			
	接菌	接灭活菌	接菌/接灭活菌	空白
P1	42.58	36.64	1.16	60.19
P2	54.46	52.48	1.04	
P3	171.46	81.20	2.11	
P4	162.58	48.52	3.35	
P5	183.18	47.53	3.85	
P6	56.44	46.54	1.21	
P7	95.06	83.18	1.14	
P8	96.05	57.43	1.67	
P9	24.76	1.00	24.81	

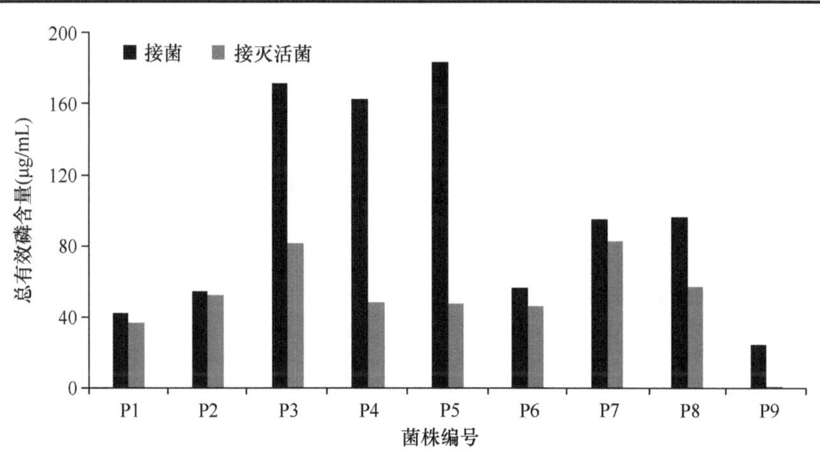

图 3-4　解磷微生物菌株的总有效磷含量

通过对各解磷菌株总有效磷含量的测定，选取具有较强解磷能力的菌株 P3、P4、P5（171.46 μg/mL、162.58 μg/mL、183.18 μg/mL）作为复合解磷菌剂中的供试菌株。

3.2.2 各复合功能菌剂解磷能力分析

根据 Design Expert 软件的混料试验设计方法对选定的三株解磷菌进行复合功能菌剂的配比，优化最佳组合并对其进行统计分析。各复合功能菌剂配比及解磷能力见表 3-5。对各组合解磷总量的数据进行比较分析可以看出，不同比例的菌株组合，其解磷效果差异显著。最大解磷量是最小解磷量的 2.46 倍。组合 1（P4∶P5∶P3=50%∶0%∶50%）的解磷能力最低，比单株菌中解磷能力最弱的菌株 P4 低 37.84%。这可能是由于菌株 P4 与菌株 P5 之间存在拮抗作用。组合 7（P4∶P5∶P3=33.3%∶33.3%∶33.3%）在试验过程中解磷量低于 P5 单株菌的解磷能力，这可能也是菌株 P4 与菌株 P3 之间的拮抗作用导致的。组合 4（P4∶P5∶P3=0%∶50%∶50%）的解磷能力高于其他组合，解磷量为 241.70 μg/mL，明显高于各单株菌的解磷能力。结果表明组合 4 的各解磷菌株之间存在交叉互养、协同共生，因此确定复合菌剂组合 4（P4∶P5∶P3=0%∶50%∶50%）为最优解磷组合。

表 3-5 各组复合菌剂解磷能力比较

序号	菌株组合比例			解磷量（μg/mL）		
	P4	P5	P3	有效磷	微生物量磷	总磷
1	0.500	0.000	0.500	53.76	44.64	98.40
2	0.000	1.000	0.000	49.25	141.45	190.70
3	0.000	0.000	1.000	56.91	121.05	177.96
4	0.000	0.500	0.500	35.86	205.84	241.70
5	0.500	0.500	0.000	52.40	136.12	188.52
6	1.000	0.000	0.000	37.93	120.37	158.30
7	0.333	0.333	0.333	42.41	132.09	175.50

3.2.3 Box-Behnken 试验结果与分析

3.2.3.1 试验结果

采用 Box-Behnken 对复合菌剂组合 4 的解磷条件进行试验设计并优化出来的 46 组试验安排以及试验结果见表 3-6。

3.2.3.2 模型建立及显著性检验

利用 Design Expert（version 7.6.1）软件对试验数据进行多元拟合，获得复合

表 3-6　Box-Behnken 设计实测值及预测值

试验号	因素					解磷总量（μg/mL）	
	X_1（d）	X_2（℃）	X_3	X_4（%）	X_5（%）	实测值	预测值
1	2	45	7	6	7	190.58	192.92
2	10	45	7	6	7	210.06	211.52
3	2	55	7	6	7	189.87	189.82
4	10	55	7	6	7	214.07	213.13
5	6	50	6	4	7	230.38	218.17
6	6	50	8	4	7	189.94	184.23
7	6	50	6	8	7	216.38	208.20
8	6	50	8	8	7	192.51	190.83
9	6	45	7	6	3	221.38	225.43
10	6	55	7	6	3	243.70	234.61
11	6	45	7	6	11	223.64	228.27
12	6	55	7	6	11	226.11	217.60
13	2	50	6	6	7	165.77	170.92
14	10	50	6	6	7	225.27	230.84
15	2	50	8	6	7	181.09	184.23
16	10	50	8	6	7	162.66	166.22
17	6	50	7	4	3	206.52	221.83
18	6	50	7	8	3	211.58	213.77
19	6	50	7	4	11	195.59	208.37
20	6	50	7	8	11	213.41	213.07
21	6	45	6	6	7	225.90	223.11
22	6	55	6	6	7	210.38	227.70
23	6	45	8	6	7	215.26	202.79
24	6	55	8	6	7	189.07	196.71
25	2	50	7	4	7	213.93	207.75
26	10	50	7	4	7	164.55	173.19
27	2	50	7	8	7	158.48	150.55
28	10	50	7	8	7	220.12	227.02
29	6	50	6	6	3	234.52	232.04
30	6	50	8	6	3	197.71	200.41
31	6	50	6	6	11	221.36	218.98
32	6	50	8	6	11	196.50	199.30
33	2	50	7	6	3	189.95	190.80
34	10	50	7	6	3	233.70	220.18
35	2	50	7	6	11	189.46	192.15

续表

试验号	因素					解磷总量（μg/mL）	
	X_1（d）	X_2（℃）	X_3	X_4（%）	X_5（%）	实测值	预测值
36	10	50	7	6	11	216.35	204.67
37	6	45	7	4	7	198.90	194.87
38	6	55	7	4	7	243.73	235.12
39	6	45	7	8	7	227.37	234.18
40	6	55	7	8	7	190.22	192.45
41	6	50	7	6	7	252.18	250.22
42	6	50	7	6	7	246.95	250.22
43	6	50	7	6	7	254.57	250.22
44	6	50	7	6	7	237.51	250.22
45	6	50	7	6	7	252.18	250.22
46	6	50	7	6	7	257.93	250.22

菌剂解磷总量（Y）与培养时间（X_1）、培养温度（X_2）、pH（X_3）、磷矿粉添加量（X_4）、接种量（X_5）自变量的二元多项回归模型方程。

$$Y=250.22+10.48X_1-0.37X_2-12.83X_3-0.84X_4-3.54X_5+1.18X_1X_2-19.48X_1X_3+27.75X_1X_4-4.22X_1X_5-2.67X_2X_3-20.49X_2X_4-4.96X_2X_5+4.14X_3X_4+2.99X_3X_5+3.19X_4X_5-36.45X_1^2-11.92X_2^2-25.72X_3^2-24.14X_4^2-11.82X_5^2 \quad (3\text{-}1)$$

对以上模型进行方差分析，结果见表 3-7。表 3-8 显示的是模型系数的显著性检验。

表 3-7　回归模型方差分析

来源	平方和	自由度	均方	F 值	P 值
模型	26 530.74	20	1 326.54	13.62	<0.0001
残差	2 434.31	25	97.37		
失拟项	2 176.02	20	108.80	2.11	0.2093
纯误差	258.29	5	51.66		
总和	28 965.05	45			
			R= 0.9571，R^2=0.9160，R^2_{Adj}=0.8487		

表 3-8　回归方程系数显著性检验表

系数项	回归系数	自由度	标准差	95%置信下限	95%置信上限	P 值
X_1	10.48	1	2.47	5.40	15.56	0.0003
X_2	−0.37	1	2.47	−5.45	4.71	0.8816
X_3	−12.83	1	2.47	−17.91	−7.75	< 0.0001

续表

系数项	回归系数	自由度	标准差	95%置信下限	95%置信上限	P 值
X_4	–0.84	1	2.47	–5.92	4.24	0.7358
X_5	–3.54	1	2.47	–8.62	1.54	0.1637
X_1X_2	1.18	1	4.93	–8.98	11.34	0.8129
X_1X_3	–19.48	1	4.93	–29.64	–9.32	0.0006
X_1X_4	27.75	1	4.93	17.59	37.92	< 0.0001
X_1X_5	–4.22	1	4.93	–14.38	5.95	0.4011
X_2X_3	–2.67	1	4.93	–12.83	7.49	0.5935
X_2X_4	–20.49	1	4.93	–30.66	–10.33	0.0003
X_2X_3	–4.96	1	4.93	–15.12	5.20	0.3241
X_3X_4	4.14	1	4.93	–6.02	14.30	0.4091
X_3X_5	2.99	1	4.93	–7.17	13.15	0.5503
X_4X_5	3.19	1	4.93	–6.97	13.35	0.5238
X_1^2	–36.45	1	3.34	–43.33	–29.57	< 0.0001
X_2^2	–11.92	1	3.34	–18.8	–5.04	0.0015
X_3^2	–25.72	1	3.34	–32.60	–18.84	< 0.0001
X_4^2	–24.14	1	3.34	–31.02	–17.26	< 0.0001
X_5^2	–11.82	1	3.34	–18.7	–4.94	0.0016

由方差分析结果表明，不同影响条件下的复合功能菌剂解磷总量所建立的回归模型是极显著的（P<0.0001），该方程的决定系数 R^2=0.9160，该值代表着相关响应值有 91.60%均来源于所选变量[4]。表 3-8 表明，培养时间、pH、上述两者的交互项、磷矿粉添加量和培养时间的交互项、磷矿粉添加量和温度的交互项、所有变量的二次项均达到极显著水平（P<0.01），信噪比（signal to noise ratio）为 14.949，该值处于可接受范围（>4），模型的失拟项为 0.2093，呈现不显著。因此，可用该回归方程代替试验真实点对试验进行分析[5]。

由表 3-8 还可以看出，X_1（培养时间）、X_3（pH）对解磷复合功能菌剂的解磷能力影响效果呈极显著，其他因素的影响效果从大到小排列依次为：X_5（接种量）、X_4（磷矿粉添加量）、X_2（温度）。

3.2.3.3　复合菌剂解磷率的响应曲面与优化

模型的响应曲面及其等高线见图 3-5～图 3-8。该组图以影响因素中的 3 个变量为中点值，考察另外 2 个变量对响应值解磷率的交互影响效应。

图 3-5 显示了在磷酸钙添加量、pH、接种量取零水平时，培养时间与温度之间交互影响解磷量的曲面图及其等高线图。在试验水平范围内，当温度条件一定时，整个过程解磷量呈现先增大再减小的趋势，变幅较为明显，解磷速率则呈相

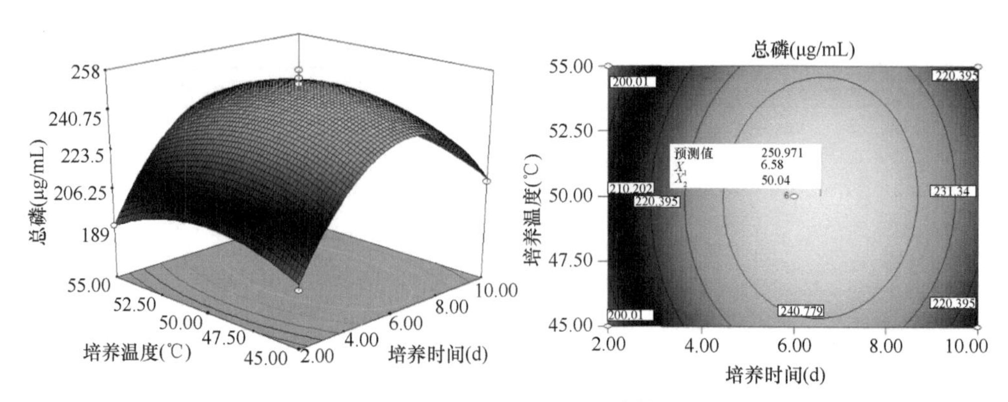

图 3-5 培养时间和温度交互影响解磷能力的曲面及其等高线

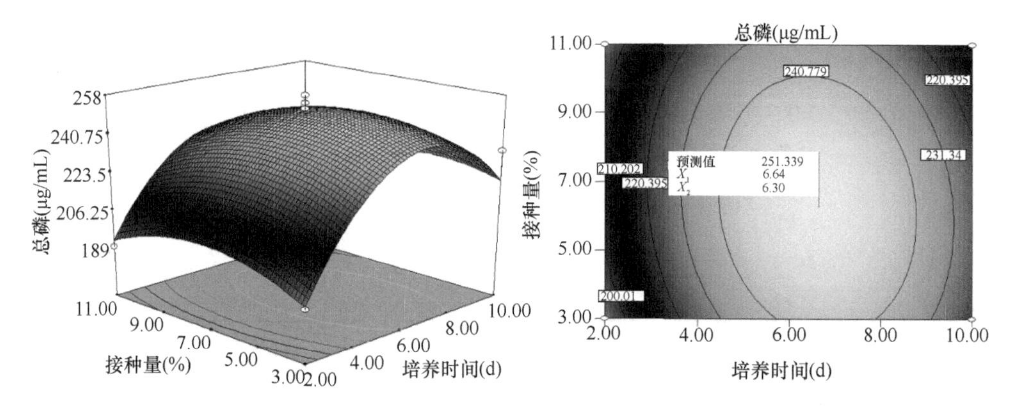

图 3-6 培养时间和接种量交互影响解磷能力的曲面及其等高线

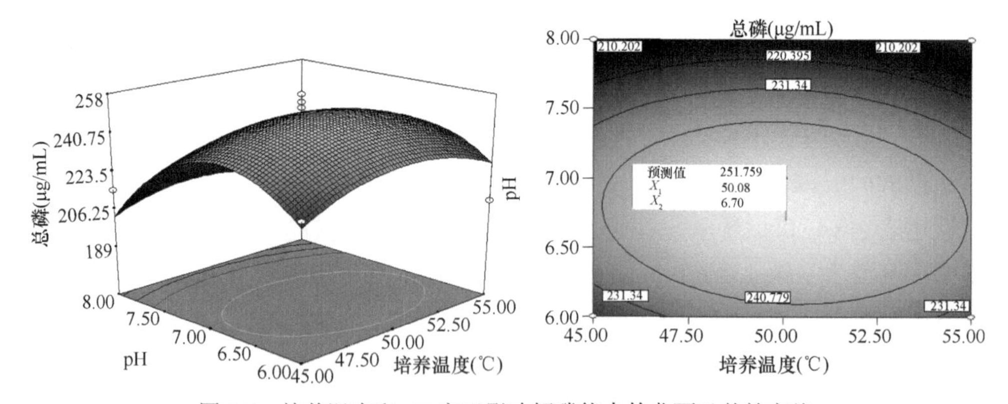

图 3-7 培养温度和 pH 交互影响解磷能力的曲面及其等高线

反的变化趋势；当培养时间一定时，伴随培养温度的升高，解磷量呈现出先增大后减小的趋势，但变幅较小，解磷速率变化趋势则相反。以上结果随着培养时间的增加，为适应环境变化，微生物解磷活性增强，解磷量也随之升高，当解磷量累积到一定程度后，磷矿粉被全部分解，培养基中的营养物质逐渐消耗，微生物

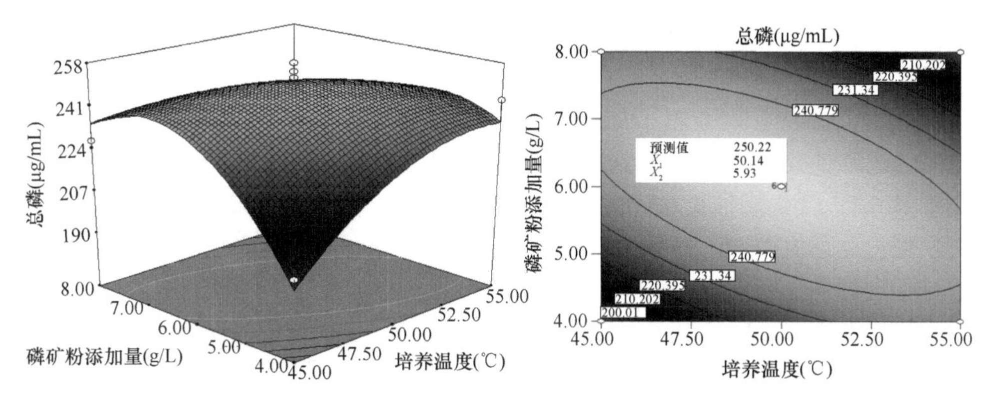

图 3-8　温度和磷矿粉添加量交互影响解磷能力的曲面及其等高线

活性降低甚至死亡，故解磷量也随之降低；培养温度较低时，解磷菌活性较低，随着温度的上升，解磷菌活性提高，当温度超过一定数值，解磷菌活性受到抑制，解磷效果降低，解磷量下降。从图中还可以看出，温度、时间与解磷量的关系曲面存在一个峰值，即其他条件不变时，温度、时间存在最佳的解磷效果组合，此时的解磷量为 250.97 μg/mL，控制温度为 50.04℃，培养时间为 6.58 d。

图 3-6 显示了在培养温度、pH、磷矿粉添加量取零水平时，培养时间与接种量之间的交互作用会影响解磷量的曲面图及其等高线图。在接种量一定时，解磷量在一定培养时间达到最大值，此后开始降低，解磷量随时间变化较为明显；当控制培养时间时，解磷量开始时随接种量增加而增大，之后开始降低，总的来说，这一变化不显著。接种量、培养时间与解磷量的关系曲面也存在一个峰值点，此时的解磷量为 251.34 μg/mL，控制接种量为 6.30%，培养时间为 6.64 d。

图 3-7 显示了在培养时间、磷矿粉添加量、接种量取零水平时，培养温度与 pH 之间交互影响解磷量的曲面图及其等高线图。在试验水平范围内，解磷量随培养温度和 pH 的增高均呈现先增大再减小的趋势，解磷量随 pH 的变化较为明显，随培养温度的变化不显著。说明解磷效果与有机酸含量和微生物活性有关，这与魏自民等[5]关于堆肥接种外源微生物对有机酸影响的研究结论相一致。从图中还可看出，培养温度和 pH 对于解磷效果也存在一个最优组合，此时的解磷量为 251.76 μg/mL，控制 pH 为 6.70，培养温度为 50.08℃。

图 3-8 显示了在培养时间、pH、接种量选取零水平时，温度与磷矿粉添加量之间的交互作用会影响解磷量的曲面图及其等高线图。在试验水平范围内，当磷矿粉添加量较少时，解磷量随着温度的升高而增大，当磷矿粉添加量较多时，解磷量随着温度的升高而减少，当磷矿粉添加量在一定范围时，解磷量随着温度的升高而先增加后减少；当温度值较低时，解磷量随着磷矿粉添加量的增加而减小，当温度值较高时，解磷量随着磷矿粉添加量的增加逐渐增大，当温度在一定范围时，解磷量随着磷矿粉添加量的增加而先增加后减少。从图 3-8 可知，

温度为 50.14℃，磷矿粉添加量为 5.93 g/L，此时解磷能力最大，为 250.22 μg/mL。

3.2.3.4 最优解磷条件的确定及模型验证

通过软件分析，对模型方程解逆矩阵，以 7.18 d、49.98℃、pH 6.63、磷矿粉添加量 6.21 g/L、接种量 6.07%的方式，获得了较好的解磷效果。在该条件下，磷解率理论计算值为 257.93 μg/mL，比接种量及培养时间的结合都要高，因为解磷的过程受到多个因素的影响。只有使用复合菌剂，才能达到最大的解磷量。

取培养时间、培养温度、pH、磷矿粉添加量、接种量最佳值作验证试验，所得实际解磷量为 240.81 μg/mL，高温复合解磷菌剂的最佳解磷条件参数准确可靠，具有实用价值，说明此预测模型在本试验的研究范围内科学合理。

3.3 解磷微生物解磷量与 pH 的动态特征

3.3.1 解磷细菌 P1 的解磷量与 pH 之间的动态特征

对于解磷细菌 P1 从接种 0 d 起，分别测量了其发酵液中的可溶性磷含量和 pH，结果见图 3-9。P1 接种于发酵介质，堆肥过程中，pH 表现为“V”形，而解磷量则呈“S”形。在培养 4 d 时，解磷细菌的解磷量最高，为 8.28 μg/mL，此时 pH 最低，为 5.69；在第 8 天，解磷量出现一个回升，为 4.81 μg/mL，同时 pH 也有回落，其值为 6.23。从定量测磷的图 3-3 中也可以看出，P1 中的微生物量磷含量与发酵液中的可溶性磷含量相近，而大部分菌株则是微生物量磷含量大于可溶性磷含量。可能是由于发酵液中解磷细菌已经处于衰亡期，细菌开始凋亡，微生物体可能释放出了一部分的微生物量磷。

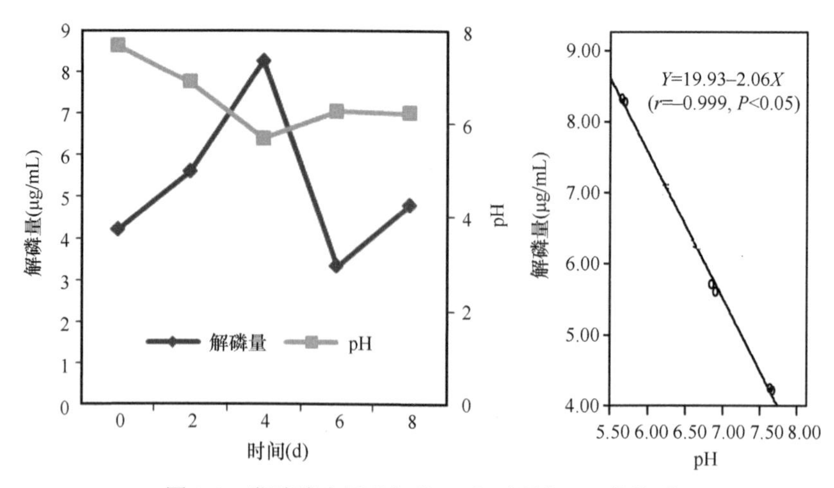

图 3-9 发酵液中解磷细菌 P1 解磷量与 pH 的关系

通过 SPSS 18.0 统计软件分析可知（图 3-9），解磷细菌 P1 的解磷量与 pH 在接种 4 d 存在显著相关性，且呈负相关，其相关性方程为：Y=19.93–2.06X（r=–0.999，P<0.05）。

3.3.2　解磷真菌解磷量与 pH 之间的动态特征

3.3.2.1　解磷真菌 P2 解磷量与 pH 之间的动态特征

对于解磷真菌 P2 从接种 0 d 起，分别对培养基中的可溶性磷和 pH 进行了测量。结果如图 3-10 所示，在 P2 接种 0 d 时，pH 最大值为 7.44；解磷量为 5.31μg/mL。pH 随培养时间的延长呈“V”形曲线，而解磷量则呈“S”形曲线。在培养第 6 天时，pH 降到最低，为 6.15；此时解磷量为最高值（22.44 μg/mL）。此后，pH 出现较大幅度的回升，而解磷量急剧下降，为 2.93 μg/mL，即所测 8 d 中解磷量的最低值。

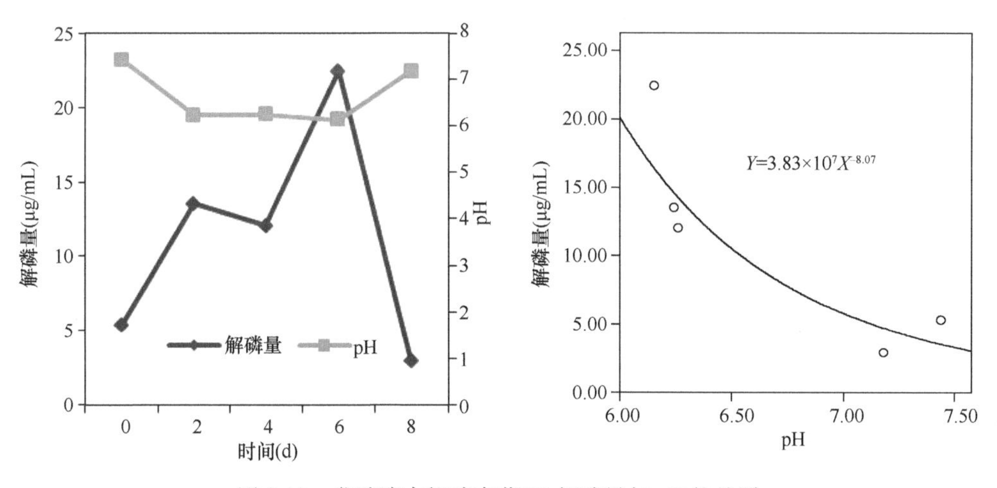

图 3-10　发酵液中解磷真菌 P2 解磷量与 pH 的关系

通过 SPSS 18.0 统计软件分析所知（图 3-10），在培养的 8 d 时间内，解磷真菌 P2 的解磷量与 pH 存在显著负相关关系，其相关性方程为：$Y=3.83\times10^{7}X^{-8.07}$。

3.3.2.2　解磷真菌 P3 解磷量与 pH 之间的动态特征

对于解磷真菌 P3 从接种 0 d 起，分别对培养基中的可溶性磷和 pH 进行了测量。结果如图 3-11 所示，在 P3 接种 0 d 时，其 pH 最大值为 7.46；解磷量最低，为 6.79 μg/mL。pH 随培养时间的延长呈“S”形曲线，而溶解率也呈“S”形曲线。在培养第 6 天时，pH 降到最低，为 5.16；此时解磷量为最高值，为 114.22 μg/mL。此后，pH 出现较大幅度的回升，而解磷量急剧下降，降为 9.96 μg/mL。

通过 SPSS 18.0 统计软件分析所得如图 3-11 所示，在培养的 8 d 中，解磷真菌 P3 的解磷量与 pH 存在显著负相关关系，其相关性方程为：Y=1880.27–548.11X+39.83X^2（R^2=0.985，P<0.05）。

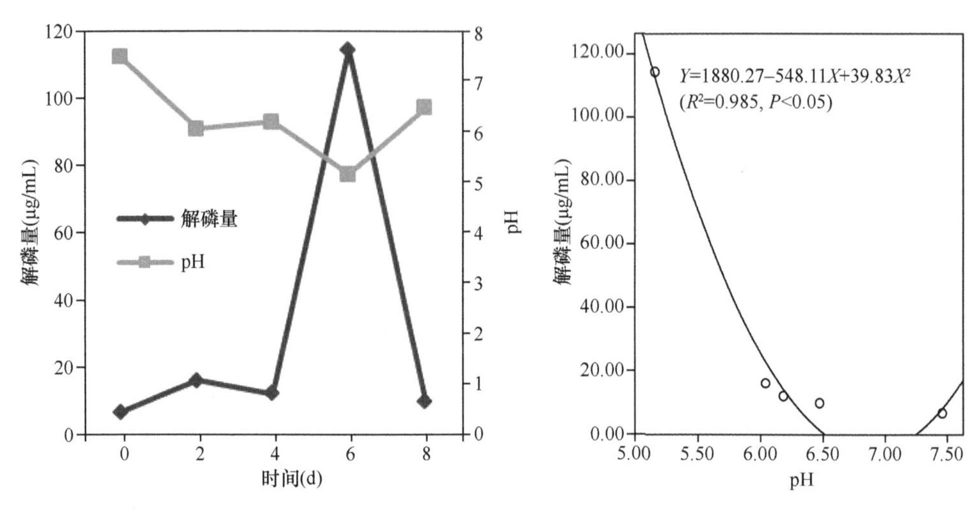

图 3-11　发酵液中解磷真菌解磷量 P3 与 pH 的关系

3.3.2.3　解磷真菌 P4 解磷量与 pH 之间的动态特征

对于解磷真菌 P4 从接种 0 d 起，分别对培养基中的可溶性磷和 pH 进行了测量。结果如图 3-12 所示，在 P4 接种 0 d 时，其 pH 最大值为 7.51；解磷量也很小，仅为 6.10 μg/mL。pH 随培养时间的延长呈“S”形曲线，而溶解率也呈“S”形曲线。在第 2 天，pH 下降至 6.07；在这段时间内，解磷量达到 18.28 μg/mL。在此

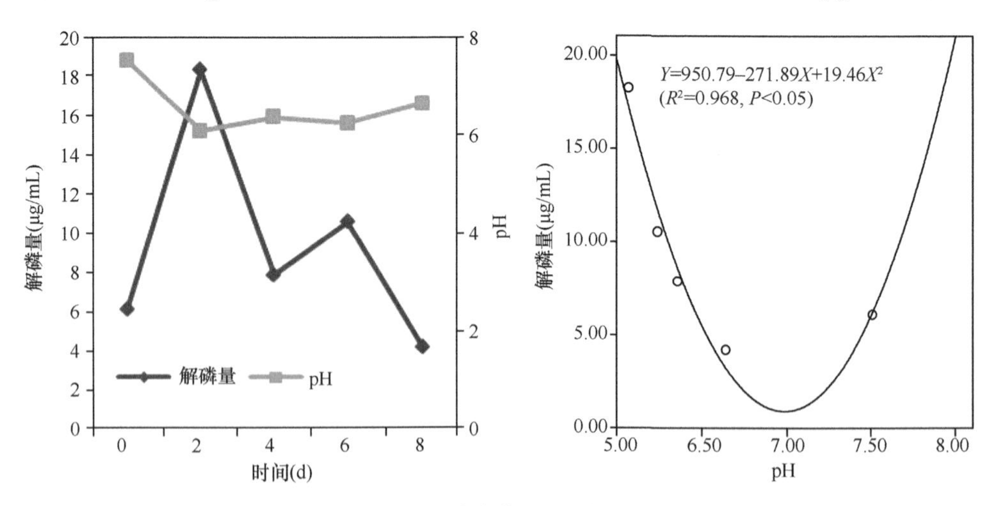

图 3-12　发酵液中解磷真菌 P4 解磷量与 pH 的关系

之后，pH 仍然有轻微的波动，并且解磷量的变化趋势与之相反。在第 8 天，解磷量下降到最低水平（4.22 μg/mL）。

通过 SPSS 18.0 统计软件分析所得如图 3-13 所示，在培养的 8 d 时间内，解磷真菌 P4 的解磷量与 pH 存在显著负相关关系，其相关性方程为：$Y=950.79-271.89X+19.46X^2$（$R^2=0.968$，$P<0.05$）。

3.3.2.4　解磷真菌 P5 解磷量与 pH 之间的动态特征

对于解磷真菌 P5 从接种 0 d 起，分别对培养基中的可溶性磷和 pH 进行了测量。结果如图 3-13 所示，在 P5 接种 0 d 时，pH 仍然是最大的，达到 7.83；最低的解磷量为 1.29 μg/mL。pH 随接种时间的增加呈“抛物线”曲线，而 pH 也呈“抛物线”曲线。在培养第 6 天时，pH 降到最低，为 5.17；此时解磷量为最高值，为 55.99 μg/mL。此后，pH 出现较大幅度的回升，而解磷量随之降低。在第 8 天时，解磷量降为较低值，为 19.27 μg/mL。P5 解磷量与 pH 的动态变化趋势，与其余的 7 种解磷真菌均不相同，并未出现 pH 的多次波动。

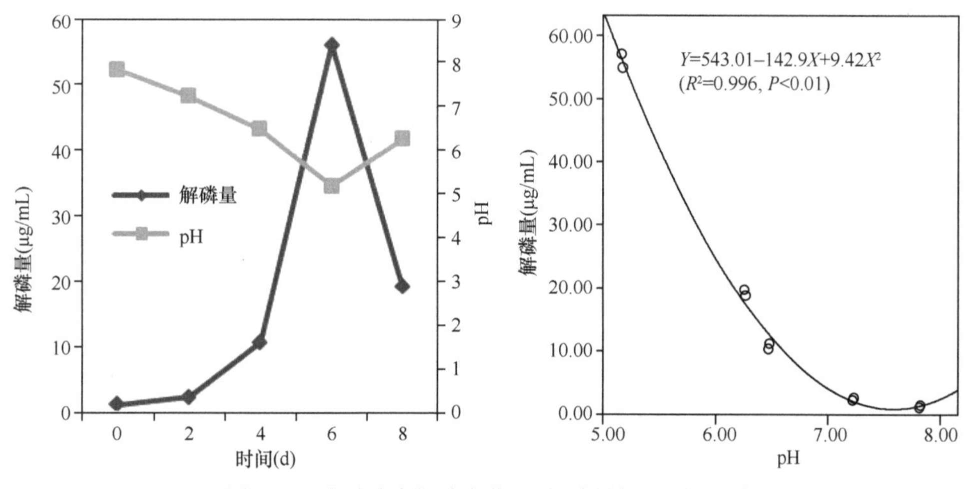

图 3-13　发酵液中解磷真菌 P5 解磷量与 pH 的关系

通过 SPSS 18.0 统计软件分析所得如图 3-13 所示，在培养过程中，解磷真菌 P5 的解磷量与 pH 存在极显著负相关关系，其相关性方程为：$Y=543.01-142.9X+9.42X^2$（$R^2=0.996$，$P<0.01$）。

3.3.2.5　解磷真菌 P6 解磷量与 pH 之间的动态特征

对于解磷真菌 P6 从接种 0 d 起，分别对培养基中的可溶性磷和 pH 进行了测量。结果如图 3-14 所示，在 P6 接种 0 d 时，pH 最大值为 7.92；而解磷量是 2.83 μg/mL 的最低水平。pH 随接种时间的增加呈“抛物线”形分布，而 pH 则呈“S”

形分布，但与 pH 的变化趋势并非完全相反。例如，在培养第 6 天时，pH 降到最低，为 7.08；而此时解磷量出现一个较高值，为 4.22 μg/mL。在培养的第 8 天，pH 出现较大幅度的回升，而解磷量却出现与之相同的变化趋势。此时，解磷量升为最高值，为 5.11 μg/mL。相较于 P5 的解磷量，P6 的难溶性磷转化率过低，同时，P6 的 pH 一直在 7.00 以上，解磷能力较弱。

通过 SPSS 18.0 统计软件分析所得如图 3-14 所示，在培养过程中，解磷真菌 P6 的解磷量与 pH 存在一定的相关性，但不显著，其相关性方程为：$Y=-179.14+9.88X^2-0.88X^3$ （R^2=0.435，$P>0.05$）。

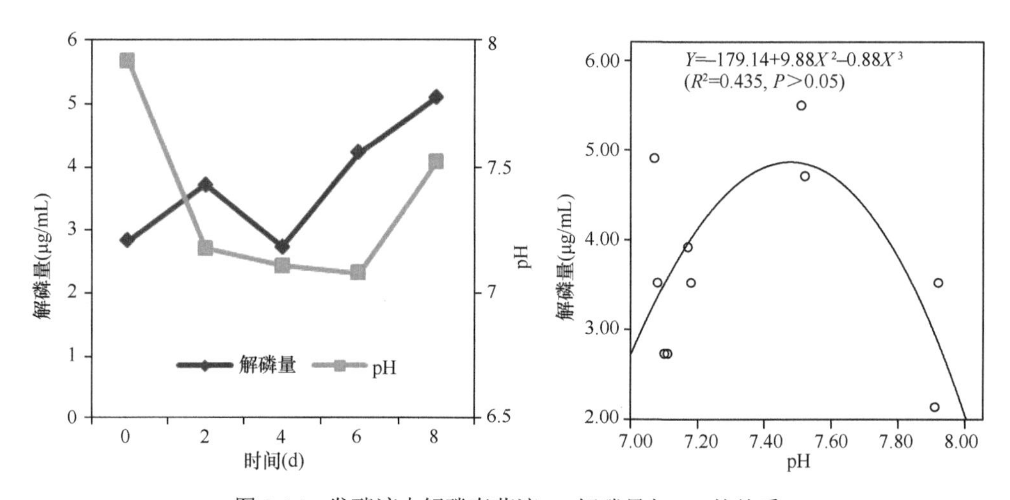

图 3-14　发酵液中解磷真菌溶 P6 解磷量与 pH 的关系

3.3.2.6　解磷真菌 P7 解磷量与 pH 之间的动态特征

对于解磷真菌 P7，从接种的 0 d 开始测定发酵液中可溶性磷含量和 pH，然后每隔 2 d 测一次。结果见图 3-15，其解磷量与 pH 之间呈现出的动态趋势为：P7 接种 0 天测量数据时，pH 为最高值，为 7.87；而解磷量为较低值，为 1.84 μg/mL。随着接种时间的延长，pH 呈现先下降后上升的“抛物线”形变化趋势，而解磷量呈现“S”形变化趋势，但与 pH 的变化趋势并不是完全相反。例如，在培养第 4 天时，pH 降到最低，为 6.84；此时解磷量也出现一个降落，其值为 2.14 μg/mL。在培养的第 8 天，pH 出现较大幅度的回升，且解磷量出现与之相同的变化趋势，此时，解磷量升为最高值，为 4.81 μg/mL。其解磷量和 pH 的动态变化趋势与 P6 较为相似，其整体 pH 变化均不大，解磷能力也较弱。

通过 SPSS 18.0 统计软件分析所得如图 3-15 所示，解磷真菌 P7 的解磷量与 pH 在培养的 8 天中，存在一定的相关性，但不显著，其相关性方程为：$Y=-297.76+61.05X-0.37X^3$ （R^2=0.513，P>0.05）。

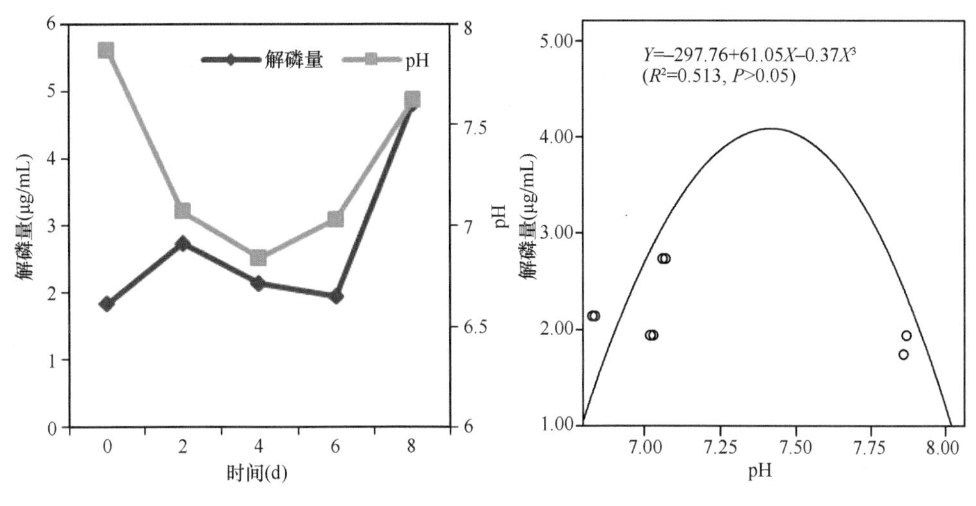

图 3-15　发酵液中解磷真菌 P7 解磷量与 pH 的关系

3.3.2.7　解磷真菌 P8 解磷量与 pH 之间的动态特征

对于解磷真菌 P8 从接种 0 d 起，分别对培养基中的可溶性磷和 pH 进行了测量。结果如图 3-16 所示，在 P8 接种 0 d 时，pH 最大值为 7.86；解磷量最低，为 1.74 μg/mL。pH 随培养时间的延长呈“抛物线”曲线，解磷量呈“S”形分布。在培养第 6 天时，pH 降到最低，为 6.87；此时解磷量为最高值，为 16.89 μg/mL。此后，pH 出现较大幅度的回升，而解磷量随之出现较大幅度的下降，其值为 4.61 μg/mL。

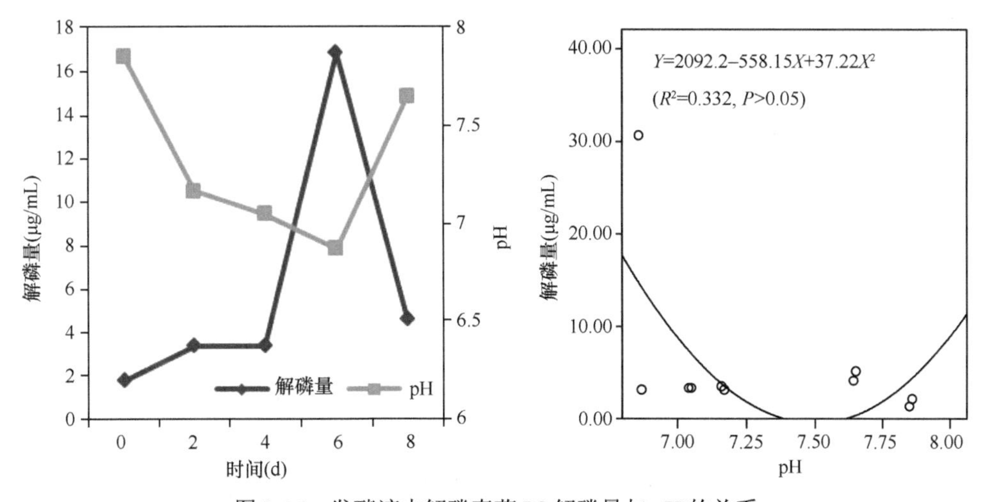

图 3-16　发酵液中解磷真菌 P8 解磷量与 pH 的关系

通过 SPSS 18.0 统计软件分析所得如图 3-16 所示，解磷真菌 P8 的解磷量与 pH 之间有一定的关系，但不显著，其相关性方程为：Y=2092.2−558.15X+37.22X^2（R^2=

0.332，$P>0.05$）。

3.3.2.8 解磷真菌 P9 解磷量与 pH 之间的动态特征

对于解磷真菌 P9 从接种 0 d 起，分别对培养基中的可溶性磷和 pH 进行了测量。结果如图 3-17 所示，在 P9 接种 0 d 时，pH 最大值为 7.95；而解磷量则是 4.61 μg/mL。pH 随培养时间的延长呈“抛物线”曲线，解磷量呈“S”形曲线。第 2 天，pH 开始降低，而且解磷量也有降低的趋势，降低为 1.94 μg/mL；在培养第 4 天时，pH 下降，解磷量开始回升，而在培养第 6 天时，解磷量为最高值，为 35.60 μg/mL，此时的 pH 为最低值，为 6.19；之后，pH 出现较小幅度的回升，而解磷量随之出现与之相反的变化趋势，在第 8 天时，解磷量也出现一个较低值，为 4.71 μg/mL。

通过 SPSS 18.0 统计软件分析所得如图 3-17 所示，解磷真菌 P9 的解磷量与 pH 在培养的 8 天中，存在极显著负相关关系，其相关性方程为：Y=1368.87–372.83X+25.36X^2（R^2=0.888，$P<0.01$）。

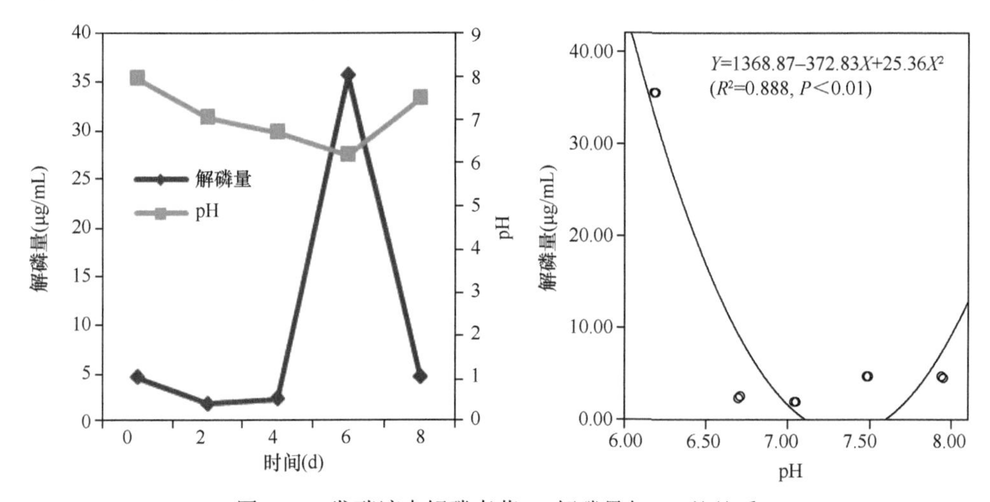

图 3-17 发酵液中解磷真菌 P9 解磷量与 pH 的关系

从总体来看，解磷菌株 P1～P9 在解磷量和 pH 间表现出 3 个动态变化：①从接种 0 d 起，pH 表现为“S”形，而且解磷量也呈“S”形，如 P1、P2、P3、P4。②在 8 株解磷真菌接种后，pH 首先是最大的，其次是解磷量。pH 表现为“抛物线”，而解磷量则呈“S”形，如 P6、P7、P8、P9。③接种后的测定结果显示，pH 首先是最大的，其次是解磷量的峰值，并且随接种时间的增加而增加。pH 呈“抛物线”曲线，而且解磷量也呈“抛物线”，如 P5。

解磷细菌 P1 在第 4 天，解磷量达到最高值，此时 pH 最低。但是在 8 种解磷真菌中，P2、P3、P5、P8 和 P9 均在第 6 天，解磷量达到最高值，而此时的 pH

最低；P4 在第 2 天和第 6 天出现两个高峰，但是在第 2 天时，解磷量出现最高值，而此时 pH 最低；P6 和 P7 在第 8 天时，解磷量呈现最大值，但此时的 pH 出现回升，不是最小值。由此说明解磷量与 pH 存在一定的关系，但每种菌株仍有一些差异。

通过相关性分析，解磷菌 P1～P9 的解磷量与 pH 在培养的 8d 中，其中 P5 和 P9 的相关性方程分别为 Y=543.01–142.9X+9.42X^2（R^2=0.996，P<0.01）和 Y=1368.87–372.83X +25.36X^2（R^2=0.888，P<0.01），呈极显著负相关；P1、P2、P3 和 P4 也呈显著负相关，其方程分别为 Y=19.93–2.06X（r=–0.999，P<0.05）、$Y=3.83\times10^7X^{-8.07}$（$R^2$=0.801，$P$<0.05）、$Y$=1880.27–548.11$X$+39.83$X^2$（$R^2$=0.985，$P$<0.05）和 Y=950.79–271.89X+19.46X^2（R^2=0.968，P<0.05）；其余的三种解磷真菌 P6、P7 和 P8 也有一定程度的相关性，但不显著。

3.4　解磷微生物解磷量与含菌量的动态特征

3.4.1　解磷细菌 P1 的解磷量与含菌量之间的动态特征

对于解磷细菌 P1 从接种 0 d 起，分别测定了发酵液中的可溶性磷含量和含菌量，并以平板计数法为基础，每 2 d 进行一次。结果见图 3-18，P1 接种于发酵培养基，0 d 时，含菌量最低，解磷量较低，且随培养时间的延长而增加。土壤中的含菌量呈“抛物线”形分布，土壤中的解磷量呈“S”形分布。解磷细菌在培养的第 4 天，解磷量达到最大值，为 8.28 μg/L，此时含菌量也最高，为 4×10^8 个/mL；在第 8 天，解磷量出现一个回升，其值为 4.81 μg/L，但此时含菌量一直处于下降趋势，其值为 2.6×10^8 个/mL。这可能是由于发酵液中解磷细菌已经处于衰亡期，细菌开始凋亡，微生物体可能释放出了一部分的微生物量磷。

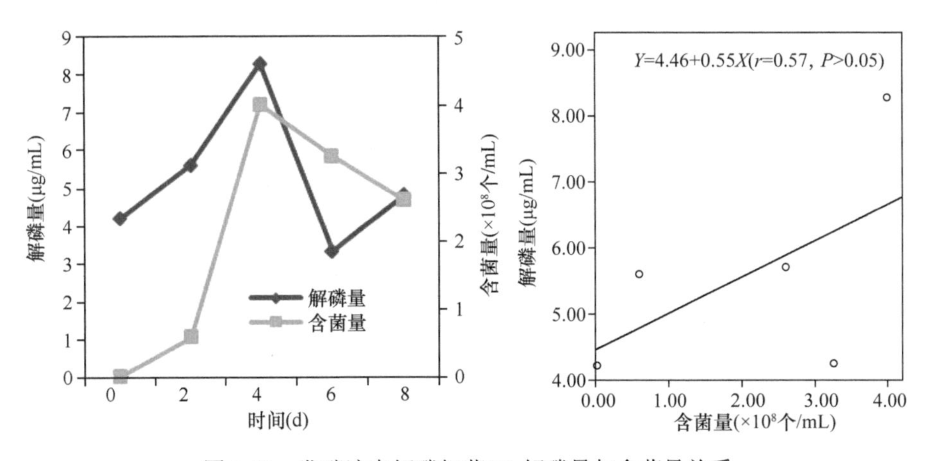

图 3-18　发酵液中解磷细菌 P1 解磷量与含菌量关系

通过 SPSS 18.0 统计软件分析所得如图 3-18 所示，解磷细菌 P1 的解磷量与含菌量在接种 8 d 中存在一定的相关性，其相关性方程为：Y=4.46+0.55X（r=0.57，P>0.05）。

3.4.2 解磷真菌 P2～P9 解磷量与含菌量之间的动态特征

3.4.2.1 解磷真菌 P2 解磷量与含菌量之间的动态特征

对于解磷菌 P2 从接种 0 d 起，分别对培养基中的可溶性磷和含菌量进行了测量，随后利用平板计数法对其进行了分析。结果如图 3-19 所示，溶磷量和含菌量的变化规律是：P2 在接种 0 d 后测定的含菌量是最低的，而溶磷量是较低的。土壤中的含菌量呈“抛物线”形分布，土壤中的溶磷量呈“S”形分布，尤其是培养的第 4 天，解磷量降低，为 12.04 μg/mL，但此时菌体数量呈指数增长，导致菌体需磷量增加，直接吸收发酵液中的可溶性磷，致使溶液中的可解磷含量降低，随着菌体数量的增加，解磷量也随之增加。在培养的第 6 天，解磷量达到最大值，为 22.44 μg/mL，此时的含菌量也达到最高值，为 5.54×10^{10} 个/mL。在培养的第 8 天，测定的解磷量和含菌量均大幅度下降，解磷量降为最低值，为 2.93 μg/mL。

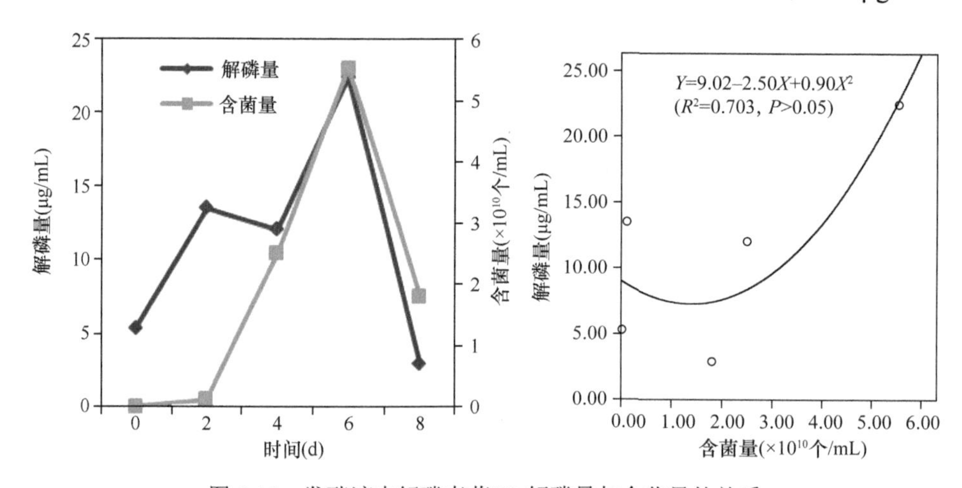

图 3-19　发酵液中解磷真菌 P2 解磷量与含菌量的关系

通过 SPSS 18.0 统计软件分析所得如图 3-19 所示，解磷真菌 P2 的解磷量与含菌量在接种培养 8 d 中，存在一定的相关性，但不显著，其相关性方程为：Y=9.02–2.50X+ 0.90X^2（R^2=0.703，P>0.05）。

3.4.2.2 解磷真菌 P3 解磷量与含菌量之间的动态特征

对于解磷菌 P3 从接种 0 d 起，分别对培养基中的可溶性磷和含菌量进行了测量，随后利用平板计数法对其进行了分析。结果如图 3-20 所示，解磷量和含菌量的变化规律是：P3 在 0 d 进行测定时，细菌含量最低，解磷量最低，且随培养周期的延长而增大。土壤中的微生物含量呈“抛物线”形分布，土壤中的磷含量呈“S”形分布。在培养的第 4 天，解磷量降低，为 12.24 μg/mL，但此时含菌量最大，为 1.24×10^{11} 个/mL；在培养的第 6 天，解磷量达到最大值，为 114.22 μg/mL，此时的含菌量呈现下降趋势；在培养的第 8 天，测定的解磷量和含菌量均下降。

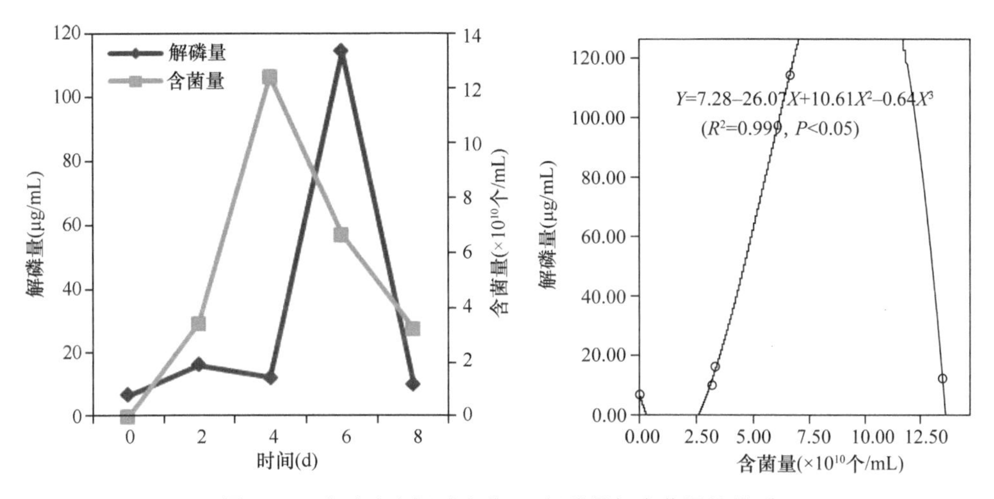

图 3-20　发酵液中解磷真菌 P3 解磷量与含菌量的关系

通过 SPSS 18.0 统计软件分析所得如图 3-20 所示，解磷真菌 P3 的解磷量与含菌量在接种培养 8 d 中，存在显著正相关关系，其相关性方程为：$Y=7.28-26.07X+10.61X^2-0.64X^3$（$R^2=0.999$，$P<0.05$）。

3.4.2.3　解磷真菌 P4 解磷量与含菌量之间的动态特征

对于解磷真菌 P4 从接种 0 d 起，分别对发酵液中的可溶性磷和含菌量进行了测量。结果如图 3-21 所示，其解磷量与含菌量的动态关系是：P4 接种 0 d 时，其解磷量最低，解磷量为 6.10 μg/mL，且随培养时间的延长，其含菌量呈“抛物线”曲线，解磷量呈“S”形分布。第 2 天，解磷量最高，为 18.28 μg/mL，但在此期间，其含菌量有增加的趋势；在培养的第 4 天，含菌量达到最大值，为 1.82×10^{11} 个/mL，此时的解磷量呈下降趋势；在培养的第 8 天，测定的解磷量和含菌量均下降，解磷量降为最低值，为 4.22 μg/mL。

通过 SPSS 18.0 统计软件分析所得如图 3-21 所示，解磷真菌 P4 的解磷量与含菌量在接种培养 8 d 中，存在显著正相关关系，其相关性方程为：$Y=5.13+1.00X^2-0.03X^3$（$R^2=0.969$，$P<0.05$）。

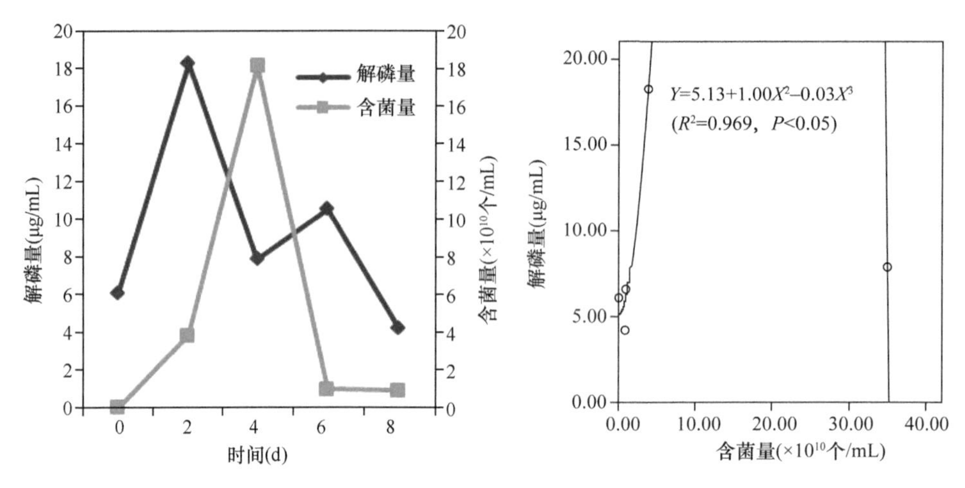

图 3-21　发酵液中解磷真菌 P4 解磷量与含菌量的关系

3.4.2.4　解磷真菌 P5 解磷量与含菌量之间的动态特征

对于解磷真菌 P5 从接种 0 d 起，分别对发酵液中的可溶性磷和含菌量进行了测量，随后用平板计数法对其进行了分析。结果如图 3-22 所示，其解磷量与含菌量的动态关系是：P5 接种 0 d 时，其含菌量最低，解磷量最低，为 1.28 μg/mL，且随接种时间的增加，其含菌量呈“抛物线”曲线，而磷含量也呈“抛物线”曲线。在培养的第 4 天，含菌量达到最大值，为 2.46×10^9 个/mL，此时的解磷量也呈上升趋势；在培养的第 6 天，解磷量达到最大值，为 55.99 μg/mL，但此时含菌量出现下降趋势，可能的原因是菌体生长进入衰亡期，菌体大量死亡，细胞破碎，

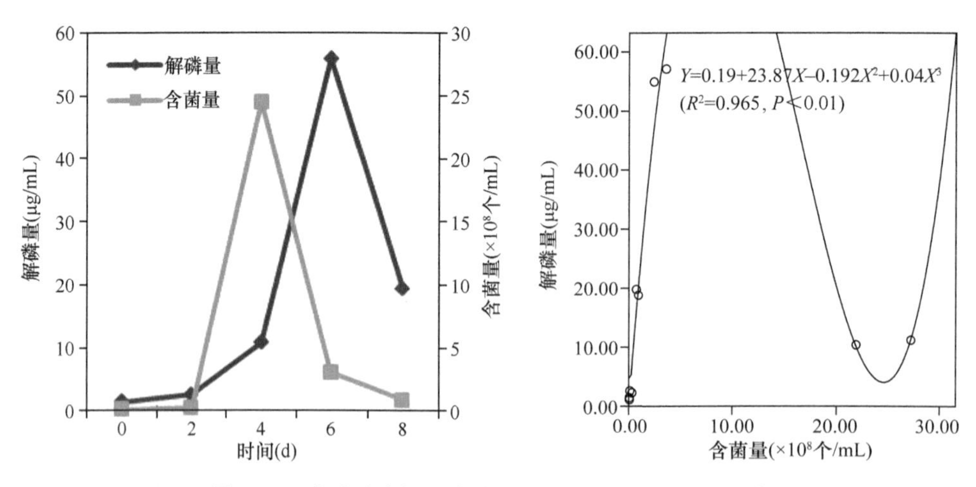

图 3-22　发酵液中解磷真菌 P5 解磷量与含菌量的关系

释放出菌体内的微生物量磷，其部分溶解于发酵液中，使解磷量大幅度上升；在培养的第 8 天，测定的解磷量和含菌量均呈下降趋势。

通过 SPSS 18.0 统计软件分析所得如图 3-22 所示，解磷真菌 P5 的解磷量与含菌量在接种培养 8 d 中，存在极显著正相关关系，其相关性方程为：Y=0.19+23.87X–0.192X^2+ 0.04X^3（R^2=0.965，P<0.01）。

3.4.2.5　解磷真菌 P6 解磷量与含菌量之间的动态特征

对于解磷真菌 P6 从接种 0 d 起，分别对发酵液中的可溶性磷和含菌量进行了测量，随后用平板计数法对其进行了分析。结果如图 3-23 所示，其解磷量与含菌量的动态关系是：P6 接种 0 d 时，其含菌量最低，解磷量较低，为 2.83 μg/mL，且随培养时间的延长，其含菌量呈“抛物线”曲线，且解磷量呈“S”形曲线。在培养的第 4 天，含菌量达到最大值，为 7.8×10⁸ 个/mL，此时的解磷量呈下降趋势；在培养的第 8 天，含菌量呈下降趋势，但此时解磷量达到最大值，为 5.11 μg/mL。

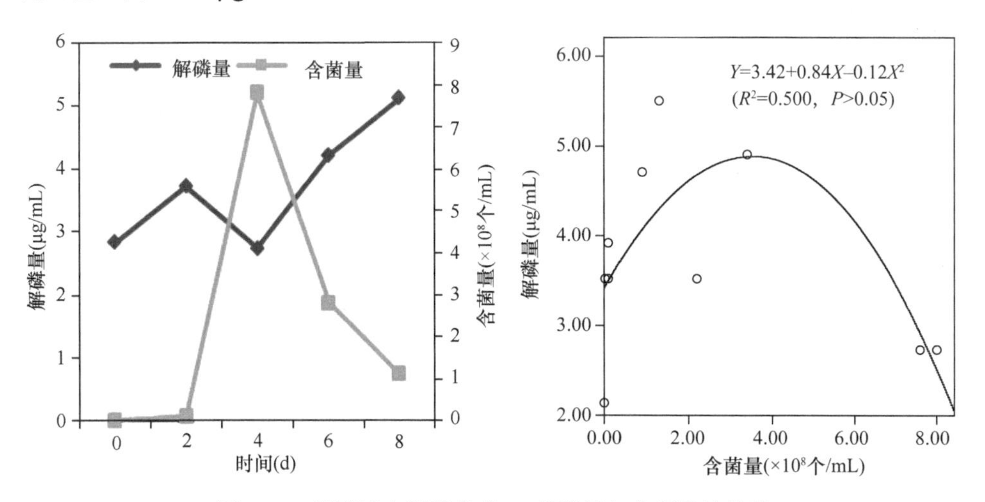

图 3-23　发酵液中解磷真菌 P6 解磷量与含菌量的关系

通过 SPSS 18.0 统计软件分析所得如图 3-23 所示，解磷真菌 P6 的解磷量与含菌量在接种培养 8 d 中，存在一定的相关性，但不显著，其相关性方程为：Y=3.42+0.84X–0.12X^2（R^2=0.500，P>0.05）。

3.4.2.6　解磷真菌 P7 解磷量与含菌量之间的动态特征

对于解磷真菌 P7，从接种的 0 d 开始测定发酵液中可溶性磷含量和含菌量。结果见图 3-24，其解磷量与含菌量之间呈现出的动态趋势为：P7 接种第 0 天测量数据时，含菌量为最低值，解磷量也为最低值，为 1.84 μg/mL，随着接种时间的延长，含菌量一直呈现上升的变化趋势，而解磷量呈现“S”形变化趋势。在培养的第 8 天，含菌量和解磷量均达到最大值，分别为 1.62×10^9 个/mL 和 4.81 μg/mL。

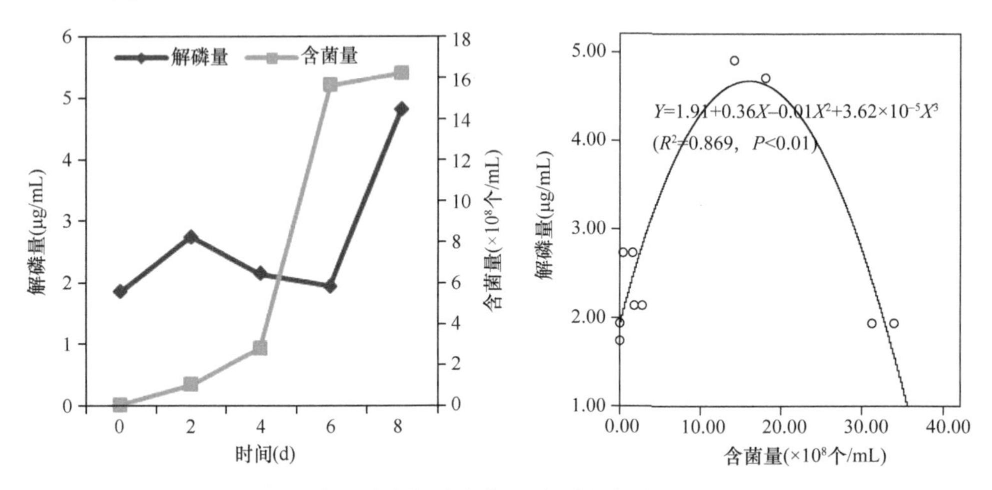

图 3-24 发酵液中解磷真菌 P7 解磷量与含菌量的关系

通过 SPSS 18.0 统计软件分析所得如图 3-24 所示，解磷真菌 P7 的解磷量与含菌量在接种培养 8 d 中，存在极显著正相关关系，其相关性方程为：$Y=1.91+0.36X-0.01X^2+3.62\times10^{-5}X^3$（$R^2=0.869$，$P<0.01$）。

3.4.2.7 解磷真菌 P8 解磷量与含菌量之间的动态特征

对于解磷真菌 P9 从接种 0 d 起，分别对发酵液中的可溶性磷和含菌量进行了测量，随后用平板计数法对其进行了分析。结果如图 3-25 所示，其解磷量与含菌量的动态关系是：P9 接种 0 d 时，其含菌量最低，解磷量最低，为 1.74 μg/mL，且随培养时间的延长，其含菌量呈“抛物线”曲线，且解磷量呈“S”形分布。在培养的第 6 天，含菌量和解磷量均达到最大值，分别为 4.4×10^8 个/mL 和 16.89 μg/mL；在培养的第 8 天，含菌量和解磷量均呈下降趋势。

通过 SPSS 18.0 统计软件分析所得如图 3-25 所示，解磷真菌 P8 的解磷量与含菌量在接种培养 8 d 中，存在一定的相关性，但不显著，其相关性方程为：$Y=3.88X^{0.32}$（$R^2=0.372$，$P>0.05$）。

3.4.2.8 解磷真菌 P9 解磷量与含菌量之间的动态特征

对于解磷真菌 P9，从接种的 0 d 开始测定发酵液中可溶性磷含量和含菌量，然后每隔 2 d 采用平板计数法计算其含菌量。结果见图 3-26，其解磷量与含菌量之间呈现出的动态趋势为：P9 接种 0 d 测量数据时，含菌量为最低值，解磷量也

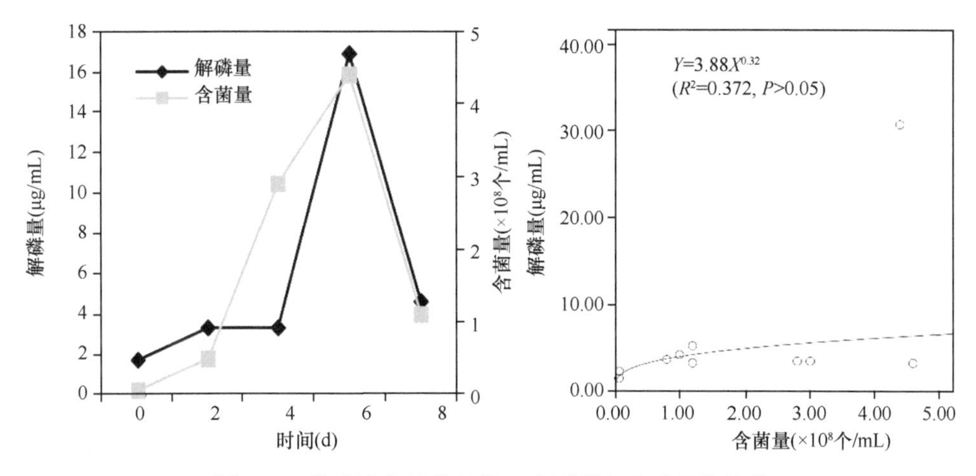

图 3-25　发酵液中解磷真菌 P8 解磷量与含菌量的关系

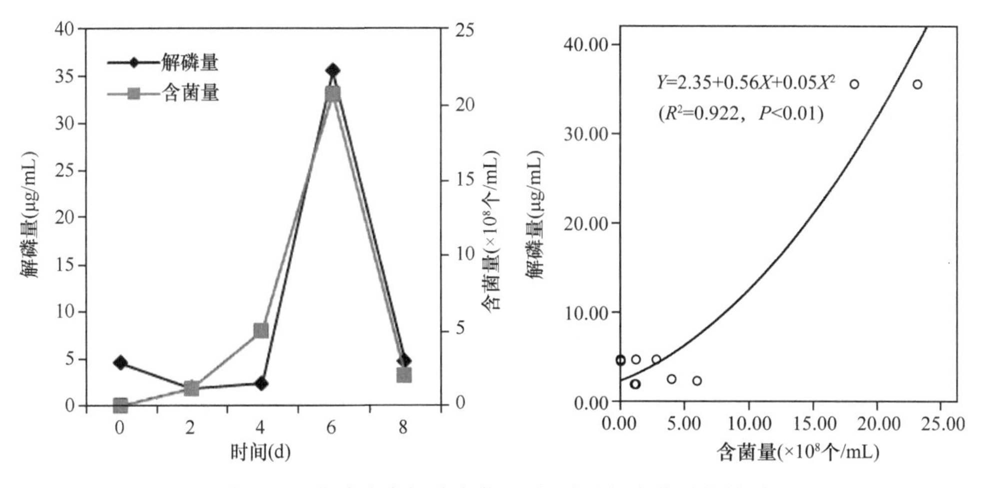

图 3-26　发酵液中解磷真菌 P9 解磷量与含菌量的关系

为较低值，为 4.61 μg/mL，随着培养时间的增加，含菌量呈现“抛物线”形变化趋势，解磷量随之呈现“S”形变化趋势。在培养的第 2 天，解磷量下降为最低值，为 1.94 μg/mL，此时含菌量呈上升趋势，可能是培养初期菌体仍未适应培养液环境，需吸收培养液中的磷，从维持自身代谢，导致解磷量下降。在培养的第 6 天，含菌量和解磷量均达到最大值，分别为 2.07×10^9 个/mL 和 35.60 μg/mL。在培养的第 8 天，含菌量和解磷量均呈下降趋势。

通过 SPSS 18.0 统计软件分析所得如图 3-26 所示，解磷真菌 P9 的解磷量与含菌量在接种培养 8 d 中，存在极显著正相关关系，其相关性方程为：$Y=2.35+0.56X+0.05X^2$（$R^2=0.922$，$P<0.01$）。

从总体来看，解磷菌株 P1～P9 在解磷量与含菌量之间呈现出 3 种动态趋势：

①接种第 0 d 测量数据时，含菌量为最低值，解磷量为较低值，随着培养时间的增加，含菌量呈现“抛物线”形变化趋势，解磷量也随之呈现“S”形变化趋势，如 P1、P2、P3、P4、P6、P8 和 P9。② 8 株解磷真菌接种后的测量数据，含菌量仍先为最低值，解磷量也达到较低值，随着接种时间的延长，含菌量呈现“抛物线”形变化趋势，而解磷量也呈现相同的“抛物线”形变化趋势，如 P5。③8 株解磷真菌接种后的测量数据，含菌量仍先为最低值，解磷量也为较低值，随着接种时间的延长，含菌量一直呈现上升的变化趋势，而解磷量呈现“S”形变化趋势，如 P7。

由图 3-18 可知，解磷细菌 P1 在第 4 天，解磷量达到最高值，此时含菌量也为最高值。但是在图 3-19～图 3-26 的 8 种解磷真菌中，P2、P8 和 P9 均在第 6 天，解磷量达到最高值，而此时的含菌量也为最高值；P3、P4、P5 和 P6 均在第 4 天，含菌量达到最大值，但此时的解磷量出现波动，不是最大值。由此说明解磷量与含菌量存在一定的关系，但每种菌株仍有一些差异。

通过相关性分析，解磷真菌 P1～P9 的解磷量与含菌量在接种培养 8 d 中，存在一定的相关性。其中 P5、P7 和 P9 的相关性方程分别为 $Y=0.19+23.87X-0.192X^2+0.04X^3$（$R^2=0.965$，$P<0.01$）、$Y=1.91+0.36X-0.01X^2+3.62\times10^{-5}X^3$（$R^2=0.869$，$P<0.01$）和 $Y=2.35+0.56X+0.05X^2$（$R^2=0.922$，$P<0.01$），呈极显著正相关；P3 和 P4 也呈显著正相关，其方程分别为 $Y=7.28-26.07X+10.61X^2-0.64X^3$（$R^2=0.999$，$P<0.05$）和 $Y=5.13+1.00X^2-0.03X^3$（$R^2=0.969$，$P<0.05$），其余的 4 种解磷菌株 P1、P2、P6 和 P8 也有一定程度的相关性，但不显著。

3.5 耐高温解磷微生物的传统鉴定分析

3.5.1 耐高温解磷细菌的形态鉴定

解磷细菌的菌落形态特征如图 3-27 所示。解磷细菌在培养 1 d 时，菌落呈小

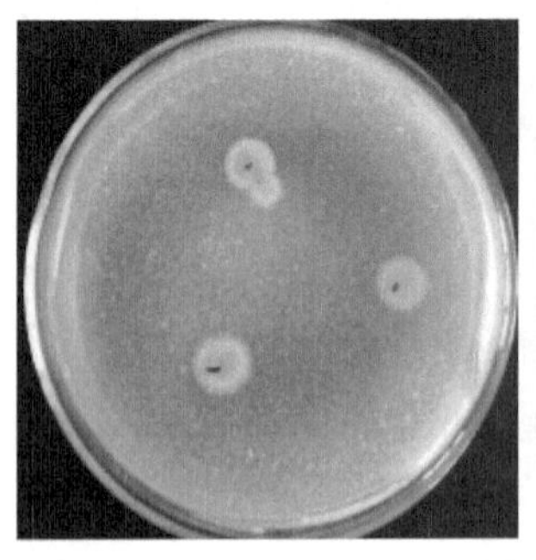
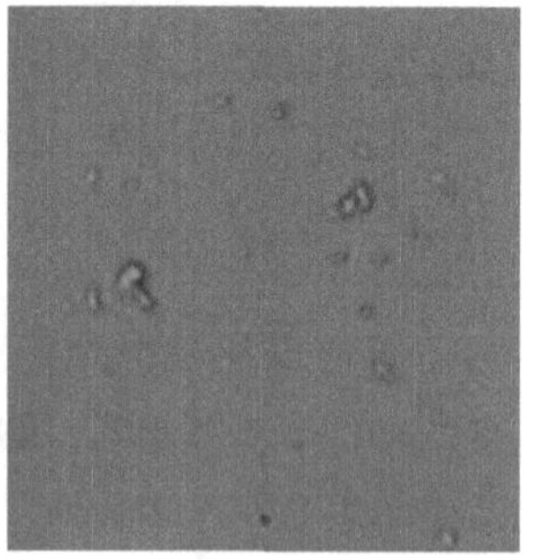

图 3-27 解磷细菌菌落的形态特征与显微特征

圆形，菌落直径均<2 cm，表面较为光滑，中部隆起，棱角均匀，不透光，表面乳白色，反面呈白色，生长速度比解磷真菌快。培养 3 d 后，最大菌株直径达 3.6 cm，并有解磷圈，菌落边缘不规则，菌落形态不规则。中央隆起，但表面开始干燥，无光泽，如黏附在培养基上，不透明。菌体的细胞形状为杆状，产芽孢。

3.5.2　耐高温解磷真菌的形态鉴定

解磷真菌的菌落形态特征如表 3-9 和图 3-28（仅 P2 和 P8 两株真菌）所示，可以看出真菌培养初期，菌落表面呈棉絮状，边缘周全，呈白色，随着时间的推移，菌体表面出现分生孢子。菌落表面出现粉状颗粒，同时逐渐出现同心环。菌丝生长良好，呈现出棉絮状至绒毛状，开始时为白色，后中央变为奶白色，后期有些转变为铜绿色或褐色，培养基背面淡黄色。菌落初期解磷圈不是很明显，而

表 3-9　解磷真菌菌落的形态特征

时间	菌落直径	菌落形态特征
1 d	0～0.8 cm	菌落表面呈棉絮状，呈白色；无渗出液；表面无凸起；背面呈树枝状皱起；菌落近圆形、短绒状，中部致密；培养基背面呈淡黄色，可能与培养基颜色为淡黄色有关
2 d	0.9～1.8 cm	菌落表面呈棉絮状，周边仍呈白色；菌丝逐渐生长密集；部分菌株中心区出现铜绿色同心环，是由于绿色的孢子堆密聚成同心环状；同时有分泌物出现，周围出现解磷圈；有一定凸起，但程度不明显；培养基背面未变色
3 d	1.8～2.8 cm	菌落外缘仍呈棉絮状，呈白色；菌丝逐渐生长密集；部分菌株也出现同心环，中心仍呈白色，外周出现铜绿色；边缘出现解磷圈，说明磷酸钙被分解，有渗出液；菌株 P7 仍全为白色；菌落表面出现粉状的颗粒，可能是产生了分生孢子或粉孢子；菌落中心凸起；培养基背面未变色
4 d	2.7～3.6 cm	均有同心环；菌落表面出现粉状的颗粒；出现土霉味；有解磷圈；培养基背面未变色；但不同菌株之间有一些不同
5 d	>3.0 cm	菌落表面出现多个同心环，中心区颜色仍为两种：白色和铜绿色，其他同心环一般为两色间隔出现（可从图 3-28 中更直观地看出），但铜绿色占主要；菌落表面出现粉状的颗粒；菌落边缘周全；解磷圈有些不清晰；菌落凸起；培养基背面未变色；部分菌株的菌落边缘出现褐色

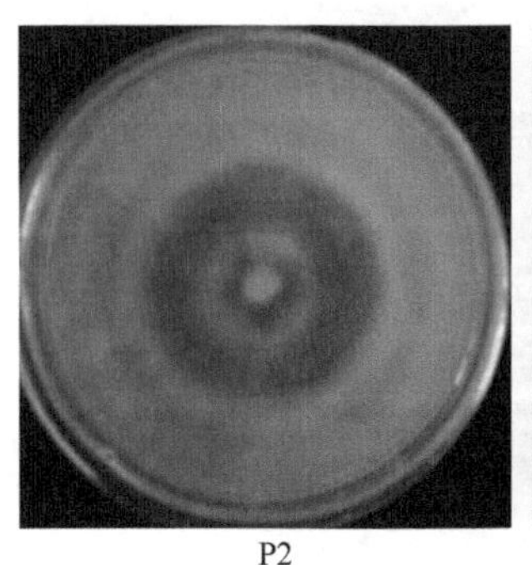
P2

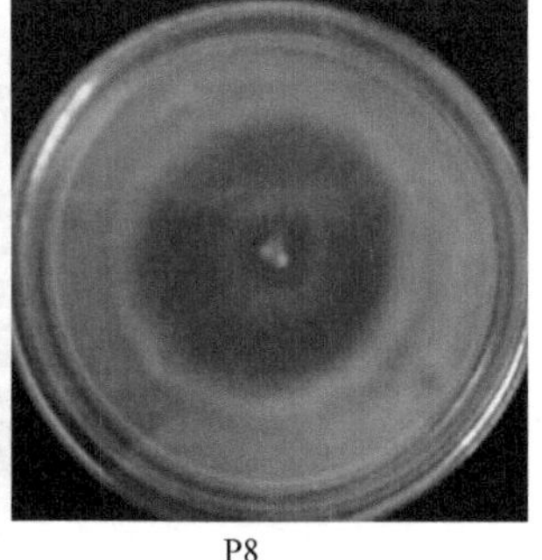
P8

图 3-28　解磷真菌菌落的形态特征

在 2～4 d 时较为显著，但在第 5 天时，解磷圈与菌落直径基本接近，两者之比趋近于 1，说明真菌菌株可能在其生长的潜伏期和衰亡期的解磷能力较低。

用接种针将培养 8 d 的菌落边缘菌丝从菌体中分离出来，在 40 倍物镜下观察，结果如图 3-29（仅 P2 和 P8 两株真菌）所示，可以看出各真菌菌丝透明，分生孢子梗为直立、无色，分生孢子为圆形或卵形。几个分生孢子聚集在分生孢子的茎部，形成一个孢子头。

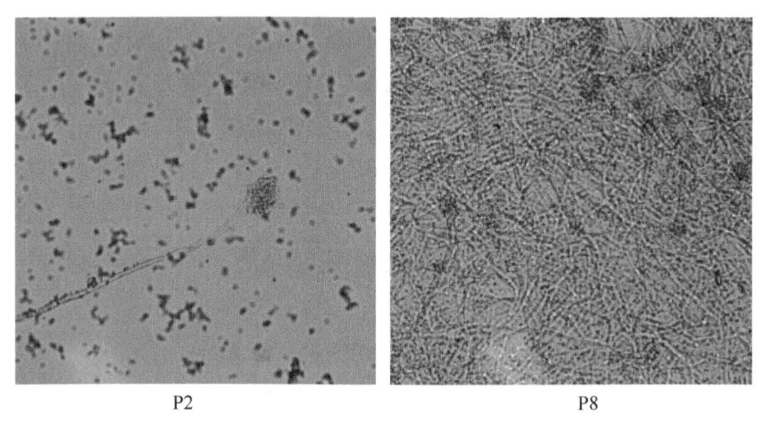

图 3-29　解磷真菌菌落的显微特征

3.6　耐高温解磷微生物的分子鉴定分析

3.6.1　解磷菌株 DNA 的提取效果分析

3.6.1.1　解磷细菌 P1 的 DNA 提取结果

对液体培养的解磷细菌 P1 进行 DNA 提取，其结果见图 3-30。每个试样均抽

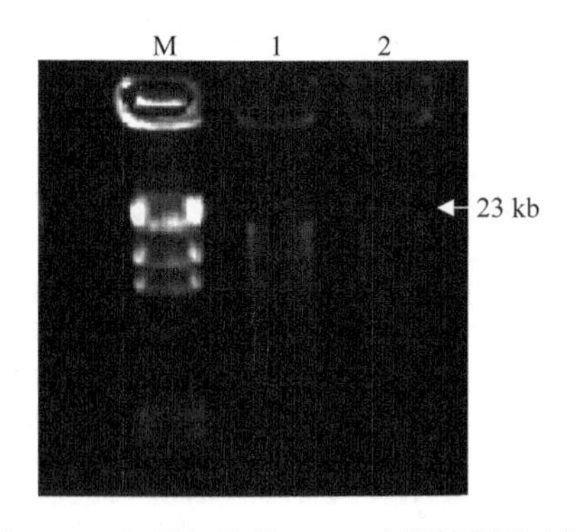

图 3-30　解磷细菌的 DNA 琼脂糖凝胶电泳

M：DNA 分子质量标准；1 与 2：均为解磷细菌 DNA

取 5 μL 进行电泳，其长度约为 23 kb，但存在一定的降解。在 DNA 的提取过程中，没有进行 RNase 的处理，而在琼脂糖凝胶的最前方则有一个更清晰的光带，这些光带可能是杂蛋白、DNA 碎片或没有被消化的 RNA，但无需纯化可直接进行 PCR 扩增。

3.6.1.2　解磷真菌 P2-P9 的 DNA 提取结果

对液体培养的解磷真菌进行收集，液氮研磨之后，DNA 的提取被执行，其结果如图 3-31 所示。从 8 个不同的解磷真菌中提取 5 μL 的 DNA 进行电泳，结果发现 DNA 的长度约为 23 kb，但存在一定程度的降解。在 DNA 的提取过程中，没有进行 RNase 的处理，并且在琼脂糖凝胶的前端有一个更清晰的光带，这可能是杂蛋白、DNA 碎片或没有被消化的 RNA，但无需纯化可直接进行 PCR 扩增。

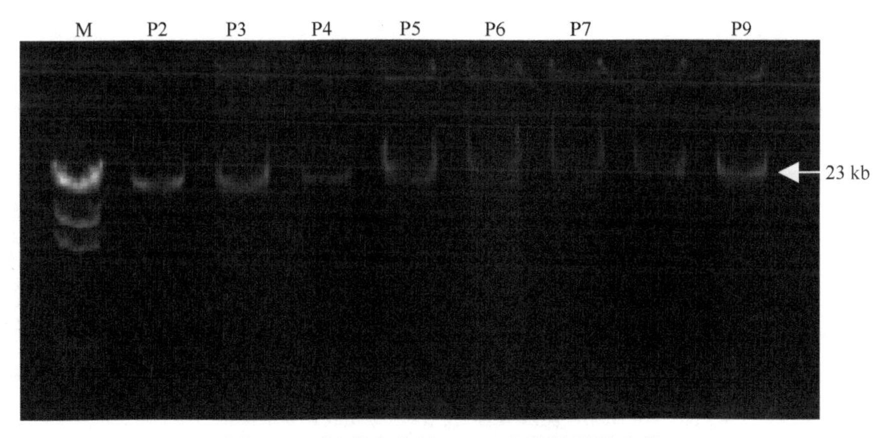

图 3-31　解磷真菌的 DNA 琼脂糖凝胶电泳

M：DNA 分子质量标准；P2～P9 均为解磷真菌 DNA

3.6.2　解磷菌株 PCR 扩增效果分析

3.6.2.1　解磷细菌 P1 的 PCR 扩增结果

以解磷细菌的 DNA 为模板，以 F27 与 R1492 为引物进行 PCR 反应，结果如图 3-32 所示。通过 EB 电泳和 EB 染色，发现 DNA 条带呈明显的条带，其长度为 1000～2000 bp。

3.6.2.2　解磷真菌 P2～P9 的 PCR 扩增结果

以解磷真菌 P2～P9 的 DNA 为模板，以 ITS1 与 ITS4 为引物进行 PCR 反应，结果如图 3-33 所示。产物经电泳后 EB 染色，在紫外光下见 DNA 条带清晰，无

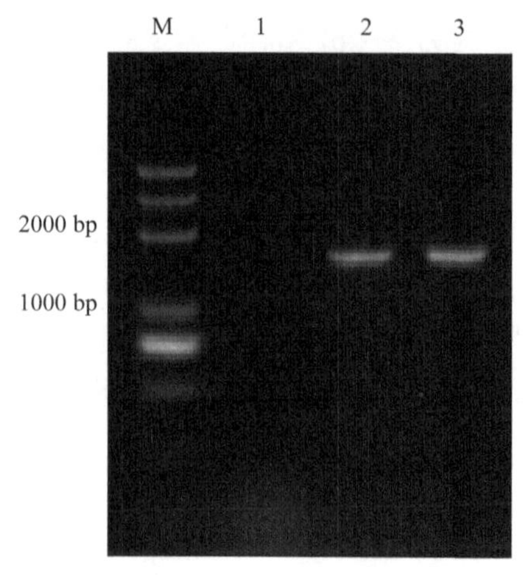

图 3-32　解磷细菌 PCR 产物凝胶电泳图谱

M：DNA 分子质量标准；1：对照组；2 与 3：均为解磷细菌 PCR 产物

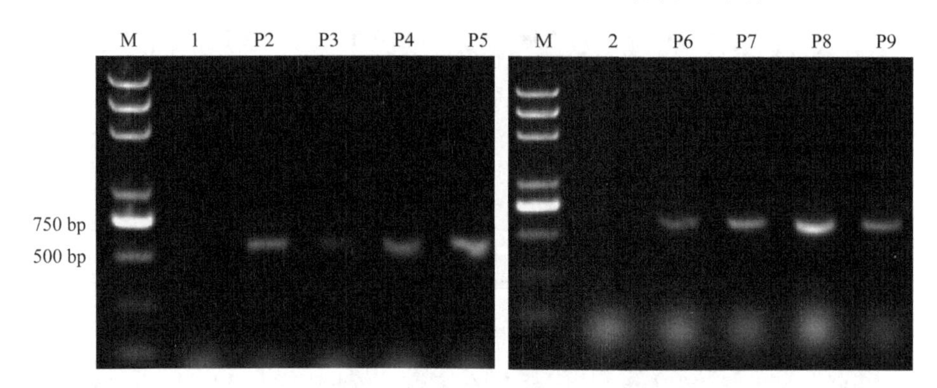

图 3-33　解磷真菌 PCR 产物凝胶电泳图谱

M：DNA 分子质量标准；1 与 2：对照组；P2～P9：均为解磷真菌 PCR 产物

非特异性扩增条带，但含有引物二聚体，长度在 500～750 bp。

3.6.3　解磷菌株的 PCR 回收产物电泳检测分析

3.6.3.1　解磷细菌 P1 的 PCR 回收产物电泳检测

采用 50 μL 的 PCR 体系，用 DNA 作为模板进行扩增。电泳回收时，点样量为 50 μL，对 PCR 片段利用胶回收试剂盒（PCR fragment recovery kit）回收，回收产物再由 1.0%琼脂糖凝胶电泳检测，检测结果如图 3-34 所示。在紫外光下观察，图 a 中有清晰的 DNA 条带，仅有特异的扩增条带，没有二聚体，片段长度在 1000～2000 bp，说明纯化效果好，可以直接测序；但是图 b 中出现非特异性条带，不能直接用于测序。

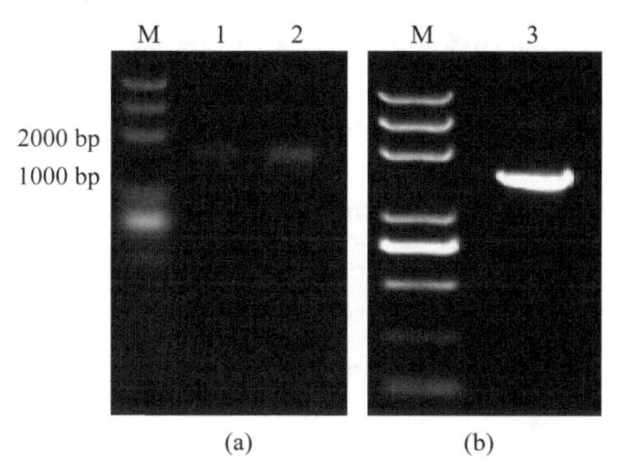

图 3-34　解磷细菌 PCR 产物回收凝胶电泳图谱

M：DNA 分子质量标准；1～3：均为解磷细菌 PCR 产物

3.6.3.2　解磷真菌 P2～P9 的 PCR 回收产物电泳检测

用解磷真菌 P2～P9 的 DNA 为模板，采用 50 μL 的 PCR 方法对其进行扩增。电泳回收时，点样量为 50 μL，利用 PCR 片段胶回收试剂盒（PCR Fragment recovery kit）回收，其检测结果如图 3-35 所示。在紫外光下观察，有清晰的 DNA 条带，无非特异性扩增条带，且无引物二聚体，长度在 500～750 bp。

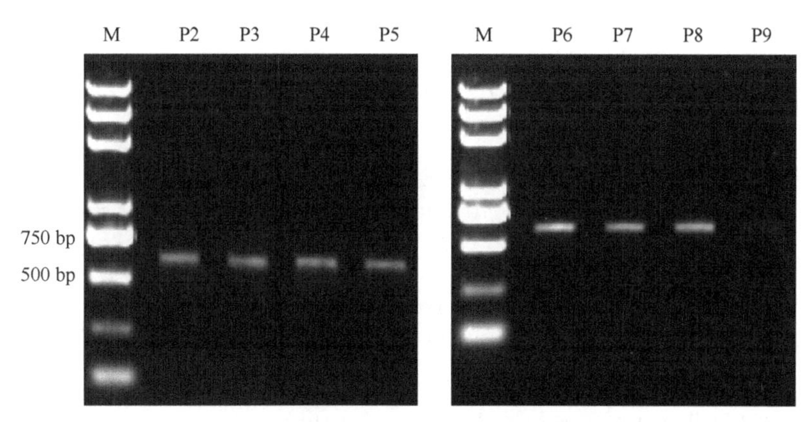

图 3-35　解磷真菌 PCR 产物回收凝胶电泳图谱

M：DNA 分子质量标准；P2～P9：均为解磷真菌 PCR 产物

3.6.4　解磷菌株测序结果分析

9 种解磷菌株 16S rDNA 或 ITS 区域的 PCR 扩增片段的测序结果见表 3-10。其中，解磷细菌 16S rDNA 的扩增片段，长度为 1476 bp；解磷真菌 P2～P9 的 ITS 区域的扩增片段，长度在 533～558 bp。测序结果使用 GenBank 中的 blast 程序，将 9 个不同的解磷菌的 16 S rDNA 和 ITS 基因片段进行了比较，得到了它们的同源信息。9 种解磷菌株的 blast 的比对结果显示，P1 的 16S rDNA 序列和枯草芽孢

表 3-10　解磷菌的 16S rDNA 及 ITS 基因的鉴定结果

菌株	GenBank 数据库中最接近的亲缘关系	相似性（%）	登录号
P1	*Bacillus subtilis*	100	GQ357645
P2	*Aspergillus fumigatus*	100	HQ149772
P3	*Aspergillus fumigatus*	100	JN227083
P4	*Aspergillus fumigatus*	99	HQ857582
P5	*Aspergillus fumigatus*	99	JN227000
P6	*Aspergillus fumigatus*	99	HQ857582
P7	*Aspergillus fumigatus*	100	HQ149772
P8	*Aspergillus fumigatus*	100	HQ857582
P9	*Aspergillus fumigatus*	99	HQ857582

杆菌（*Bacillus subtilis*）的同源性达到 100%，而其他 8 种解磷真菌的 ITS 序列和烟曲霉（*Aspergillus fumigatus*）的同源性也均在 99%以上。结合形态学鉴定结果，根据相关分类书籍，将解磷细菌鉴定为芽孢杆菌属，解磷真菌鉴定为曲霉属。

3.7　讨　　论

3.7.1　耐高温解磷菌的解磷特性

微生物的解磷能力首先取决于微生物本身的特征，如分泌质子、有机酸及其他物质的数量和种类。本试验中采用难溶性磷酸盐 $Ca_3(PO_4)_2$ 为磷源，对耐高温解磷菌株进行定性与定量测定，其中定性分析中各解磷菌培养 4 d 所产生的解磷圈 D/d 值为 1.62～2.12，与赵小蓉等测得培养 5 d 时无机磷细菌的 D/d 值 1～3.50[6]相一致；但比范丙全等在测定以 $Ca_3(PO_4)_2$ 为磷源的解磷圈 D/d 值 1.06～1.26[7]要大。同时在定量分析中，解磷细菌的解磷总量远小于其他 6 种解磷真菌，与赵小蓉、林启美等[6,8]的研究结果相符。但通过二者比较可知，P2 解磷圈 D/d 值最大，P5 解磷能力最强，但各时间段的其解磷圈 D/d 值远小于 P2；同样，培养 96 h 时，P4 解磷圈 D/d 值在解磷真菌中最小，但其解磷量大于 P2。这说明通过固体培养基观察解磷圈这种定性分析方法，有一定的局限性；液体培养下的定量分析可能是更为合理的方法。在本试验过程中也发现，培养 8 d 后，细菌培养液中的 $Ca_3(PO_4)_2$ 粉仍沉淀在培养液下；而真菌培养液中长满了菌丝球，或呈团状，而 $Ca_3(PO_4)_2$ 粉已全部消失，这种现象是由于 $Ca_3(PO_4)_2$ 粉被全部降解，还是被菌丝球包被在体内，有待今后深入研究。

3.7.2　耐高温解磷菌复合菌剂解磷条件的优化

为提高堆肥难溶性无机磷的转化能力，国内外许多学者将解磷微生物作为研究重点[9-11]，并且初步开展了适于堆肥环境的解无机磷菌剂的筛选驯化工作，将筛选驯化后制成的解磷菌剂接种于堆肥中，可较大幅度地提高磷素利用率[11]。目前，研究者通过正交试验和均匀试验等设计方法对堆肥接种解磷微生物开展了较多的研究[12,13]，但通过响应曲面法研究的报道较少。而响应曲面法不仅可以确定各因素与响应值之间的关系，同时还能精确地表述不同因素间的交互作用对非独立变量的影响[14-16]。基于此，本试验选取课题组已有的 3 株耐高温解磷菌，混料试验设计最佳组合，通过响应曲面法对培养时间、培养温度、pH、磷矿粉添加量、微生物接种量等影响解磷能力的关键因素进行优化[17-18]。结果表明：选取解磷能力较强的解磷菌 P3、P4 和 P5 作为复合解磷菌剂中的供试菌株。不同比例的菌株组合，其解磷效果差异显著。其中，复合菌剂组合 4（P4∶P5∶P3=0%∶50%∶50%）解磷能力最高，达 241.70 μg/mL，显著地超过了单个菌株。而耐高温复合解磷菌剂的解磷工艺是：7.18 d、49.98℃、pH 6.63、磷矿粉添加量 6.21 g/L、接种量 6.07%。在该条件下，磷解率理论计算值为 257.93 μg/mL，比其他两种因子的结合都要高，因为解磷受到多个因素的影响。只有使用复合菌剂，才能达到最大的解磷量[19]。而这为提高磷素利用率以及无机磷复合功能菌剂在堆肥中的成功应用提供了研究依据。

3.7.3　耐高温解磷微生物的生长动态特性

解磷微生物的解磷机制十分复杂，至今尚无定论。大部分的结果可以归纳为两类：一是微生物在代谢过程中产生的多种有机酸，它们可以通过质子化、配合溶解等方式加速难溶性磷的溶解和释放，或者与钙、镁、铁、铝等元素进行螯合，从而降低可固定的磷酸盐含量，提高磷酸盐的活性[20]。二是在代谢中产生的质子，或通过呼吸释放 CO_2，或与难溶的磷酸盐中的铁、铝等发生离子交换，从而导致溶液中的 pH 下降，进而导致难溶性磷酸盐的溶解[9,15,21]。Chen 等[22]发现磷酸解磷细菌（PSB）溶解磷酸钙的量与 pH 呈显著负相关，赵小蓉等[6]研究出真菌的解磷量与 pH 之间存在显著的负相关（R^2=0.73，P<0.01），本文试验中解磷菌株 P5 和 P9 的解磷量与 pH 之间存在极显著的负相关关系，其相关性系数分别为：R^2=0.996（P<0.01）和 R^2=0.888（P<0.01），P1、P2、P3 和 P4 的解磷量与 pH 之间存在极显著的负相关，其相关性系数分别为：r= –0.999（P<0.05）、R^2=0.801（P<0.05）、R^2=0.985（P<0.05）和 R^2=0.968（P<0.05），与其试验结果相符。同时，在本研究中发现解磷菌株（P1、P2、P6 和 P8）菌体含量之间不存在显著的相关

性，其余的解磷菌株均表现出显著的相关性，分别为 P5（R^2=0.965，P<0.01）、P7（R^2=0.869，P<0.01）、P9（R^2=0.922，P<0.01）、P3（R^2=0.999，P<0.05）和 P4（R^2=0.969，P<0.05）。结果表明解磷菌的解磷量与其菌体含量之间的关系密切，与 Vazquez 等[23]的发现是一致的。

3.7.4 耐高温解磷菌的系统鉴定

随着现代分子技术的逐渐成熟，生物信息学的不断完善，运用测序技术对细菌进行分类鉴定，确定其在进化中的位置，已在细菌分类学中得到了广泛的应用。而 18S rDNA 和 ITS 区域均可用于真菌的鉴定，但是 18S rDNA 主要应用于种级以上的鉴定和较高水平类群间的系统分析[24]；ITS 区域不加入成熟核糖体，从而使 ITS 区域鉴定方法具有更低的选择压力、更快速的进化速度和更广泛的序列多态性[25-31]，主要研究真菌种属水平的分类关系，但也有一定的局限性。例如，燕勇等[32]研究发现，ITS 序列在一定范围内的变异程度不高，无法用于分析各属或群体之间的差异，但基因库的完善程度也会影响到它们的分析，因此 ITS 序列分析无法区分出全部的属和群体。本研究以 16S rDNA 间隔带为目标，以 ITS 区段为目标，以解磷菌群为目标，进行了分离菌株的分析[33-35]。

本试验是利用 PCR 扩增后的产物进行直接检测，但由于测序器中存在多个峰而不能获得正确的单一序列[34]。因此，本试验将真菌形态学特征进行 ITS 序列的鉴定，可以对解磷真菌进行更精确地鉴别。结果表明，解磷细菌鉴定为芽孢杆菌属，解磷真菌鉴定为曲霉属。近几年来，针对曲霉属 DNA 序列分析的研究[36-39]表明，在鉴别相似曲霉菌株时，ITS 序列分析鉴定菌株更为可靠，可将其几个常见菌群都鉴定出来。因此，本试验可以通过对 ITS1 和 ITS2 的 PCR 扩增，并对真菌在小范围和低水平的序列进行了深入的分析。

3.8 小　　结

（1）利用固体培养法对解磷菌进行解磷圈分析，发现 P2 在培养 96 h 后，其解磷圈 D/d 最高，达到 2.12，而在液体培养法中，P2 的总解磷量只有 10.95 μg/mL。P5 的解磷量最大值为 66.98 μg/mL，但解磷圈 D/d 值远低于 P2。这说明用固态介质进行解磷圈的定性研究，存在着一些缺陷；在液体培养条件下进行定量测定是比较可行的。同时，解磷真菌的解磷圈 D/d 值在培养至 96 h 时，均呈上升趋势，在 96 h 以后，开始出现下降；解磷细菌在 24 h 之后，也出现下降趋势，可能是解磷菌的生长随培养时间的增加而逐渐衰退，导致其解磷能力开始下降。

（2）解磷菌株在以难溶性 $Ca_3(PO_4)_2$ 为唯一磷源的培养液中培养，P5 菌株的总有效磷含量最高，为 66.98 μg/mL，同时其可溶性磷和微生物量磷含量也最高，分别为 19.27 μg/mL 和 47.71 μg/mL；其次是 P3 菌株。而 P9 菌株的总有效磷含量最低，为 5.10 μg/mL，但其可溶性磷含量较 P2 的高，为 4.71 μg/mL。

（3）解磷菌株在以磷矿粉为唯一磷源的培养液中培养，P5 菌株的总有效磷含量最高，为 183.18 μg/mL，其次为 P3 和 P4，其含量分别为 171.46 μg/mL 和 162.58 μg/mL，选取这三株解磷菌作为复合解磷菌剂中的供试菌株。同时，可能是各菌株经灭菌后，与解磷有关的一些成分仍能发挥部分解磷效果，导致接灭活菌株的发酵液中总有效磷含量也较高，但 P9 的总有效磷含量仍为最低，仅为 1.00 μg/mL，原因可能是灭菌后，与解磷相关的有效成分（如挥发性有机酸）被挥发、相关的酶失活等而不能发挥其解磷作用。

（4）解磷复合功能菌剂组合中，不同比例的菌株组合，其解磷效果差异显著。组合 1 与组合 7 的解磷能力低于单株中解磷能力最低的菌株 P4，其他组合的解磷能力都比 P4 强，说明复合功能菌剂中不同菌株之间会产生拮抗作用和协同作用。复合功能菌剂组合 4（P4∶P5∶P3=0%∶50%∶50%）在 7 种组合中解磷能力最强，为 241.70 μg/mL，明显高于各单株菌的解磷能力。

（5）利用试验设计软件 Design Expert，通过响应面法（RSM）建立了耐高温复合解磷菌剂解磷条件的二次多项数学模型，以解磷量为响应值，利用模型的响应面及其等高线对各解磷条件及其相互作用进行探讨，结果如下。

a. 一项培养时间、一项 pH、培养时间与 pH 的交互项、培养时间与磷矿粉添加量的交互项、温度和磷矿粉添加量的交互项，以及所有变量的二次项都达到了极显著的程度（$P<0.01$）。

b. 培养时间和 pH 对复合功能菌剂的解磷作用有明显的影响，其他因素的作用大小依次为接种量、磷矿粉添加量和温度。

c. 优选出耐高温复合解磷剂的解磷工艺，以 7.18 d、49.98℃、pH 6.63、磷矿粉添加量 6.21 g/L、接种量 6.07%为最佳。经验证的试验结果显示，采用此回归方法进行解磷工艺优化是科学的、合理的、快捷的。

（6）解磷菌株的解磷量与 pH 及含菌量的动态特性研究，结果如下。

a. 解磷菌株在 pH 和解磷量上表现出 3 种动态变化：①在接种 0 d 时，pH 达到最大，而解磷量也下降。pH 表现为“S”形，而溶解磷含量也呈“S”形。②在 8 株解磷真菌接种后，pH 是最大的，其次是解磷量。pH 表现为“抛物线”曲线，而解磷量则呈“S”形。③接种后的测定结果显示，pH 是最大的，其次是解磷量的峰值，并且随接种时间的增加而增加。pH 呈“抛物线”曲线，而解磷量也呈“抛物线”曲线。

b. 通过相关性分析，解磷菌的解磷量与 pH 在培养的 8 d 中，两者呈极显著负相关的为 P5 和 P9，其方程分别为 $Y=543.01-142.9X+9.42X^2$（$R^2=0.996$，$P<0.01$）

和 Y=1368.87–372.83X+25.36X^2（R^2=0.888，P<0.01）；呈显著负相关的为 P1、P2、P3 和 P4，其方程分别为 Y=19.93–2.06X（r=–0.999，P<0.05），Y=3.83E7×$X^{-8.07}$（R^2=0.801，P<0.05），Y=1880.27–548.11X+ 39.83X^2（R^2=0.985，P<0.05）和 Y=950.79–271.89X+19.46X^2（R^2=0.968，P<0.05）；其余的三种解磷真菌也有一定程度的相关性，但不显著。

c. 解磷菌株的解菌量和含菌量表现出 3 种动态变化：①在接种 0 d 时，其含菌量和解磷量均低于土著菌。土壤中的微生物含量呈“抛物线”形分布，土壤中的解磷量呈“S”形分布。②8 株解磷真菌接种后，菌体含菌量始终处于最低水平，而解磷量也出现了最低峰值，且随接种时间的增加而增加。土壤中的微生物含量呈“抛物线”曲线，而磷含量也呈“抛物线”曲线。③8 株解磷真菌接种后，菌体含菌量始终处于最低水平，而解磷量也处于最低水平，且随接种时间的增加而增加。土壤中的微生物含量有明显的升高，而土壤中的磷含量则呈“S”形。

d. 通过相关性分析，解磷菌株的解磷量与含菌量在接种培养 8 d 中，两者呈极显著正相关的为 P5、P7 和 P9，其方程分别为 Y=0.19+23.87X–0.192X^2+0.04X^3（R^2=0.965，P<0.01），Y=1.91+0.36X–0.01X^2+3.62×$10^{-5}X^3$（R^2=0.869，P<0.01）和 Y=2.35+0.56X+0.05X^2（R^2=0.922，P<0.01）；呈显著正相关的为 P3 和 P4，其方程分别为 Y=7.28–26.07X+10.61X^2–0.64X^3（R^2=0.999，P<0.05）和 Y=5.13+1.00X^2–0.03X^3（R^2=0.969，P<0.05），其余的 4 种解磷菌株也有一定程度的相关性，但不显著。

（7）对解磷菌株的 16S rDNA 和 ITS 区域进行 PCR 扩增，测序结果表明：解磷细菌 P1 为 *Bacillus subtilis*，其余的 8 种解磷真菌均为 *Aspergillus fumigatus*，其相似度均在 99%以上。

主要参考文献

[1] 陈俊, 陆俊锟, 康丽华, 等. 红树林解磷菌的初步鉴定、解磷能力测定及其优化培养[J]. 微生物学通报, 2009, 36(8): 1183-1188.

[2] 林启美, 赵小蓉, 孙众鑫. 四种不同生态系统的土壤解磷细菌数量及种群分布[J]. 土壤与环境, 2000, 9(l): 34-37.

[3] 王军, 王敏, 于智峰, 等. 基于响应曲面法的苦荞麸皮总黄酮提取工艺优化[J]. 农业机械学报, 2007, 38(7): 205-208.

[4] 周纪芗. 实用回归分析方法[M]. 上海: 上海科学技术出版社, 1990: 77-79.

[5] 魏自民, 席北斗, 赵越, 等. 城市生活垃圾外源微生物堆肥对有机酸变化及堆肥腐熟度的影响[J]. 环境科学, 2006, 27(2): 376-380.

[6] 赵小蓉, 林启美, 李保国. 解磷菌对 4 种难溶性磷酸盐溶解能力的初步研究[J]. 微生物学报, 2002, 42(2): 236-241.

[7] 范丙全, 金继运, 葛诚. 溶解草酸青霉菌筛选及其解磷效果的初步研究[J]. 中国农业科学, 2002, 35(5): 525-530.

[8] 林启美, 赵海英, 赵小蓉. 4 株解磷细菌和真菌溶解磷矿粉的特性[J]. 微生物学通报, 2002, 29(6): 24-28.

[9] 杨天学, 席北斗, 栗越妍, 等. 耐高温解无机磷菌解磷条件的优化[J]. 环境科学研究, 2009, 22(3): 294-298.

[10] 胡春明, 姚波, 席北斗, 等. 堆肥复合功能菌剂的优化组合研究[J]. 环境科学研究, 2010, 23(8): 1039-1043.

[11] 魏自民, 王世平, 席北斗, 等. 生活垃圾堆肥对难溶性磷有效性的影响[J]. 环境科学, 2007, 28(3): 679-683.

[12] Aulakh M S, Kabba B S, Baddesha H S, et al. Crop yields and pHosphorus fertilizer transformations after 25 years of applications to a subtropical soil under groundnut-based cropping systems[J]. Field Crops Research, 2003, 83(3): 283-296.

[13] Kudeyarova A Y. Aluminium pHosphates as products of transformations of fertilizer pHosphorus in an acid soil[J]. Geoderma, 1981, 26(3): 195-201.

[14] Aulakh M S, Pasricha N S, Bahl G S. Phosphorus fertilizer response in an irrigated soybean-wheat production system on a subtropical, semiarid soil[J]. Field Crops Research, 2003, 80(2): 99-109.

[15] 单德鑫, 李淑芹, 许景钢. 好氧堆肥对难溶性磷转化的影响[J]. 环境科学学报, 2009, 29(1): 146-150.

[16] 尹瑞龄, 许月蓉, 顾希贤. 解磷接种物对垃圾堆肥中难溶性磷酸盐的转化及在农业上的应用[J]. 应用与环境生物学报, 1995, 4(1): 373-378.

[17] Trupkin S, Levin L, Forchiassin F, et al. Optimization of a culture medium for ligninolytic enzyme production and synthetic dye decolorization using response surface methodology[J]. Ind Microbiol Biotechnol, 2003, 30: 682-690.

[18] Mohana S, Shrivastava S, Divecha J. Response surface methodology for optimization of medium for decolorization of teXtile dye Direct Black 22 by a novel bacterial consortium[J]. Bioresource Technology, 2008, 99: 562-569.

[19] Annadurai G, Ling L Y, Lee J F. Statistical optimization of medium components and growth conditions by response surface methodology to enhance phenol degradation by *Pseudomonas putida*[J]. Journal of Hazardous Materials, 2008, 151: 171-178.

[20] Myers R H. Response Surface Methodology current status and future directions[J]. Journal of Quality Technology, 1999, 31(1): 30-74.

[21] Rashid M, Khalil S, Ayub N, et al. Organic acids production and phosphate solubilization by pHosphate solubilizing microorganisms (PSM) under *in vitro* conditions[J]. Pakistan Journal of Biological Sciences, 2004, 7(2): 187-196.

[22] Chen Y P, Rekha P D, Arun A B, et al. Phosphate solubilizing bacteria from subtropical soil and their tricalcium phosphate solubilizing abilities. Appl Soil Ecol, 2006, 34: 33-41.

[23] Vazquez P, Holguin G, Puente M E, et al. Phosphate-solubilizing microorganisms associated with the rhizosphere of mangroves in a semiarid coastal lagoon[J]. Biology and Fertility of Soils, 2000, 30: 460-468.

[24] Feng K, Lu H M, Sheng H J, et al. Effect of organicligands on biological availability of inorganic phosphorus in soils[J]. Pedosphere, 2004, 14(1): 85-92.

[25] Pérez E, Sulbarán M, Ball M M, et al. Isolation and characterization of mineral phosphate-solubilizing bacteria naturally colonizing a limonitic crust in the south-eastern Venezuelan region[J]. Soil Biology and Biochemistry, 2007, 39: 2905-2914.

[26] 朱培淼, 杨兴明, 徐阳春. 高效解磷细菌的筛选及其对玉米苗期生长的促进作用[J]. 应用

生态学报, 2007, 18(1): 107-112.

[27] Lin T F, Huang H I, Shen F T, et al. The protons of gluconic acid are the major factor responsible for the dissolution of tricalcium phosphate by *Burkholderia cepacia* CC-Al74[J]. Bioresource Technology, 2006, 97: 957-960.

[28] 赵小蓉, 林启美, 李保国. 微生物溶解磷矿粉能力与 pH 及分泌有机酸的关系[J]. 微生物学杂志, 2003, 23(3): 5-7.

[29] 张志华, 洪葵. 核酸序列直接分析在真菌鉴定方面的应用[J]. 华南热带农业大学学报, 2006, 12(2): 39-42.

[30] 龙雯, 陈存社. 16S rRNA 测序在细菌鉴定中的应用[J]. 北京工商大学学报(自然科学版), 2006, 24(5): 10-12.

[31] 刘如铟, 魏涛, 何培新. 裸盖菇属的真菌鉴定及分子系统学初探[J]. 微生物学通报, 2006, 33(2): 44-47.

[32] 燕勇, 李卫平, 高雯洁, 等. rDNA-ITS 序列分析在真菌鉴定中的应用[J]. 中国卫生检验杂志, 2008, 18(10): 1958-1961.

[33] Carbone I, Kohn L M. Ribosomal DNA sequence divergence within internal transcribed spacer 1 of the Scleroliniaceae[J]. Mycologia, 1993, 81: 415-427.

[34] Rehner S A, Uecker F A. Nuclear ribosomal internal transcribed spacer phylogeny and host diversity in the coelomycete *phomopsis*[J]. Can J Bot, 1994, 72(11): 1666-1674.

[35] 郑冰, 应春妹, 汪雅萍, 等. rDNA-ITS 序列分析对临床少见丝状真菌鉴定作用的评估[J]. 检验医学, 2011, 26(20): 648-652.

[36] 赵正娟, 田伟, 赵敬军. DNA 序列分析用于常见致病真菌鉴定和分型[J]. 中国真菌学杂志, 2011, 6(5): 316-320.

[37] Seung-Beom H, Seung-Joo G, Hyeon-Dong S, et al. Polyphasic taxonomy of *Aspergillus fumigatus* and related species. The mycological society of America[J]. Mycologia, 2005, 97(6): 1316-1329.

[38] Balajee S A, Gribskov J L, Hanley E, et al. *Aspergillus lentulus* sp. nov., a new sibling species of *A. fumigatus*[J]. Eukaryotic Cell, 2005, 4(3): 625-632.

[39] Hans P H, Steven F H, Timothy J L, et al. Assessment of ribosomal large-subunit D1-D2, internal transcribed spacer 1 and internal transcribed spacer 2 regions as targets for molecular identification of medically important *Aspergillus* species[J]. J Microbiol, 2005, 43(5): 2092-2103.

第 4 章　接种工艺对堆肥添加难溶性磷转化影响

4.1　堆肥过程中磷组分变化趋势

4.1.1　堆肥过程中总磷变化

在堆肥期间，不同处理组的总磷（TP）含量都有较大程度的提高（图 4-1a），其原因是堆肥中的有机物发生了降解，而堆肥中的磷不易流失。由于在堆肥过程中掺入了磷矿粉，在堆肥的前期，总磷的含量比对照（CK）要高得多。但在 CP（仅在堆肥初期添加磷矿粉的处理组）和 CMP（除了在堆肥初期添加磷矿粉外，还接种解磷菌复合菌剂处理处）处理间呈现出交错状态，为了便于不同处理间总磷增加趋势的分析，对各处理总磷测定数据添加趋势线，并结合各处理趋势线斜率进行分析（图 4-1b）。结果发现随堆肥进行，不同处理堆肥总磷增加趋势亦不相同，各趋势线斜率由大到小依次为：CMP、CP、CK。因此，可以推断出 CMP 处理总磷增加幅度明显优于其他处理，进一步证实了接种微生物堆肥可增加堆料中有机物的分解速率。

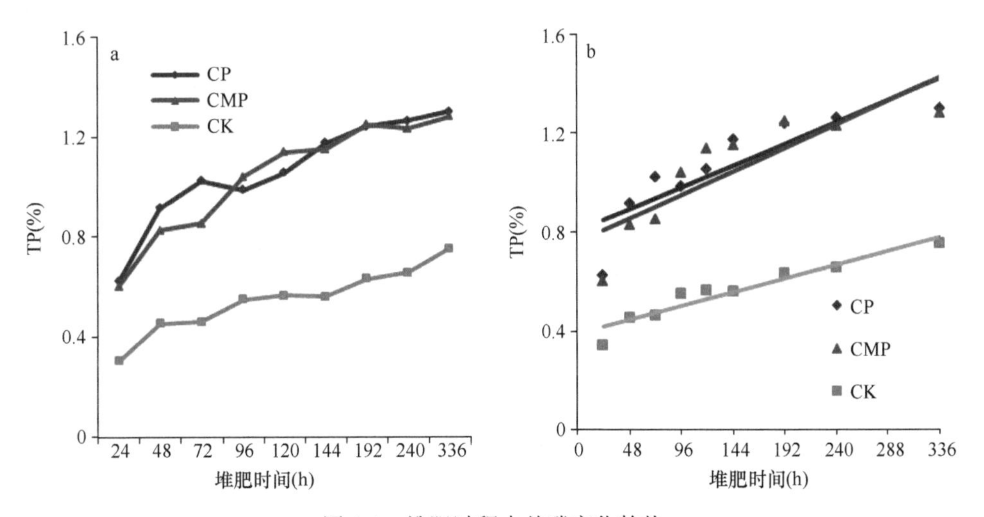

图 4-1　堆肥过程中总磷变化趋势

4.1.2 堆肥过程中有机磷变化

如图 4-2a 所示，尽管在堆肥期间，有机磷的矿化一直存在，但是在 216～336 h，有机磷的含量仍然呈现上升的趋势。一方面，无机磷在堆肥中的降解速度比有机磷快，从而使土壤中的磷含量增加；同时，在堆肥过程中，有机磷矿化所产生的部分产物可被微生物再利用，再通过生物的生命活动，将其转化为生物的一部分。不同处理方式下，有机磷含量的增长趋势也有很大的差异。在堆肥期间，CMP 处理的有机磷含量显著高于其他处理；而在 CP 和 CK 处理下，有机磷含量的增长速度较快，从上升（0～96 h）到稳定（96～168 h）到提高（168～216 h）。根据不同处理在不同堆肥周期中的有机磷含量的变化趋势，结果表明，有机磷趋势线的坡度从大到小顺序是：CMP、CP、CK；对不同时期 CMP、CP 和 CK 处理的有机磷含量差异的对比分析（图 4-2c），随着堆肥工艺的进行，有机磷含量增加量增加，特别是在堆肥的中期（168～336 h）。CMP 处理的增加量与 CP 相比基本保持在 2 倍以上。这说明在堆肥中添加难解磷矿，并结合解磷微生物处理，能显著提高堆肥中的有机磷含量。与无机磷肥相比，有机磷在土壤中的作用主要表现在：第一，有机磷是土壤的磷源，通过微生物和植物根系的磷酸盐分解，其产生的无机磷可以被植物直接吸收。在作物生长季节，土壤中的微生物最为活跃，土壤中有机质的大量分解与植株的最大吸磷量呈正相关。第二，有机磷能在土壤表面形成一层有机保护膜，与金属离子形成稳定的络合物，从而降低磷的吸附能力，或与金属、无机磷同时发生复合，使磷成为一种特定的有机形式，增强磷的活力。因此，利用微生物接种技术，可以使堆肥难溶性磷转化，从而使堆肥中的有机磷含量更高，在提高土壤肥力、提高磷素利用率、减少非点源污染等方面，都取得了良好的效果。

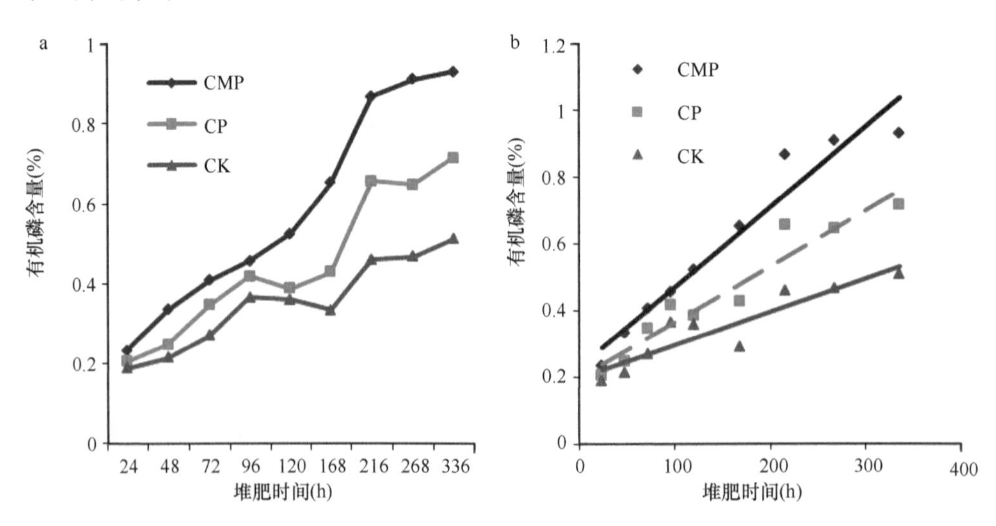

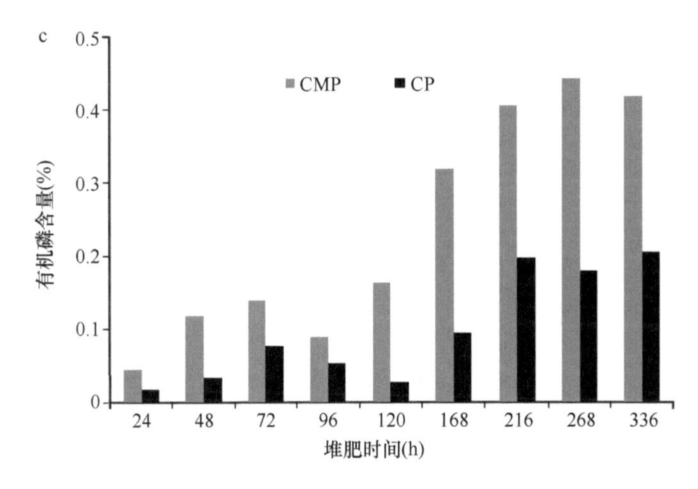

图 4-2　堆肥过程有机磷动态变化

a. 堆肥过程有机磷含量变化；b. 堆肥过程有机磷含量变化趋势分析；c. 堆肥过程中有机磷增加量比较

4.1.3　堆肥过程中磷酸酶活性变化

磷酸酶是土壤中普遍存在的一种水解酶类，其活性的高低直接影响土壤有机磷的分解转化及其生物有效性。由于有机磷分子不能透过细胞膜，必须经过胞外磷酸酶的水解，因此磷酸酶活性与有机磷的矿化速率密切相关。磷酸酶能水解酯磷（磷酸单酯、磷脂、核苷酸），并与碳循环、磷循环有密切联系。近年来，磷酸酶作为水体释磷的因素及土壤酶学研究的对象已受到广泛的关注。由于堆肥是有机物质的分解过程，堆肥初期堆料中的磷素以有机磷为主，随着有机物质的降解，有机磷逐渐被矿化释放出来。因此，对磷酸酶活性变化的动态变化研究，在某种程度上可以表征堆肥过程中有机磷的矿化强度。

在堆肥过程中，磷酸酶活性总体呈降低趋势（图 4-3），其活性降低主要集中在堆肥的 0～72 h，而在堆肥的 72～336 h 趋于稳定，表明有机磷矿化主要集中在堆肥的前期。由于堆肥前期，微生物降解的主要是结构相对简单的有机物质，堆体中有机磷的降解过程应首先是结构简单的酯磷部分被矿化，随着堆肥的进行，酯磷数量逐渐减少，堆体中有机磷矿化程度也随之下降。因此，磷酸酶活性变化与堆肥过程中有机磷的转化具有一致性。在堆肥周期内，磷酸酶活性以 CMP 处理最高，CP 处理次之，CK 最低。这是由于接种微生物后堆体微生物数量增加，而较低的碳磷比，也为微生物的生命代谢提供了充足的磷素来源，因此堆体中磷脂降解速率加快，磷酸酶活性增强。在堆肥后期，相当一部分微生物死亡，微生物量磷在磷酸酶作用下被矿化，因此在堆肥后期，与 CK 比较，CMP、CP 处理的磷酸酶活性也处于较高的水平。

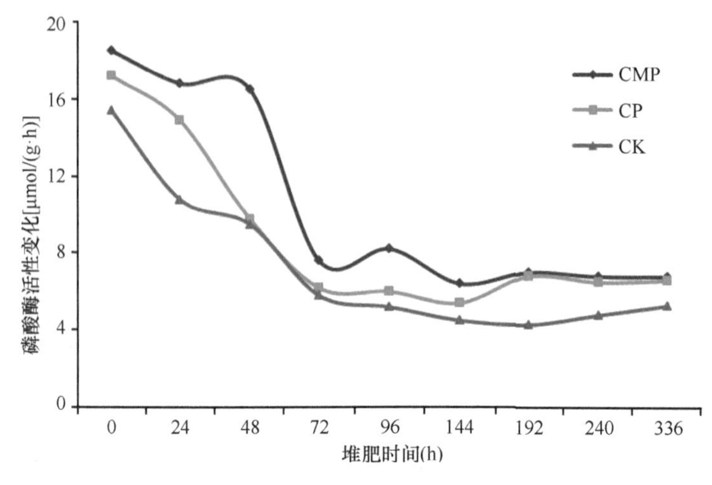

图 4-3　堆肥过程中磷酸酶活性变化

4.1.4　堆肥过程中水溶性磷变化

由图 4-4a 可以看出，在堆肥期间，土壤中的水溶性磷含量先呈现出明显的下降趋势（CMP、CP 为 24～120 h；CK 为 24～96 h），随后呈递增趋势。这是因为在堆肥的前期微生物大量繁殖，并且在代谢中需要消耗一定的磷。结果表明，前期堆料中水溶性磷的含量显著下降；而到了中后期，随着微生物的生长衰弱，对水溶性磷的需求量下降，一些微生物也出现了衰亡的现象，其生物体的矿化作用使堆料中水溶性磷的含量显著提高。CMP 和 CP 处理在堆肥各个时期的水溶性磷含量都显著高于 CK 处理。在堆肥各时期，与 CP 处理相比，CMP 处理水溶性磷

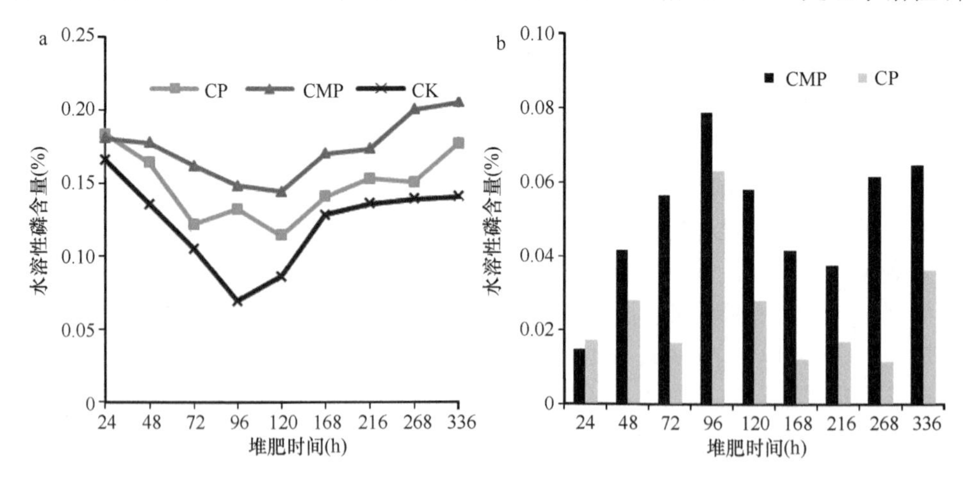

图 4-4　堆肥过程中水溶性磷变化

a. 堆肥过程中水溶性磷含量变化；b. 堆肥过程中水溶性磷相对增加量比较

含量大体上均有不同程度的提高，并且在堆肥的后期增加幅度呈放大趋势。这部分增加的水溶性磷是解磷复合微生物制剂的直接效应，在一定意义上说明了解磷微生物对水溶性磷的影响。在土壤中，水溶性磷是一种能被植物直接吸收和利用的磷成分，所以，施用大量的水溶性磷肥料后，土壤中的磷浓度会降低。它能迅速地提高肥效，解决了传统肥料生产中肥料释放速度慢的问题。

4.1.5　堆肥过程中速效磷变化

图 4-5 结果表明：在堆肥的各个阶段，CK 处理速效磷含量的增长较为稳定，而 CP 和 CMP 处理分别在堆肥的 0～96 h 和 0～168 h 有较大的提高。在堆肥循环中，添加 CMP 和 CP 处理的速效磷含量显著高于不添加磷矿的处理，而耐高温无机磷的处理比 CK 的处理要高。在堆肥完成后（336 h），CMP 处理的速效磷含量比 CK 处理高 1.77 倍，CP 处理的速效磷含量比 CK 处理高 1.37 倍。在堆肥前期，添加磷矿粉处理的速效磷含量为 3.5%，说明在堆肥前期，CMP 和 CP 处理的速效磷比 CK 处理要高得多。经过计算，在堆肥初期，经 CP 处理和 CMP 处理后，磷矿粉中速效磷的贡献值为 0.0875%（初始处理时为 12 kg）。在堆肥过程中，有机物的降解使堆肥的质量达到了 7.2 kg，而 CP 和 CMP 处理的磷矿粉中的有效磷含量为 0.146%。结果表明，在减去堆肥后期磷矿粉对速效磷的贡献方面，CMP 处理和 CP 处理的速效磷含量分别为 357.6 mg/kg 和 95.4 mg/kg，CMP 处理的速效磷含量为 CP 处理的 3.75 倍。按相似的方法可计算堆肥过程中磷矿粉的转化率，在 CMP、CP 处理堆料中加入的磷矿粉为 300 g，总磷含量为 16.50%。经计算，加入磷矿粉使堆料中的总磷含量增加 49.50 g，速效磷含量增加 10.50 g，难溶性磷含量增加 39.00 g。堆肥结束后，堆料重量按 7.2 kg 计算，由图 4-5 可以看出，CMP、

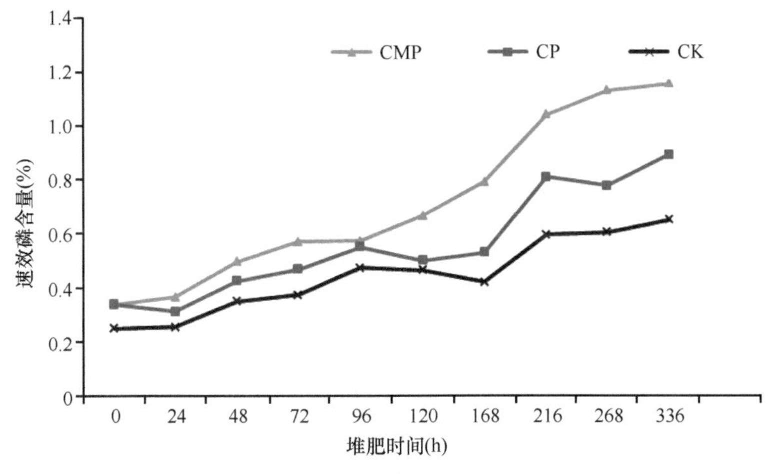

图 4-5　堆肥过程中速效性磷含量变化

CP、CK 处理速效磷含量分别为 1.154%、0.892%、0.650%，则堆肥中速效磷含量依次为 83.09 g、64.22 g、46.80 g。因此 CMP、CP 处理与 CK 处理速效磷含量的差值（36.29 g、17.42 g）包括两部分磷，即磷矿粉原有的速效磷（10.5 g）及磷矿粉通过堆肥转化的速效磷，经计算，堆肥中难溶性磷转化产生的速效磷分别为 26.29 g、7.42 g。因此 CMP、CP 堆肥处理磷矿粉难溶性磷的转化率分别为 67.41%（26.29 g/39.00 g）、19.03%（7.42 g/39.00 g），CMP 对难溶性磷的转化率是 CP 处理的 3.5 倍。理论上，通过计算得到的 CMP 处理对难溶性磷的转化率 67.41%要比试验堆肥中的值低，因为在堆肥过程中难溶性磷转化释放的磷除以速效磷的形式存在于堆肥中之外，还应包括堆肥中增加的微生物量磷、腐殖酸态磷及其他有机态磷等。

4.1.6 讨论

磷矿粉是化学磷肥生产加工的原料，由于其所含速效磷含量很少，若直接施入土壤，利用率很低，而化学磷肥生产加工一般要消耗近 10 倍磷矿粉价格的成本，同时对环境也造成一定的不良影响。因此，如何降低磷矿粉的加工成本，提高磷素利用率，一直是相关研究者关注的问题。堆肥是可降解有机固废资源化利用的一种重要途径，但目前堆肥产品中营养元素含量普遍低，其在农业生产上应用普遍存在施用量大、肥效低等缺陷，限制了其大面积推广应用。因此，利用堆肥进程的生化特性，实现难溶性磷的转化，一方面，可增加堆肥产品的质量及经济附加值；另一方面，可在一定程度上替代化肥，降低生产成本，提高磷素利用率。基于此，开展生活垃圾堆肥对难溶性磷（磷矿粉）转化的研究具有现实意义。

结果表明，在堆肥过程中对无机磷进行了转化，其中一方面，有机物分解生成了大量的有机弱酸，这些弱酸对无机磷具有很好的溶解性；另一方面，城市生活垃圾是最好的环境，它包含了解磷微生物，而其他微生物的新陈代谢也可以将这些无机磷转化为身体的一部分。因为在堆肥的腐熟期，部分转化的磷素会因有机酸含量的显著降低而再次被固定，所以，要想提高生活垃圾中的磷素转换能力，就必须重视微生物量磷的分解，即利用微生物的代谢作用将难溶性磷转变成有机磷储存于体内。本研究通过高温解磷微生物的接种表明，接种微生物处理（CMP）堆肥中难溶性磷转化为速效磷的转化率为 67.41%以上，是不接种堆肥处理（CP）的 3.5 倍；有机态磷的增加量是不接种处理的 2 倍以上。

本研究中接种微生物堆肥对难溶性磷的转化研究达到了预期的目标，但也有一些研究工作需要进一步完善。首先，确定最佳微生物接种量与磷矿粉添加量。在本研究中，接种解磷微生物堆肥已被证明对提高难溶性磷转化效果显著，但最佳微生物接种量并没有探讨，一般认为，结合堆肥效率、难溶性磷转化率、成本分析等因素应有一个最适接种量。此外，也应考虑磷矿粉的最适添加量，过高的难溶性磷矿粉含量的堆肥产品培肥土壤，在造成磷资源的浪费的同时，还可能会对土壤生态环境产生不良的影响。其次，应完善微生物间共生关系的分析。生活垃圾是微生物的极佳载体，堆肥过程中，接种微生物与堆料中大量的土著菌之间必然存在竞争，从而使其数量、活性在某种程度上受到抑制。因此，探讨堆肥过程中外源微生物与土著菌之间的共生机制十分必要。近年来，荧光标记技术在微生物学领域已得到广泛应用，在研究工作中有必要对目标菌株进行荧光分子标记，追踪解磷菌在堆肥过程中的行为，为堆肥接种技术的改善、解磷效率的提高提供支持[1]。最后，构建基于提高堆肥难溶性磷转化率的最优动态模型。在堆肥过程中，难溶性磷转化受多种参数的影响，如堆料有机物质的组成特性、有机物质降解速率、微生物活性、通气量及通气方式、温度变化等，其中因素之间还存在着交互作用[2]。因此，如何通过各参数的综合评估，构建堆肥工艺参数的最佳组合模式，应是今后研究工作中需要解决的主要问题。

4.1.7　结论

（1）堆肥过程中解磷微生物的数量受高温的影响很大，除高温阶段外，CMP 处理解磷细菌、真菌数量明显增多。

（2）对磷矿粉进行扫描电镜观察表明，堆肥对磷矿粉的溶解转化作用明显。

（3）堆肥过程中水溶性磷先降低后增加，而总磷、有机磷、速效磷含量均呈增加的趋势。与 CK 比较，CMP 处理有机磷和速效磷增加量分别是 CP 处理的 2 倍和 3.5 倍以上。

4.2　解磷菌剂不同接种方式对难溶性磷转化的影响

4.2.1　解磷菌剂的制备及特性研究

4.2.1.1　解磷菌株解磷量与 pH 的动态特征

本试验以难溶性磷酸钙为发酵液中唯一磷源，通过培养 9 d，测定后期筛选得到的 4 株高效解磷菌的可溶性磷、微生物量磷和总磷含量，由图 4-6～图 4-9 可以看出，从不同有机固废堆肥降温期样品直接筛选出的菌株 P-A、P-C、P-E 和 P-F 的总解磷量均大于 100 μg/mL，其中菌株 P-E 解磷能力最强，解磷量为 126.8 μg/mL，而菌株 P-C 的解磷能力相对较弱，解磷量为 105.5 μg/mL。

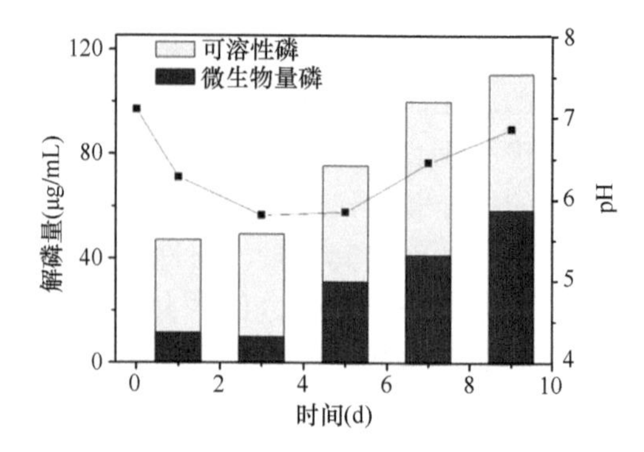

图 4-6 菌株 P-A 在发酵液中的 pH 和解磷能力定量分析

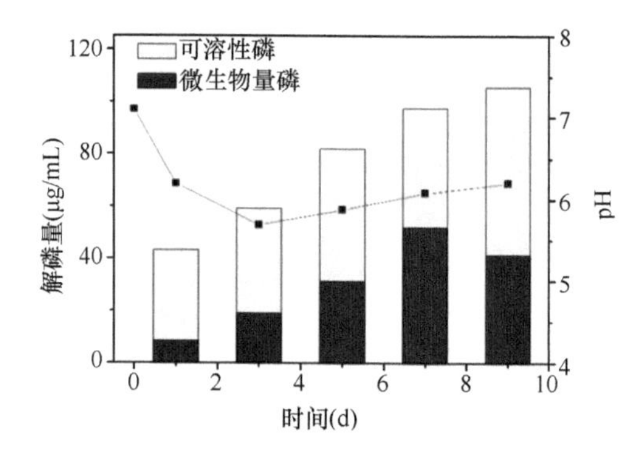

图 4-7 菌株 P-C 在发酵液中的 pH 和解磷能力定量分析

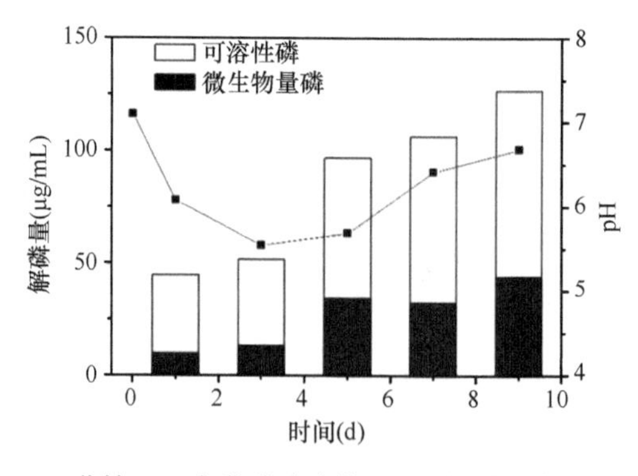

图 4-8 菌株 P-E 在发酵液中的 pH 和解磷能力定量分析

本方法总高效解磷量主要由微生物量磷和可溶性磷两部分组成，对比 4 株筛选得到的解磷菌可以发现，在发酵液中培养 9 d，菌株 P-A 微生物量磷含量最高，约为 58.5 μg/mL，而其他 3 株解磷菌微生物量磷含量差异不显著（$P < 0.05$），为 41～44 μg/mL，说明不同高效解磷菌株解磷能力的差异更大程度是由其水解难溶性磷而产生的可溶性磷含量决定的，菌株 P-E 正是因其可溶性磷量显著高于其他

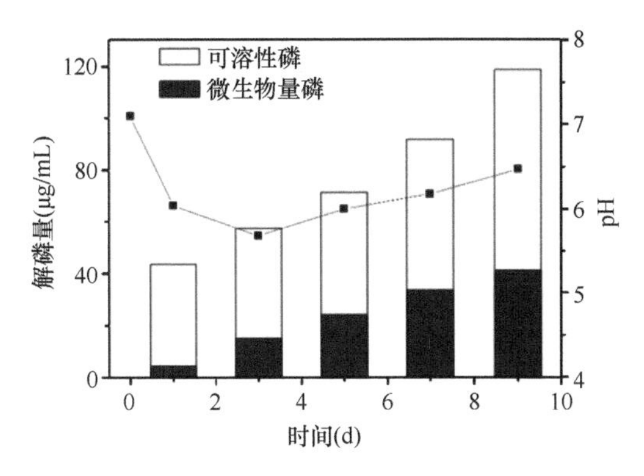

图 4-9　菌株 P-F 在发酵液中的 pH 和解磷能力定量分析

菌株，约为 82.8 μg/mL，而表现出最强的解磷能力。当然，解磷能力强的菌株未必同时具备较高的可溶性磷和微生物量磷含量，因为不同解磷菌株的解磷机制有所不同，可溶性磷含量高的菌株可能更多地依赖分泌渗出液实现解磷[3]。通过比较后期筛选的 4 株解磷菌与试验课题组从餐厨垃圾堆肥过程中筛选并经过驯化的 3 株菌株（P-B、P-D 和 P-G）的总解磷量可以看出，前期驯化的 3 株菌明显具备更高的解磷能力，不过后期筛选得到的 4 株解磷菌直接源于堆肥样品，属于土著菌群，可能对复杂的堆肥环境具备较高的适应性。

对于 4 株无机磷解磷菌，从接入培养基开始，测定 0 d 和 24 h 的发酵液 pH，此后，每隔两天测定一次发酵液的 pH，由图 4-6～图 4-9 可以看出，在 0 d 时，pH 最高，但解磷量最低，随着培养时间延长，pH 呈现先下降后上升的趋势，而解磷量都呈现逐渐上升的趋势。在培养 24 h 时，4 株菌的发酵液 pH 均降低至 6 左右，偏酸性，而此时的解磷量也都升至 40 μg/mL 以上，大约超过培养 9 d 总解磷量的 35%，表明筛选得到的 4 株解磷菌在磷源缺乏但其他营养元素丰富的培养基环境中可快速展现其解磷机制，溶解难溶性无机磷以满足微生物的生长代谢需求。菌株 P-A、P-C 和 P-E 在培养 3～5 d 时，pH 处于最低值，而此时发酵液中的总解磷量也上升最快，说明这 3 株解磷菌的解磷机制可能是分泌质子或产有机酸等途径，降低溶液 pH 进而酸溶难溶性无机磷，而菌株 P-F 虽然在培养 3～5 d 时 pH 也处于最低值，但其解磷量快速上升的时期为培养 7 d 以后，说明菌株 P-F 虽然也具有较强的解磷能力，但其解磷机制可能与其他 3 株并不相同。

通过 SPSS 统计软件分析 P-A、P-C、P-E 和 P-F 在 9 d 的发酵培养过程中解磷量与 pH 的相关性，结果表明，当以其中任意一种菌株发酵过程的解磷量与 pH 分析时，两者之间都无显著相关关系，可能是因为相关性分析仅在数据量较大时才可以更贴近客观而反映出不同变量之间的统计关系。故本研究综合 4 株菌株发酵过程中的解磷量和 pH，以便找出不同菌株之间可能与 pH 存在的共性关系，此时，二者存在较强的相关性，线性回归分析表明解磷量与 pH 呈极显著正相关关系（图 4-10），其相关性方程为：$y = -221.18 + 49.13X$（$R^2 = 0.3418$，$P = 0.004$）。在 Chen 等[4]及大多数学者的研究中较多的发现是解磷量与 pH 存在负相关关系，但此规律并不适用于所有解磷菌，如李鸣晓等[5]研究发现解磷菌发酵液 pH 虽然呈酸性，但与解磷量没有显著相关性，因此，菌株可能存在其他解磷机制，还需要进一步比较研究。

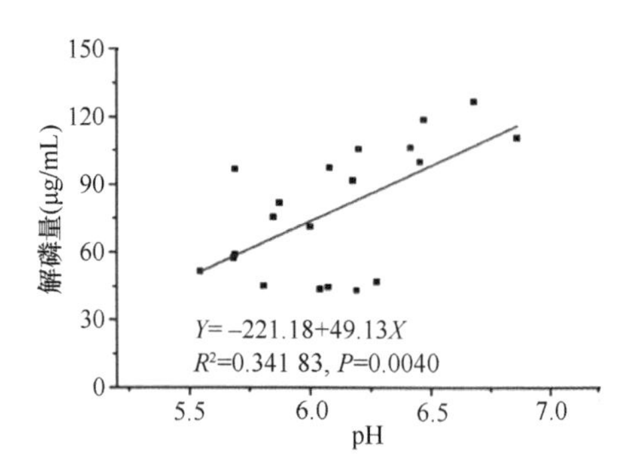

图 4-10　在发酵液中解磷菌解磷量与 pH 的关系

4.2.1.2　复合菌剂解磷能力、pH 和有机酸的动态分析

本研究为制备适用于堆肥的高效解磷菌剂将先后筛选的 7 株无机磷解磷菌按等比例混合，经发酵培养基测定解磷菌复合菌剂（PSB-MiX）的解磷能力，如图 4-11 所示，培养 1 d 后，在复合菌剂的解磷作用下即产生了近 40 μg/mL 的可溶性磷，而此时微生物量磷较少，在发酵培养的 1～5 d，可溶性磷增长减缓，与发酵培养后期相比总解磷效率较低，说明解磷菌复合菌剂在前期，主要通过溶解难溶性磷于培养液中，进而维系解磷菌对磷素的吸收利用，同时将部分磷素转移至微生物体内，形成微生物量磷，因此出现前期可溶性磷含量增长逐步放缓而微生物量磷含量快速增加的趋势。而在培养后期（5～9 d），微生物量磷含量增长缓慢，可溶性磷含量快速积累，最终达到 138.9 μg/mL，与第 5 天相比，可溶性磷含量提升近 100%，说明此期间菌体对于磷素的吸收已经基本达到平衡状态，但在可能的产酸解磷作用机制下，可溶性磷含量继续增加。

整体来看，解磷菌复合菌剂的解磷效果较好，最终解磷量约为 185.5 μg/mL，明显高于后期筛选的 4 株解磷菌，而且略高于前期驯化的 3 株单菌，说明等比例混合制备的复合菌剂中不同解磷菌株之间的拮抗效应较小，基本实现了不同菌株共生的效果，并且具备不同菌株的优势。通过微生物量磷与可溶性磷含量比较，可以看出，复合菌剂溶解的难溶性无机磷主要存在于培养液中，而微生物量磷含量仅为 46.6 μg/mL，甚至低于菌株 P-A 单独解磷时的含量，这可能是由于解磷菌

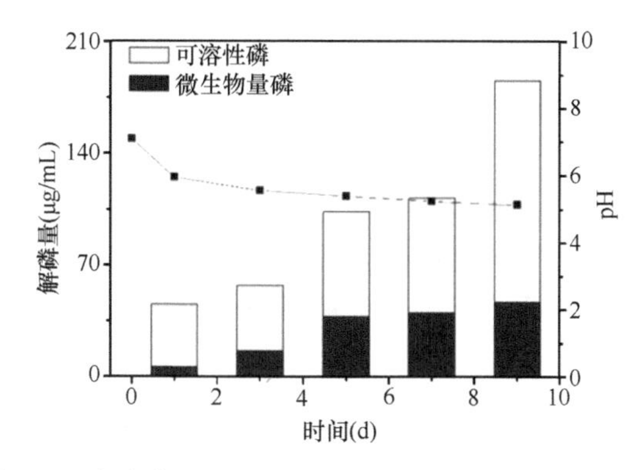

图 4-11　复合菌剂在发酵液中的 pH 和解磷能力定量分析

复合菌剂更多地通过产生挥发性有机酸或分泌胞外酶而发挥解磷效果，而其本身对于溶解后的活性磷吸附较少。

通过 SPSS 统计软件分析解磷菌复合菌剂在 9 d 的发酵培养过程中解磷量与 pH 的相关性，结果表明，二者存在较强的相关性，继续进行线性回归分析，如图 4-12 所示，解磷量与 pH 呈极显著负相关关系，其相关性方程为：Y= 511.89–74.75X（R^2=0.6519，P=0.0323）。虽然解磷菌复合菌剂在对难溶性磷酸盐溶解的过程中始终处于弱酸性状态，但与单菌相比，解磷量与 pH 的关系发生了明显的改变，说明不同解磷菌的协同共生对解磷菌的解磷机制也会有显著影响，说明当微生物多样性越丰富、种群结构越复杂时，解磷微生物的解磷过程可能更趋向于产酸途径，即较低的 pH 对应较高的解磷效果。

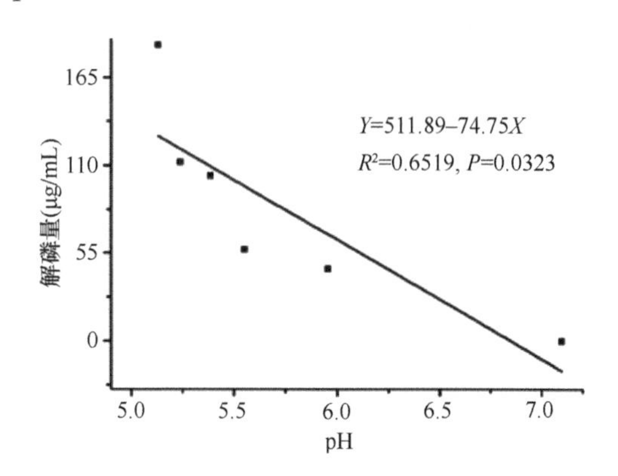

图 4-12　在发酵液中解磷菌复合菌剂解磷量与 pH 的关系

复合菌剂发酵过程中有机酸的产生如表 4-1 所示，可以看出，随着解磷菌在发酵液中的解磷作用的持续进行，各种有机酸的生成一直持续，但其种类和含量随发酵时间的延长而变化。在发酵初期，有机酸种类较多，主要存在草酸、乳酸、乙酸、苹果酸、丁二酸和丙酸，当然也存在一定量的未知有机酸，而随着发酵的进行，有机酸的种类逐渐减少，最终发酵液中仅可检测到乳酸、乙酸和苹果酸。整体来看，发酵过程中有机酸总量呈现波动状态，初期含量较高，超过 5.5 mg/mL，随后有机酸总量下降，在第 5 天以后又恢复至较高水平，并可持续至发酵第 9 天才开始下降，发酵结束时有机酸总量明显发生累积，高于初期有机酸总量。从有机酸组分来看，发酵过程中乳酸始终在有机酸中占最大比例，在发酵 7 d 时达到最大分泌量，含量为 7.633 mg/mL；乙酸和苹果酸占有机酸中的比例次之，乙酸在发酵 24 h 时分泌量最大达到 0.586 mg/mL，苹果酸最大分泌量出现在发酵第 9 天，为 1.499 mg/mL。相关性分析表明，解磷量、可溶性磷和微生物量磷与有机酸总量无显著相关性。同时，pH 与有机酸总量之间也没有明显的相关性（表 4-2），可能是由于有机酸检测种类的限制，低估了有机酸总量，进而无法完全表征解磷菌解磷过程中有机酸的细微变化。但是用乳酸、乙酸和苹果酸分别与磷组分进行相关性分析时可以发现，苹果酸的含量与可溶性磷显著相关（$P < 0.05$），这说明虽然无机磷复合菌剂在发酵培养中产生多种有机酸，但只有苹果酸等少数有机酸会通过与难溶性磷酸盐中的金属阳离子发生螯合反应，进而对难溶性磷酸盐起到溶解作用。总之，通过解磷菌复合菌剂在发酵解磷过程中解磷量升高伴随的 pH 整体下降和有机酸总量整体升高，可以间接说明 pH 下降和有机酸产生是解磷菌解磷机制中的关键环节。

表 4-1 复合菌剂发酵过程中分泌有机酸情况

发酵时间（d）	草酸（μg/mL）	乳酸（μg/mL）	乙酸（μg/mL）	苹果酸（μg/mL）	丁二酸（μg/mL）	丙酸（μg/mL）	未知有机酸	有机酸总量（μg/mL）
1	23.19	4318	586.1	415.56	56.00	143.7	+	>5543
3	24.76	3773	277.1	90.86	23.93	—	+	>4190
5	—	7035	146.7	651.30	34.20	—	+	>7867
7	—	7633	107.4	223.10	—	—	+	>7964
9	—	4659	234.8	1499.00	—	—	+	>6393

注：HPLC 未检测出的用“—”表示，检测出峰值但由于没有对应标准峰而无法计算浓度的用“+”表示

表 4-2 复合菌剂发酵过程中有机酸与 pH 和解磷量指标的相关性分析

	有机酸总量	乳酸	乙酸	苹果酸	pH	可溶性磷	微生物量磷	总解磷量
有机酸总量	1	0.942*	–0.597	0.214	–0.522	0.337	0.703	0.465
乳酸	0.942*	1	–0.682	–0.100	–0.469	0.094	0.595	0.254
乙酸	–0.597	–0.682	1	–0.091	0.877	–0.397	–0.828	–0.549
苹果酸	0.214	–0.100	–0.091	1	–0.495	0.905*	0.594	0.846

注：*表示显著性 $P < 0.05$，**表示显著性 $P < 0.01$

4.2.2　不同接种方式下餐厨垃圾堆肥微生物特性分析

不同接种方式下餐厨垃圾堆肥过程中可培养细菌和解磷细菌数量变化如表 4-3 所示，细菌和解磷细菌数量的变化趋势相似，都在堆肥初期快速上升，在高温期达到最大值，然后逐渐下降直至堆肥结束，整个堆肥过程中细菌数量在 4.5×10^7 CFU/g 至 8.46×10^8 CFU/g 范围内，而解磷细菌数量在 1.25×10^6 CFU/g 至 1.07×10^7 CFU/g 范围内。在不同处理组堆肥过程中细菌数和解磷细菌数量明显不同，CP 组细菌数明显低于 CK 组（$P < 0.05$），但解磷菌数量明显高于 CK 组（$P < 0.05$），即在餐厨垃圾堆肥中磷矿粉的添加明显可以增加解磷菌在细菌中的出现率（$P < 0.05$）。这些结果表明，磷矿粉虽然含有大量的酸溶性磷组分，但较难被微生物直接利用[6]，直接添加磷矿粉也许会抑制大部分细菌的生长并重塑细菌群落结构[7]，但也变相激发了堆肥过程中解磷细菌的解磷潜力。在堆肥末期，CMP1、CMP2 和 CMP3 组的细菌与解磷细菌数量明显高于 CK 和 CP 组，而且在 CMP2 组中最高，表明解磷菌复合菌剂可以明显促进堆肥环境中土著细菌的生长和增殖，同时其本身也可以快速地适应堆肥过程中复杂的环境。对于不同接种方式比较，在堆肥初期和降温期分段接种对改善堆肥产品中细菌与解磷细菌数量效果最佳。

表 4-3　不同接种方式下餐厨垃圾堆肥过程中可培养细菌和解磷菌数量

		0 d	4 d	10 d	20 d
细菌（$\times10^7$ CFU/g）	CK	12.2±0.8	55.3±2.4	19.1±3.3	6.8±0.5
	CP	8.0±0.4	36.3±2.8	12.2±1.1	4.5±0.3
	CMP1	21.8±2.1	84.6±5.2	42.0±2.2	13.3±0.8
	CMP2	15.7±2.9	67.3±8.5	53.3±4.5	19.8±1.4
	CMP3	10.6±1.7	45.7±3.5	29.3±1.8	11.7±0.4
解磷菌（$\times10^6$ CFU/g）	CK	2.85±0.32	3.81±0.42	1.85±0.18	1.25±0.11
	CP	4.15±0.61	6.10±0.51	3.55±0.20	2.52±0.13
	CMP1	5.80±0.43	10.70±0.80	5.55±0.34	3.95±0.09
	CMP2	5.20±0.38	8.85±0.68	7.80±0.37	6.60±0.27
	CMP3	3.90±0.14	5.91±0.20	5.60±0.42	4.20±0.50

不同接种方式下餐厨垃圾堆肥过程中细菌 DGGE 图谱如图 4-13 和图 4-14 所示，在同一组堆肥的不同阶段细菌群落存在显著差异，而不同处理堆肥中细菌群落也明显不同。在 DGGE 图谱中一共检测到 46 条不同的条带类型，除去接入解磷细菌而产生的条带外，在其余条带中普遍存在于堆肥过程中的条带占 33%，除条带 10 外，接种解磷菌复合菌剂所产生的条带也在 CK 和 CP 中出现，如表 4-4 所示，它们大部分属于厚壁菌门（Firmicutes），而且在堆肥过程中具有较高的相对丰度和存活时间。在堆肥 10 d 后消失的 3 株优势解磷菌，即条带 33、36 和 44，

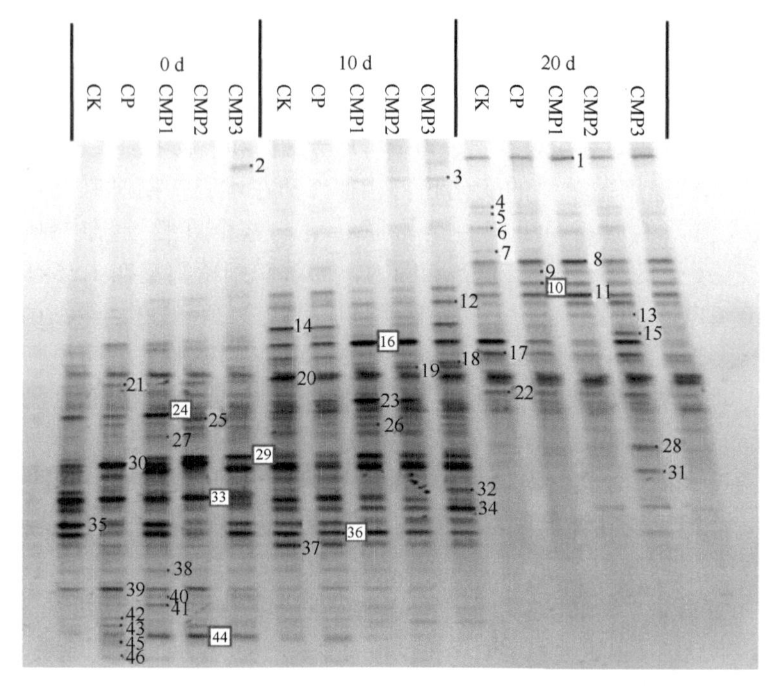

图 4-13　不同接种方式堆肥过程中 0 d、10 d 和 20 d 细菌 DGGE 图谱

条带旁的数字代表 QuantityOne 识别条带序号，方框标注条带代表接种的解磷菌

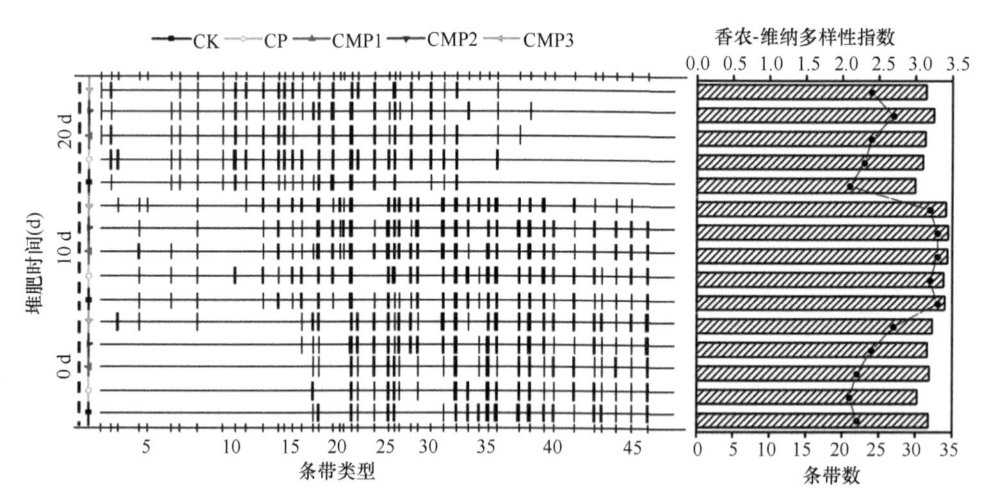

图 4-14　不同接种方式下堆肥过程中细菌 DGGE 模式图及其条带数和香农-维纳多样性指数

条带数用散点表示，香浓-维纳指数用柱形图表示

属于变形菌门（Proteobacteria）和放线菌门（Actinobacteria），它们在堆肥过程的存活时间主要取决于其对环境的耐受性和可利用营养物质的范围，它们在堆肥高温期后消失可能是由于其高温适应性差，而且仅可以利用易降解有机质。本试验

通过细菌 DGGE 图谱识别的条带数和香农-维纳多样性指数来表征堆肥过程中细菌群落多样性的变化，结果如图 4-14 所示，在不同处理堆肥中香农-维纳多样性指数的变化趋势与条带数的变化趋势相似，都在堆肥第 10 天出现最大值，随后逐渐降低。在不同处理中，条带数平均为 21～33，香农-维纳多样性指数为 2.99～3.45，与 Wang 等[8]研究的堆肥相比较高，可能是由于本研究中解磷菌复合菌剂的接种促进了餐厨垃圾堆肥中的群落多样性。

表 4-4　不同接种方式下餐厨垃圾堆肥过程中 DGGE 图谱的优势条带测序比对结果

条带位置	登录号	微生物门类	最相近比对序列	同源性（%）
1	KU644527.1	*Actinobacteria*	*Corynebacterium* sp. 1034B12_12EMannit	100
8	KU196783.1	*Firmicutes*	*Bacillus coagulans* strain LA1507	100
10	KT989579.1	*Firmicutes*	*Bacillus licheniformis* strain CY2-24	100
11	AY422987.1	*Firmicutes*	*Virgibacillus* sp. R-7428	100
14	KU173545.1	*Firmicutes*	*Pediococcus lolii* strain ID02	100
16	KT427377.1	*Firmicutes*	Bacillus subtilis strain Z11	100
20	KM392065.1	*Firmicutes*	*Lactobacillus sanfranciscensis* strain BS1-13	100
23	KU533817.1	*Firmicutes*	*Staphylococcus* sp. B21 S2-4	100
24	KU315086.1	*Firmicutes*	*Enterococcus lactis* strain FC5	100
29	KU534259.1	*Firmicutes*	*Bacillus* sp. CC-YY22	100
33	KP114214.1	*Actinobacteria*	*Corynebacterium variabile* strain C3-13	99
36	KX034242.1	*Proteobacteria*	*Klebsiella variicola* strain SK01	100
37	KT328456.1	*Proteobacteria*	*Klebsiella variicola* strain WL1312	100
44	KM377650.1	*Proteobacteria*	*Klebsiella* sp. II83	100

注：斜体数字表示由于解磷菌复合菌剂接种而强化的外源解磷菌

为进一步比较 CK、CP、CMP1、CMP2 和 CMP3 中的细菌组成结构的相似性，我们通过 UPGMA 算法将不同样品依据其群落结构进行聚类分析，生成系统进化树，结果如图 4-15 所示。在相同堆肥天数，不同处理组相似度超过 70%，这可能与堆肥原材料相同进而包含相似的细菌群落结构有关，而且解磷菌复合菌剂筛选于堆肥样品，因此，并没有对堆肥中的群落结构造成特别大的影响。然而，不同堆肥天数样品细菌群落结构同源性较低，例如，堆肥 10 d 样品与堆肥 20 d 样品的同源性仅为 39%。整体来看，堆肥不同阶段理化因子的变化才是细菌群落组成演替的主要因素，如温度、pH、有机质含量等，而解磷菌复合菌剂的接种并不会抑制土著细菌的生长及相关代谢活性，细菌多样性指标的变化也可间接证明解磷菌复合菌剂的接种对堆肥细菌微生态环境并未造成安全性影响。

4.2.3　不同接种方式对堆肥磷素有效性的影响

在 20 d 的餐厨垃圾堆肥过程中，不同接种方式处理组中总磷含量全部呈现显著波动上升的趋势（图 4-16），由于磷在整个堆肥过程中几乎没有损失，因此随着有机质分解，磷被浓缩，故其含量提高[9]。在 CK 中，总磷含量为 5.8～10.9 g/kg，在 CP 处理组中，总磷含量为 7.2～13.7 g/kg，而接种解磷菌复合菌剂的三个处理组总磷含量达到 7.1～18.7 g/kg。在堆肥结束时，不同处理组总磷含量之间存在显著差异（$P < 0.05$），从高到低排序如下：CMP2 > CMP3、CMP1 > CP > CK。造成

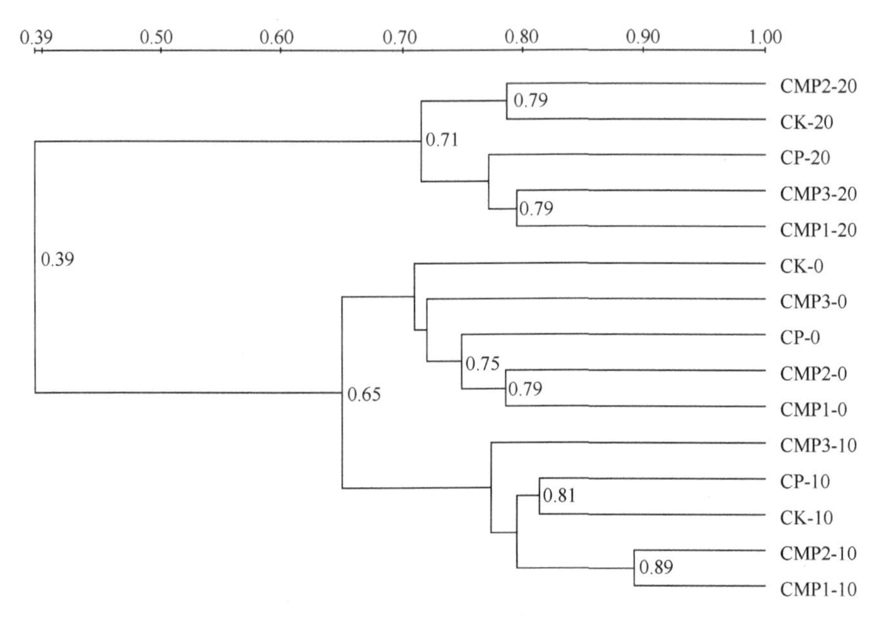

图 4-15　细菌 DGGE 图谱聚类分析

不同处理名称旁边数字代表对应取样天数

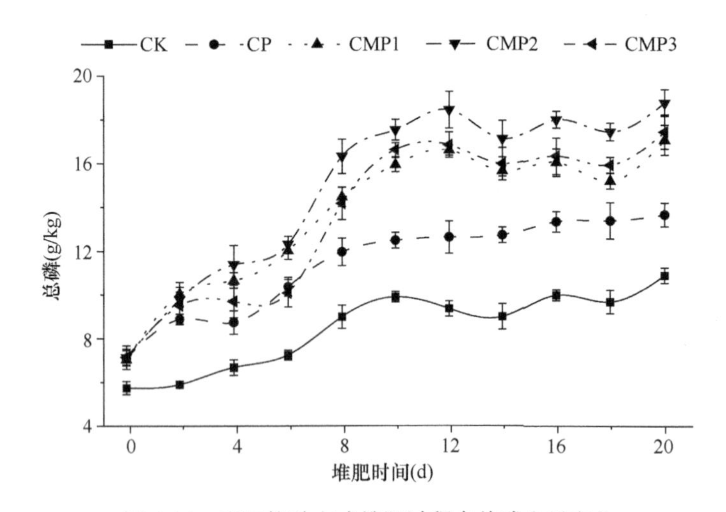

图 4-16　不同接种方式堆肥过程中总磷含量变化

这一结果的主要原因是磷矿粉的添加为堆肥直接贡献了大量的磷组分[10]，即初步达到了制备富磷堆肥的效果，而且解磷菌复合菌剂的接种也促进了堆肥过程中的微生物群落活动，加速了堆肥有机物质降解，提高了磷素富集效果。

不同接种方式下餐厨垃圾堆肥过程中 Olsen 磷含量的变化如图 4-17 所示，作为移动性最强且最易矿化的磷组分，Olsen 磷含量在所有处理组堆肥结束时都远远高出堆肥初期含量（P < 0.05），在 20 d 的堆肥样品中 Olsen 磷含量在 4.2～8.1 g/kg，占总磷含量的 38.2%～43.1%。在堆肥结束时，接种解磷菌复合菌剂的三个处理组中 Olsen 磷含量显著高于 CP 和 CK 组（P < 0.05）。在不同接种方式的餐厨垃圾堆肥过程中，柠檬酸磷含量呈现上升的趋势，与 Olsen 磷的变化趋势相似，如图 4-18 所示，在堆肥结束时柠檬酸磷占总磷的比例要高于 Olsen 磷占总磷含量的比例，平均在 41.4%～52.4%，在 CMP2、CMP3 和 CMP1 中较高，均超过 50%，而在 CK 中最低。此外，观察柠檬酸磷在堆肥过程中的变化可以发现，在堆肥 8～20 d 柠檬酸磷上升更加显著，明显快于 0～8 d，尤其在 CMP3 组增加最为显著，这可能与接种的外源解磷菌的最适温度有关，在高温期以后温度降低，逐渐接近解磷菌剂中解磷菌的最适温度（40℃左右），因此堆肥后期解磷菌溶解磷矿粉的活性可能更强，进而导致柠檬酸磷产生更多。另外，柠檬酸磷与化肥中的植物可利用磷组分有关，该组分包含一部分活性磷和一部分中度活性磷，有研究报道该组分磷素可能在堆肥过程中通过共吸附或形成金属桥参与腐殖酸的形成过程[11,12]，因此，该组分在堆肥后期的大量累积也可能与这个原因有关。

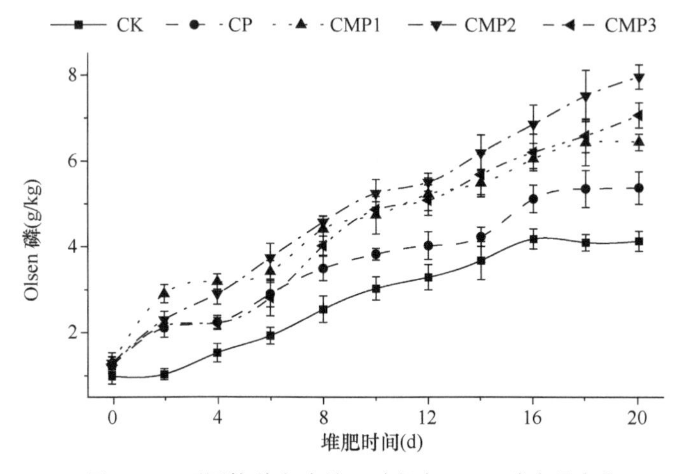

图 4-17　不同接种方式堆肥过程中 Olsen 磷含量变化

在所有处理组堆肥中，作为最容易被生物利用的磷组分[13]，水溶性磷含量从堆肥开始至第 8 天逐渐下降，如图 4-19 所示，然后逐渐上升直至堆肥结束，尤其

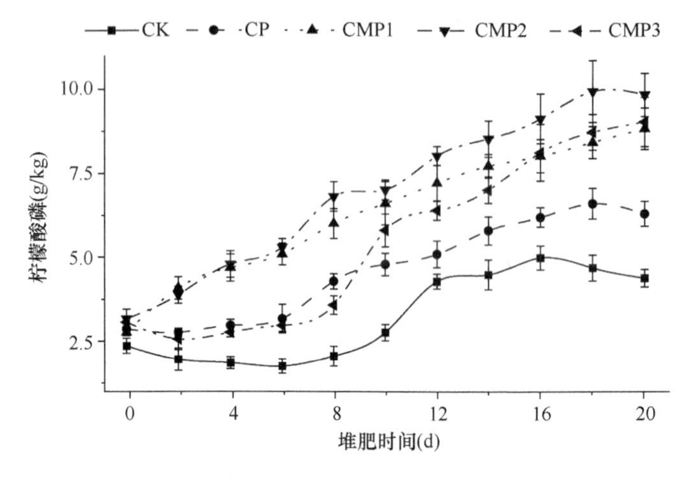

图 4-18 不同接种方式堆肥过程中柠檬酸磷含量变化

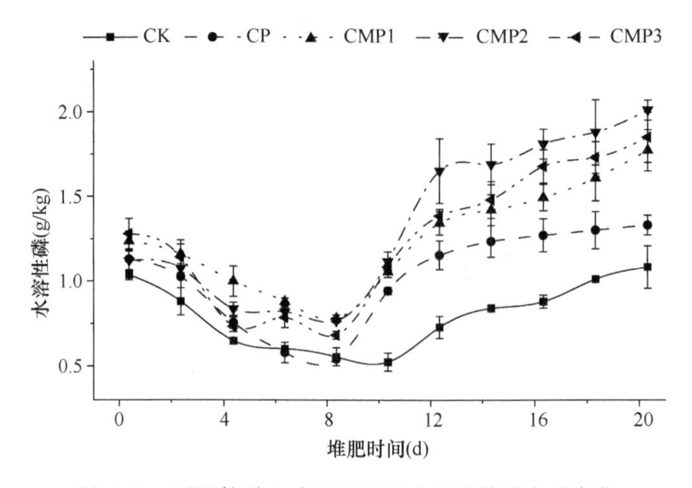

图 4-19 不同接种方式堆肥过程中水溶性磷含量变化

在 CMP2、CMP3、CMP1 和 CP 中增加显著。对比之前细菌 DGGE 图谱的结果，可以发现，在堆肥高温期以后，随着有机质的减少，水溶性磷的增加可能与微生物数量的增长有关，因为微生物需要更多的活性磷以保证其正常的代谢活动。因此，我们猜想正是高温期以后微生物对水溶性磷的需求迫使接种的解磷菌或土著解磷微生物再次释放有机酸或吸收电子产生 H^+，导致堆肥中的难溶性磷矿粉大量溶解。在堆肥第 20 天，CK 中水溶性磷含量最低，仅为 1.07 g/kg，而在 CMP2、CMP3 和 CMP1 中较高，分别为 2.00 g/kg、1.84 g/kg 和 1.76 g/kg，CP 组居中为 1.32 g/kg。在堆肥过程中水溶性磷含量占总磷的比例大幅下降，达到 4.3%～18.3%，表明磷矿粉的添加和接种解磷菌在餐厨垃圾堆肥中仅会提升柠檬酸磷和 Olsen 磷含量，并不会过多改善水溶性磷组分的比例，但通过比较不同处理磷矿粉溶出率

（水溶性磷增量与磷矿粉添加量之比）可以看出，堆肥本身对添加的磷矿粉造成了约 10%的解磷效果，而接菌组的平均溶出率约为 40%，尤其在 CMP2 组最高，说明解磷菌和堆肥本身都对磷矿粉的溶解起到了明显的促进作用。

在不同处理餐厨垃圾堆肥初期和末期，潜在可利用磷（PAP）和不可利用磷（NAP）含量与比例如图 4-20 所示，从 CK 组可以看出，堆肥过程会引起 PAP 的大量升高，因此，所有处理均表现相似的变化和组分分布，这与 Ngo 等的报道一致[14]。在堆肥初期，PAP 在总磷中所占比例低于 NAP，平均为 45.4%，而在堆肥结束时，PAP 已经成为总磷中的主要组分，平均值超过 69%，而稳定性较高的 NAP 组分所占比例则明显降低。在 20 d 的堆肥中，不同处理组之间 PAP 在总磷中的比例差异显著，PAP 组分比例按以下顺序逐渐升高：CK < CP < CMP1、CMP3 < CMP2（$P < 0.05$）。以上研究结果表明，当解磷菌复合菌剂直接接种于餐厨垃圾堆肥时，由于环境相对适宜，营养物质也较为丰富，解磷菌复合菌剂的活性和功能几乎不受抑制；与对照组相比，接种解磷菌复合菌剂显著提高堆肥产品潜在可利用磷含量，可利用磷比例提升约 10%。此外，解磷菌复合菌剂的接种明显促进添加磷矿粉的餐厨垃圾堆肥过程中磷组分的有效转化，尤其是采用堆肥初期和降温期分段接种的方法，与 CP 组相比，磷组分有效转化率提高 34.8%。

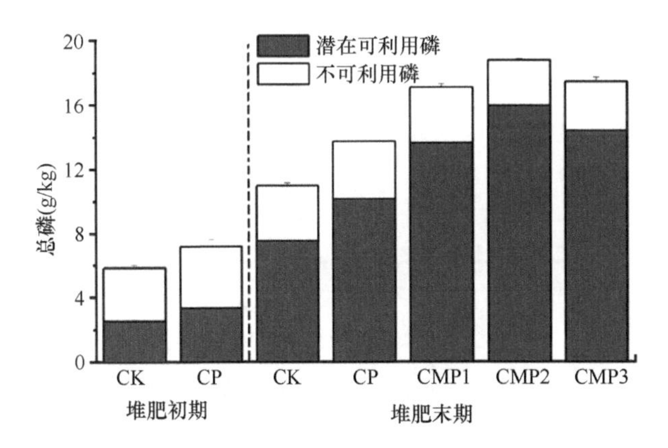

图 4-20　不同接种方式堆肥过程中磷素可利用性变化

4.2.4　不同接种方式对堆肥磷组分、细菌菌群结构的影响

在复杂的堆肥环境中，很多环境变量或潜在因子都可能演示解磷菌复合菌剂接种对堆肥过程的影响。因此，基于微生物群落与磷形态变化的响应关系[15,16]，我们采用冗余分析方法首先去分析磷矿粉添加和解磷菌接种对细菌多样性的影响，然后再找出堆肥过程中细菌群落变化的主要外界控制因子，结果如图 4-21 所示。结合表 4-5，可以看出，前 4 个排序轴总共解释了 42.32%的细菌群落组成变

化以及 97.89%的细菌种群-环境变量关系。本研究所选择的 5 个外部处理因素一共解释了 42.32%的总特征值。手动选择的分析结果表明，磷素的添加（$F = 3.6$，$P = 0.008$）和解磷菌的接种（$F = 2.9$，$P = 0.020$）对堆肥过程中细菌群落结构演替具有显著作用。之前有很多研究表明不同菌剂接种堆肥对土著微生物群落会产生不同的影响，可能存在协同共生或抑制作用[17,18]，而关于高磷添加对细菌群落的影响一直是环境领域关注的热点问题之一，但是目前仅在土壤中研究表明高磷添加可能促进微生物活性和呼吸作用[19]，而其在堆肥过程中鲜有报道。方差分解分析可以计算出不同接种方式对物种群落变化的影响大小及显著性，结果表明，在堆肥初期和降温期两次接种的方式会对堆肥细菌群落组成造成极显著影响，单独解释了 19.6%（$F = 6.8$，$P = 0.004$）的细菌种群变化。以上外界控制因素可以

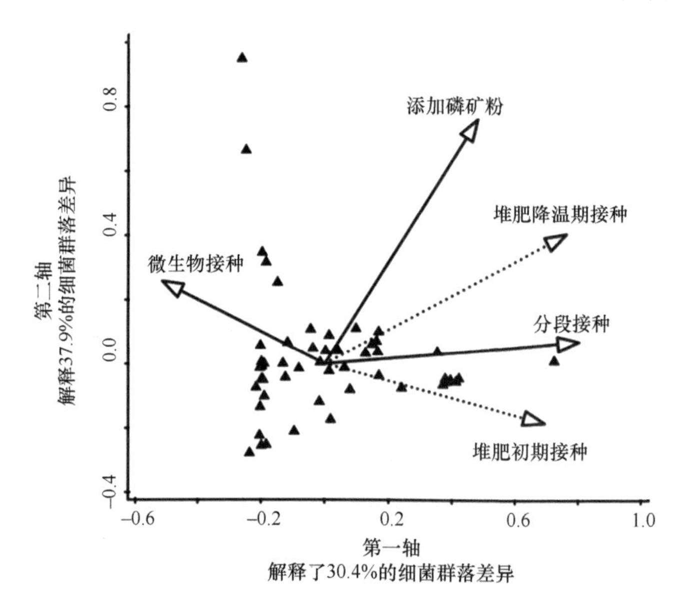

图 4-21　基于不同接种方式下餐厨垃圾堆肥细菌群落组成和处理的冗余分析

图中实心三角代表 DGGE 不同条带，显著影响细菌群落的因子用实线表示（$P < 0.05$）

表 4-5　基于不同接种方式下餐厨垃圾堆肥过程中细菌 DGGE 图谱的冗余分析

轴	特征值	典范相关性	可解释的变化（累积）（%）	修正后可解释变化（累积）（%）	所有典范特征值
轴 1	0.3043	0.7394	30.43	70.39	0.4232
轴 2	0.0796	0.8828	38.39	88.80	
轴 3	0.0225	0.7672	40.64	94.00	
轴 4	0.0168	0.8163	42.32	97.89	

注：蒙特卡洛检验的所有特征值之和为 1.000；第一轴显著性：$F = 10.5$，$P = 0.004$；所有典范轴（canonical axis）的显著性检验：$F = 3.7$，$P = 0.002$

在较大程度上解释不同接种方法堆肥过程中细菌生物量和多样性的差异，因此，调控堆肥过程中外界因子对优化有机固废堆肥过程中细菌的降解及磷素转化活性，进而制备富磷高效堆肥产品具有重要意义。

本研究为探究不同接种方式处理下细菌群落组成的演替趋势，同时明确堆肥过程中磷素可利用性对细菌群落变化的影响，结合主成分分析（principal component analysis，PCA）与基于距离的冗余分析（distance-based redundancy analysis，db-RDA），既可以利用非约束排序分析图看出物种数据整体的情况，又可以采用约束排序对环境因子加权，在已有的磷指标（环境因子）基础上寻找最好的解释变量，并将排序的结果在排序图上一并展示出来。如图 4-22 所示，第一主成分轴和第二主成分轴一共解释了堆肥细菌种群数据的 84.06%的变异量，不同接种方式下细菌种群组成在堆肥过程中处于显著动态变化的过程，根据样品的来源和取样时间的差异，在 db-RDA 的排序图中将 15 个样品散点分为三类：堆肥初始时的 5 个样品（0 d）为第一聚类；10 d 的样品为第二聚类；堆肥结束时的样品为第三聚类。不同处理同一堆肥阶段的样品属于一类，说明其细菌群落组成相似。此外，如表 4-6 所示，手动分析结果表明这些堆肥细菌种群的动态变化与 TP 和柠檬酸磷极显著相关（$P < 0.01$）。方差分解分析结果表明 PAP 是影响堆肥细菌群落

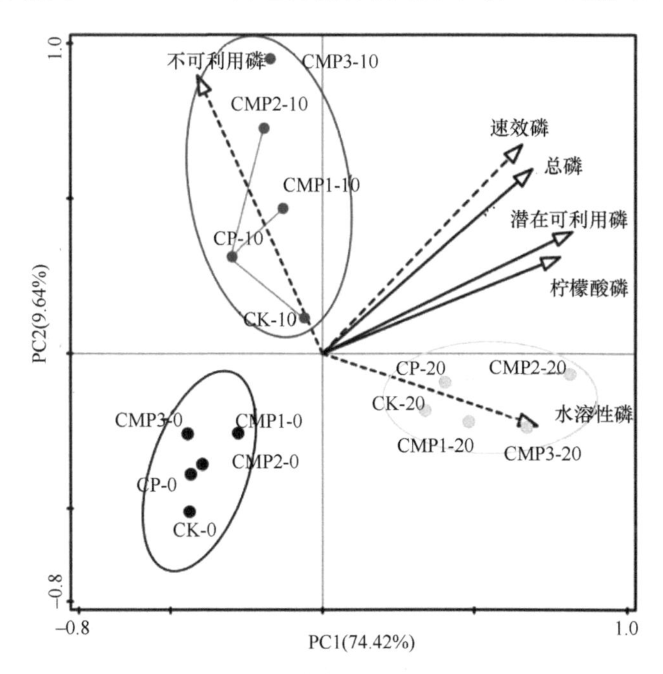

图 4-22　基于堆肥细菌群落组成和磷组分结合主成分分析的二维排序图

显著影响细菌群落组成的磷指标（$P < 0.05$）用实线表示，虚线表示的指标为不显著相关因子，图中圆点代表不同处理组堆肥过程中的样品，菌群结构相似的样品属于同一类群并在同一椭圆内

表 4-6　基于磷组分有效性的细菌 DGGE 的方差分解分析

因子	解释变化量比例（%）	贡献率（%）	F 值	P 值
PAP	45.6	59.5	23.5	0.002
TP	18.8	24.5	14.3	0.004
CAP	7.4	9.7	6.8	0.004

注：PAP 代表潜在可利用磷，TP 表示总磷，CAP 表示柠檬酸磷

结构变化的最关键磷素驱动因子，可以解释种群组成变化的 45.6%。而在本次研究的分析中，Olsen 磷和水溶性磷对细菌群落组成的影响相对较弱，因此，PAP 这个评价磷素生物潜在可利用性的新指标可能对堆肥过程中的土著微生物群落和接种的解磷菌有持续的动态影响，间接限制具有潜在解磷能力的微生物，使其难以表现解磷特征和解磷能力。

根据 Siciliano 等[13]的研究发现，多维变量图谱中不同样品散点之间的连线与代表环境因子的射线之间的夹角也具有一定的生物学意义。本研究将这种方法用于解释磷素可利用性、细菌群落变化和接种方式之间的响应分析中，可以看出，基于接种方式差异的不同处理组会对菌群变化产生不同的影响。观察 CMP1-10 与 CP-10 的连线以及 CMP2-10 与 CP-10 的连线可以看出，在堆肥初期，解磷菌接种量越多，其与 PAP 变化方向（即图 4-22 所示的射线）所在直线的夹角越小；相反，观察 CMP3-20 与 CP-20 的连线以及 CMP2-20 和 CP-20 的连线可以看出，在堆肥降温期，解磷菌的接种量越多，其与 PAP 变化方向（即图 4-22 所示的射线）所在直线的夹角越大，趋向于垂直。在对多维排序图谱的解读中，通常两条直线的夹角越小，两个指标的相关性越大[19-21]，因此，可以说明在堆肥初期和降温期接种解磷菌复合菌剂都可以通过改变堆肥微生物群落而影响 PAP，只不过在堆肥初期 PAP 较少，需要更多的解磷菌接种以提高 PAP 含量，同时在堆肥初期有机营养物质相对丰富，微生物多样性也相对较高，接种的解磷菌会与土著细菌产生较大的竞争作用，而在堆肥降温期 PAP 相对积累，对解磷菌的解磷表型需求降低，同时堆肥后期微生物受高温期的影响，多样性会受到抑制，此时接种解磷菌与土著微生物发生竞争作用的概率也会降低。另外，考虑到磷素形态也会对细菌解磷强度和发生率有所影响[22]，堆肥降温期后积累的较高含量的 PAP 可能会通过负反馈调节机制抑制解磷菌的生长和解磷作用。因此，优化的分段接种技术应该是在堆肥初期提高解磷菌的接种量，而在堆肥后期降低解磷菌的接种量，这样的接种方法才有可能进一步提高接种效率，提升堆肥过程中难溶性磷矿粉的溶解和利用率。这种新颖的多维排序图谱分析角度也可以应用于对不同接种剂接种效果的预估，并为优化堆肥接种策略提供理论依据。

4.3　基于生物强化手段调控堆肥磷素利用率

在堆肥磷素的生物转化过程中，微生物尤其是解磷微生物扮演着重要的角色[21]。根据前期研究基础，我们提出通过改善堆肥微环境，调控堆肥环境因子，如温度、总有机碳（TOC）等指标，可以刺激一些土著关键解磷菌，引起可利用磷组分的累积[23]，如图 4-23 左侧模式图所示。而本研究通过对添加磷矿粉的餐厨垃圾堆肥进行生物炭添加处理和解磷菌接种处理试验，发现 4 组堆肥处理（未进行外源添加堆肥对照组、解磷菌接种堆肥试验组、生物炭添加堆肥试验组和解磷菌、生物炭共同添加堆肥试验组）的理化指标、磷组分组成及细菌多样性存在显著差异，生物炭的添加增加了餐厨垃圾堆肥初期的 TOC 含量，延长了堆肥高温期时间，成功调控了堆肥中与 AP 相关的关键解磷菌，最终，与 CP 组比较明显改善了 AP

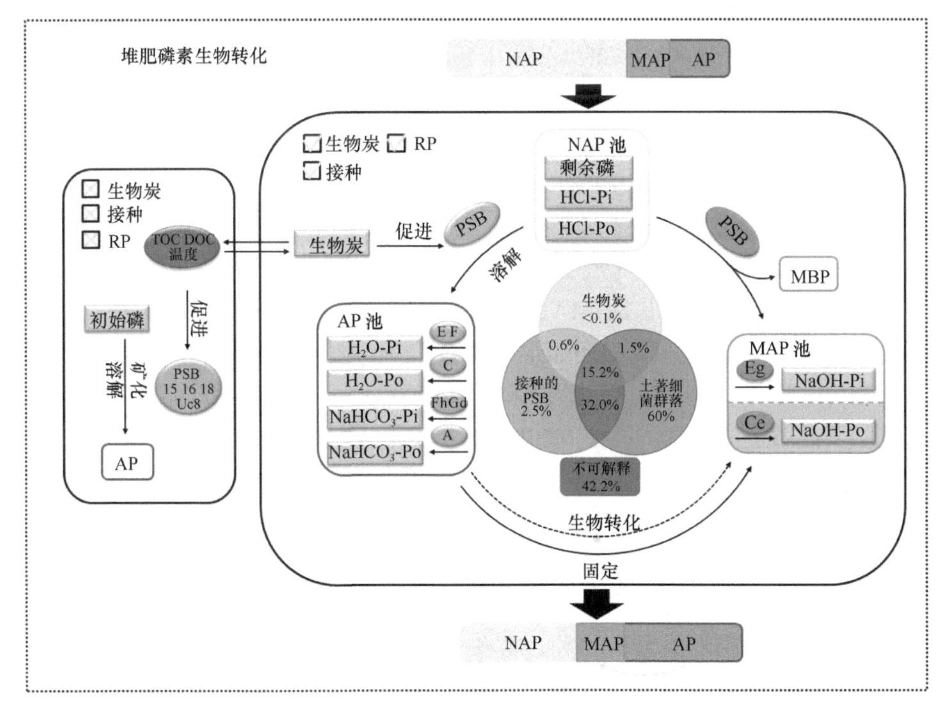

图 4-23　在添加生物炭和磷矿粉的堆肥过程中解磷细菌参与磷素生物转化的模式图

椭圆中的字母（E、F、C、h、G、d、A、e）代表细菌 DGGE 图谱中的优势条带，与表 6-3 对应。左侧模式图是关于调控土著关键解磷菌和相关环境因子以改善磷组分组成的研究部分（见 3.4 部分）；椭圆框内的 15、16、18 代表解磷菌 DGGE 图谱中的优势条带，与表 3-6 对应；Uc8 代表相对丰度较低且未测序但可被 QuantityOne 软件识别的条带。磷矿粉（RP）、中度可利用磷（MAP）、不可利用磷（NAP）、可利用磷（AP）、总有机碳（TOC）、水溶性有机碳（DOC）、解磷菌（PSB）、微生物量磷（MBP）、水溶性无机磷（H_2O-Pi）、水溶性有机磷（H_2O-Po）、碳酸氢钠无机磷（$NaHCO_3$-Pi）、碳酸氢钠有机磷（$NaHCO_3$-Po）、氯化氢无机磷（Hcl-Pi）、氯化氢有机磷（Hcl-Po）、氢氧化钠无机磷（NaOH-Pi）、氢氧化钠有机磷（NaOH-Po）

的比例和含量，这间接证明了之前所提出的调控堆肥微环境影响磷组分的可行性。然而，堆肥中添加磷矿粉虽然提高了磷含量，改善了磷矿粉的利用率，但是堆肥产品中如果形成过多的活性磷组分，将其施入土壤后，仍然会导致土壤磷含量过高，超出作物需求范围，并发生磷的固定或淋失[9]，与畜禽粪便等废弃物堆肥直接施入的效果类似。另外，解磷特征是解磷微生物的一种潜在表型，可能对磷素的不同形态或生物可利用性存在对应的负反馈作用[24]，即如果不考虑总磷含量，如果 AP 超出微生物吸收利用的阈值，为了维持堆肥中液相物质的磷素流动平衡，解磷微生物对磷组分的迁移能力或对难溶性磷酸盐、磷矿粉的溶解速率就会降低甚至停止，而可以吸收利用游离磷酸盐的微生物由于受其他营养源的限制不会提高对 AP 的吸附利用，因而，相对降低了 MBP 组分的比例，也抑制了解磷微生物的解磷效率。因此，为优化堆肥磷组分的调控策略，还需关注如何稳定堆肥过程中形成的过量可利用磷、精确控制 AP 的形成步骤，并最终改善添加磷矿粉的富磷堆肥产品的长效肥力。

在土壤研究中，磷的循环可以分为生物循环过程和地球化学循环过程[15]，而堆肥过程中磷素分布及可利用性变化主要是磷的生物转化过程，主要受细菌和真菌的降解、矿化和固定所影响，如图 4-23 所示。微生物量磷（MBP）是存于微生物体内的有机态磷，可以在长期的生物代谢过程中被缓慢释放，而释放的磷素可以被作物直接吸收利用，因此，MBP 的形成可以有效控制磷素被快速固定[9,18]。而中度可利用磷（MAP）包含结合在腐殖质和一些有机配体上的磷素形态，也可以通过生物转化过程被缓慢释放，尤其是 MAP 中的有机磷组分即 NaOH-Po，包含富里酸磷（fulvic acid-Po）和胡敏酸磷（humic acid-Po），经矿化过程可以持续释放 AP，被作物长期利用[9,13,17]。因此，基于 MAP 和 MBP 磷组分的特性，在堆肥过程中控制与其相关的关键微生物群落，调控 MBP 和有机态 MAP 的形成对稳定过量的 AP、提高解磷效率具有重要意义。但是，稳定 AP 的可持续产生单纯依靠解磷细菌的功能还难以实现，还需要结合其他的磷素生物转化过程和地球化学过程。

基于 MAP 和 MBP 磷组分的特性以及堆肥过程中不同关键解磷细菌的状态，进一步优化堆肥磷组分分布调控策略[16]。如图 4-23 所示，堆肥过程中一部分关键解磷菌与 AP 组分的形成紧密相关，如条带 A、E 和 F 等，它们在堆肥过程中扮演着“有效磷生产者”的角色，而生物炭的添加恰恰可以促进这些关键解磷菌发挥作用。与 MAP 有机组分显著正相关的条带 C 和 E 则可以扮演“MAP 生产者”的角色。另外，环境因子中，生物炭的添加、香农-维纳多样性指数（H'）和 MBC 与条带 E 负相关。因此，在堆肥初期和高温期，补充碳源可以促进 AP 的形成，而在堆肥后期，随着有机质的减少，MBC 含量和细菌 H' 也逐渐降低，条带 E 的丰度可能逐渐升高，并成为一类优势菌属，进而有助于稳定态的 NAP 向有机态 MAP 转化。最终，在保证堆肥产品可以提供足够可利用磷的同时，也在堆肥产品中积累了大量的中度可利用但可以缓释的磷组分，提高了堆肥产品的长期供磷效力，改善了堆肥磷素利用率。

4.4 小　结

接种解磷菌复合菌剂的餐厨垃圾堆肥试验表明，与不做任何添加的对照组和添加磷矿粉的处理组相比，从磷含量来看，解磷菌复合菌剂能显著增加堆肥中可利用的磷组分含量和比例，从微生物指标和 DGGE 图谱来看，接种解磷菌复合菌剂改善了堆肥微生物数量和细菌群落多样性。从不同接种方法堆肥结果的对比来看，在堆肥初期和降温期分段接种比堆肥过程中单次接菌接种的效果明显提高。从多维排序图谱中可以解读出堆肥过程中合适的解磷菌复合菌剂接种量和接种方法，即分段接种解磷菌复合菌剂，在堆肥初期提高解磷菌的接种量而在堆肥后期降低解磷菌的接种量，可以明显提高堆肥过程中磷矿粉的溶解效果和利用率，这种新的排序图解读方法也可应用于对不同菌剂应用效果的预估，便于优化堆肥过程中不同菌剂的高效使用。本研究提出了提升堆肥磷素生物固定的建议，对减少堆肥过程中过高含量的潜在可利用磷对解磷微生物的抑制作用和进一步提升堆肥过程中磷素转化及长期利用率具有重要意义。

主要参考文献

[1] 魏自民, 王世平, 席北斗, 等. 生活垃圾堆肥对难溶性磷有效性的影响[J]. 环境科学, 2007, 28(3): 679-683.

[2] 尹瑞龄, 许月蓉, 顾希贤. 解磷接种物对垃圾堆肥中难溶性磷酸盐的转化及在农业上的应用[J]. 应用与环境生物学报, 1995, 1(4): 371-378.

[3] 赵越, 赵霞, 侯佳奇, 等. 耐高温解无机磷菌的解磷特性及生长动态研究[J]. 东北农业大学学报, 2013, 44(8): 64-69.

[4] Chen Y P, Rekha P D, Arun A B, et al. Phosphate solubilizing bacteria from subtropical soil and their tricalcium phosphate solubilizing abilities[J]. Applied Soil Ecology, 2006, 34(1): 33-41.

[5] 李鸣晓, 席北斗, 魏自民, 等. 耐高温解磷菌的筛选及解磷能力研究[J]. 环境科学研究, 2008, 21(3): 165-169.

[6] Wei Y, Zhao Y, Wang H, et al. An optimized regulating method for composting phosphorus fractions transformation based on biochar addition and phosphate-solubilizing bacteria inoculation[J]. Bioresource Technology, 2016, 221: 139-146.

[7] Bergkemper F, Schoeler A, Engel M, et al. Phosphorus depletion in forest soils shapes bacterial communities towards phosphorus recycling systems[J]. Environmental Microbiology, 2016, 18(6SI): 1988-2000.

[8] Wang X, Cui H, Shi J, et al. Relationship between bacterial diversity and environmental parameters during composting of different raw materials[J]. Bioresource Technology, 2015, 198: 395-402.

[9] Wei Y, Zhao Y, Xi B, et al. Changes in phosphorus fractions during organic wastes composting from different sources[J]. Bioresource Technology, 2015, 189: 349-356.

[10] Nishanth D, Biswas D R. Kinetics of phosphorus and potassium release from rock phosphate and waste mica enriched compost and their effect on yield and nutrient uptake by wheat (*Triticum aestivum*)[J]. Bioresource Technology, 2008, 99(9): 3342-3353.

[11] Borggaard O K, Raben-Lange B, Gimsing A L, et al. Influence of humic substances on phosphate adsorption by aluminium and iron oxides[J]. Geoderma, 2005, 127(3-4): 270-279.

[12] Cheng W P, Chi F H, Yu R F. Effect of phosphate on removal of humic substances by aluminum sulfate coagulant[J]. Journal of Colloid and Interface Science, 2004, 272(1): 153-157.

[13] Siciliano S D, Chen T, Phillips C L, et al. Total phosphate influences the rate of hydrocarbon degradation but phosphate mineralogy shapes microbial community composition in cold-region calcareous soils[J]. Environmental Science & Technology, 2016, 50(10): 5197-5206.

[14] Ngo P T, Rumpel C, Ngo Q A, Xet al. Biological and chemical reactivity and phosphorus forms of buffalo manure compost, vermicompost and their mixture with biochar[J]. Bioresource Technology, 2013, 148: 401-407.

[15] Mander C, Wakelin S, Young S, et al. Incidence and diversity of phosphate-solubilising bacteria are linked to phosphorus status in grassland soils[J]. Soil Biology and Biochemistry, 2012, 44(1): 93-101.

[16] Wei Y, Wei Z, Cao Z, et al. A regulating method for the distribution of phosphorus fractions based on environmental parameters related to the key phosphate-solubilizing bacteria during composting[J]. Bioresource Technology, 2016, 211: 610-617.

[17] Xi B, He X, Dang Q, et al. Effect of multi-stage inoculation on the bacterial and fungal community structure during organic municipal solid wastes composting[J]. Bioresource Technology, 2015, 196: 399-405.

[18] Zhao Y, Lu Q, Wei Y, et al. Effect of actinobacteria agent inoculation methods on cellulose degradation during composting based on redundancy analysis[J]. Bioresource Technology, 2016, 219: 196-203.

[19] Malik M A, Marschner P, Khan K S. Addition of organic and inorganic P sources to soil—effects on P pools and microorganisms[J]. Soil Biology and Biochemistry, 2012, 49: 106-113.

[20] Chen Y, Zhou W, Li Y, et al. Nitrite reductase genes as functional markers to investigate diversity of denitrifying bacteria during agricultural waste composting[J]. Applied Microbiology and Biotechnology, 2014, 98(9): 4233-4243.

[21] Chang C, Yang S. Thermo-tolerant phosphate-solubilizing microbes for multi-functional biofertilizer preparation[J]. Bioresource Technology, 2009, 100(4): 1648-1658.

[22] Gama-Rodrigues A C, Sales M, Silva P, et al. An exploratory analysis of phosphorus transformations in tropical soils using structural equation modeling[J]. Biogeochemistry, 2014, 118(1): 453-469.

[23] Khan K S, Joergensen R G. Changes in microbial biomass and P fractions in biogenic household waste compost amended with inorganic P fertilizers[J]. Bioresource Technology, 2009, 100(1): 303-309.

[24] Iglesias-Jimenez E, Perez-Garcia V, Espino M, et al. City refuse compost as phosphorus source to overcome the P fixation capacity of sesquioxide rich soils[J]. Plant and Soil, 1993, 148(1): 115-127.

第 5 章　解磷微生物富集及解磷调控机制

5.1　传代过程中解磷量及 pH 变化

复合解磷菌剂进行了 10 次传代，在传代过程中水溶性磷（WBP）、微生物量磷（MBP）以及 pH 的变化如图 5-1 所示。从图 5-1 中可以看出，水溶性磷的含量呈现先降后升的趋势，到第 10 代，水溶性磷含量达到最大值，为 375.51 μg/mL，第 1 代水溶性磷含量多的原因是牛粪浸提液中含有较高浓度的水溶性磷。微生物量磷在传代过程中呈现持续升高的趋势，当传代培养进行到第 10 代时达到最大值，为 376.46 μg/mL。pH 的变化趋势为先升后降，在 1～4 代出现明显的上升，随后在 4～7 代出现急速下降，在 7～10 代继续缓慢下降，在第 10 代达到最低值，为 4.18。以上结果表明，解磷菌剂能够不断产生大量有机酸，释放 H^+，提升培养基的酸性，降低 pH。通过比较 7～10 代与 4～7 代两阶段 pH、水溶性磷和微生物量磷的变化，结果发现 7～10 代这三个指标的变化波动较小，表明在这段时间培养基中微生物的群落结构趋于稳定。同时，还可以看出，在传代过程中 pH 随着解磷量的升高而逐渐降低，由此可见，解磷微生物通过产生大量的有机酸，降低液体培养基的 pH，促进难溶性磷向有效磷（水溶性磷）的转化，进而达到较好的解磷效果。

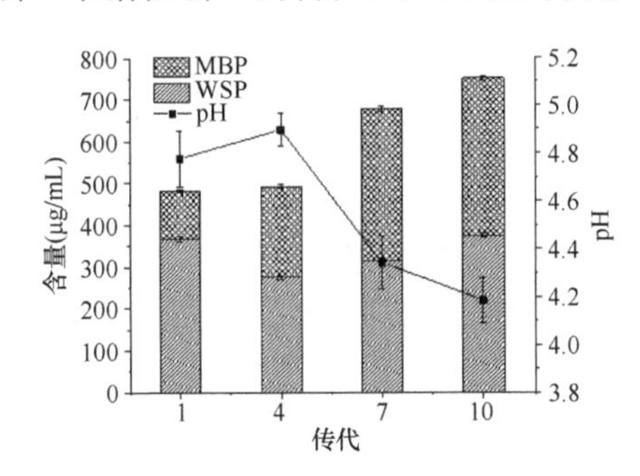

图 5-1　传代过程中解磷菌剂水溶性磷、微生物量磷及 pH 变化

5.2　堆肥过程中理化指标的变化

5.2.1　堆肥过程中温度的动态变化

堆肥过程中的温度变化是影响堆肥微生物活动的因素，也是影响堆肥质量的重

要因素之一，堆体温度的变化可直接表征堆肥进程的快慢[1]。研究表明，通过在堆肥的升温期接种外源微生物可以提高堆体的温度。另外，延长堆体的高温期，可以加快堆肥的进程，提高堆肥的效率[2]。堆肥过程中温度的变化趋势如图 5-2 所示。各处理组中堆肥的温度为 30～60℃，且各组变化趋势基本一致。在堆肥的初期（0～5 d），堆体温度呈现上升趋势，在第 5 天迅速达到峰值，这可能是由于餐厨垃圾中含有大量易降解有机物质，如糖类、蛋白质和脂肪等，在堆肥初期，有机质被微生物迅速降解，产生大量的热量，进而提升了堆体的温度。随后，堆体温度逐渐降低，在第 13 天温度降到 45℃，然后温度再次上升，在第 16 天堆体温度达到第二个峰值。堆体温度二次上升的原因主要是与堆肥的二次发酵有关。16 d 以后堆体温度再次下降，到第 40 天温度降为 30℃。虽然温度的总体变化趋势相同，但是不同的接种方式组和对照组之间仍然存在一定差异。在 0～7 d，CMP1、CMP3 的温度略高于其他组，这可能与 CMP1（堆肥前期接种）和 CMP3（堆肥前期和后期接种）组在前期接种解磷菌剂有关，外源解磷菌剂的加入增加了堆肥过程中微生物的总体数量，提高了微生物的活性，导致这两组所产生的热量明显高于其他处理组，而在堆肥其他阶段，温度与其他处理组相似，原因可能是前期接种的微生物由于高温及微生物间竞争等因素不再适应堆肥环境。堆肥 17～40 d，CMP2 和 CMP3 的温度要高于其他处理组，其中 CMP2 的温度最高，主要原因可能是后期接种外源微生物避免了高温阶段对微生物的抑制作用，同时又减少了自身与其他微生物间的竞争作用，此外由于外源微生物的接种，增加了堆体微生物中的菌体数量，提高了微生物代谢活力，提高了堆体温度。以上结果说明，堆肥成功接种外源菌剂能够有效提高堆肥的温度，后期接种对堆肥温度的提升效果最好。

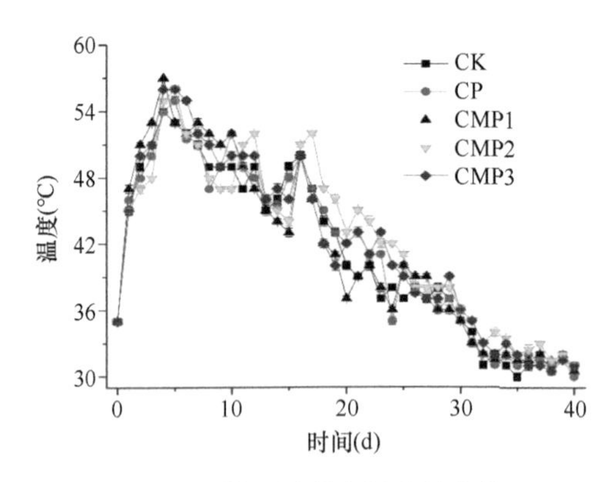

图 5-2　堆肥过程中温度的变化

5.2.2　堆肥过程中 pH 的动态变化

pH 是反映堆肥进程的重要理化参数之一。随着堆肥反应的进行，堆肥 pH

随着温度的变化而有所改变，同时也因堆肥的物料组成、微生物活性而有所差异。好氧堆肥反应主要是在微生物的作用下发生的，而 pH 的变化能够很好地反映微生物的生命活动，同时又对微生物的生命活动及功能产生反作用，影响堆肥进程。图 5-3 为堆肥过程中 pH 的变化，结果表明，在堆肥过程中餐厨垃圾的 pH 产生由酸到碱的变化趋势，总体变化保持在 4.5～8.0。堆肥初期（0～10 d），堆体内含有大量的糖类、蛋白质和脂肪等有机物质，微生物可利用丰富的营养物质进行分解代谢，加速生长繁殖，产生并积累大量有机酸，致使在堆肥的前 10 d 出现 pH 下降的现象，并持续较长时间。有机物质经过这段时间的消耗后，堆肥 pH 不再下降反而出现上升的趋势，并持续到堆肥结束。其主要原因是微生物经过前期的大量生长繁殖，有机物质的供应不能满足其需求，微生物开始以这些有机酸为养料。随着温度的升高，有机酸被逐渐分解、吸收利用，同时硝态氮和胺类等碱性物质逐渐生成并积累，堆肥的碱性逐渐增强，pH 逐渐升高，最终维持在 7.8 左右[3]。在堆肥 0 d，CK 组的 pH 要明显低于其他组，可能是由于餐厨垃圾本身呈酸性，当向其中添加磷酸三钙后，餐厨垃圾中的弱酸性有机酸与磷酸三钙发生反应，减弱了餐厨垃圾的酸性，导致 pH 升高。在堆肥第 17～30 天，CMP2 和 CMP3 组的 pH 要明显低于其他三组，这可能是由于堆肥后期（第 12 天）接种的外源解磷菌复合菌剂释放了一定量的有机酸，增加了堆肥的酸性。在堆肥后期，CMP1 的 pH 未明显低于其他处理组，可能是由于前期接种的微生物未能在堆肥进程中很好地发挥产酸功能。因此，堆肥 pH 更容易受后期接种的解磷菌复合菌剂的影响。

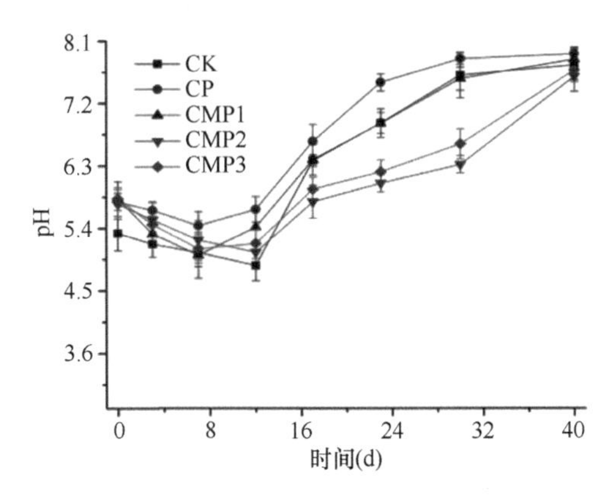

图 5-3　堆肥过程中的 pH 变化

5.2.3　堆肥过程中总酸度的动态变化

虽然 pH 常作为测定微生物对磷组分影响的一个重要指标，但是由于 pH 都用湿样进行测定，与总酸度（TA）相比，pH 仅用于测定已电离的氢离子的浓度，而总酸度则能表征已电离和未电离的氢离子浓度之和，仅以 pH 作为分析磷组分影响变化的重要参数仍有一定的局限性。章永松等[4]发现有机肥培肥土壤过程中，土壤中磷组分被活化的数量、微生物数量、培养基中解磷量和总酸度之间具有显著或极显著相关性，其中以总酸度和其他变量间的相关性最为显著。因此，本试验对堆肥过程中总酸度的变化进行了测定，结果如图 5-4 所示。

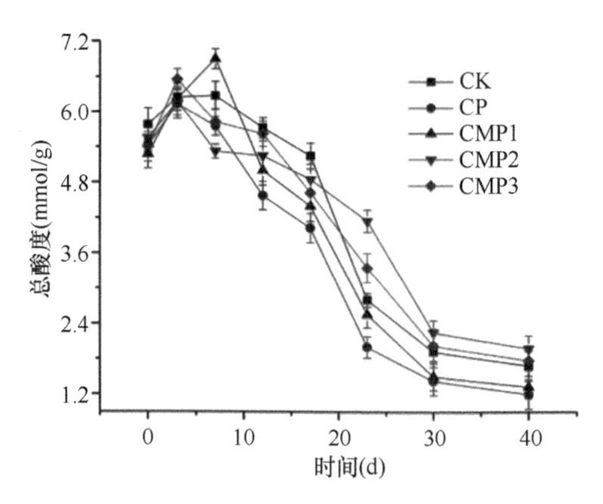

图 5-4　堆肥过程中总酸度的变化趋势

结果显示，在堆肥过程中，总酸度的变化为 1.2～7.2，CK 组的变化幅度最小，CP 组的变化幅度最大，这可能与堆肥中磷酸三钙的添加有关。在堆肥的 0～3 d，总酸度呈现上升的趋势，这与 pH 的结果相对应（趋势图相反），说明此时有机酸逐渐产生并积累，同时 CMP1 和 CMP3 的总酸度要略高于其他处理组，说明前期接种的解磷微生物释放了较多有机酸，CMP1 的总酸度在第 7 天达到了峰值，而其他处理组在第 3～7 天呈现下降趋势，可能的原因是高温使有机酸分解，数量减少，而 CMP1 组中接种的微生物继续发挥作用，有机酸的释放量大于分解量，CMP3 组与 CMP1 趋势相似可能是由于单阶段微生物接种量较小，有机酸释放量小于分解量。在堆肥的 7～40 d，总酸度呈现逐渐下降的趋势，同样与 pH 的变化结果对应，这可能与有机酸的分解转化及胺类物质的产生有关。在堆肥的 17～30 d，CMP2 和 CMP3 组的总酸度要明显高于其他处理组，这与 pH 的变化相对应，说明后期接种的复合菌剂在堆肥后期发挥了作用，产生了大量有机酸；CMP1 组未出现类似变化的原因可能是前期接种的外源微生物经过高温阶段，微生物群落结构发生了变化，产生的有机酸大量减少，导致酸度降低。以上结果说明接种外源微生物能有效分解有机物质，产生有机酸，但前期接种的复合菌剂在经过高温期后部分菌体失去活性，在后期不能产生大量有机酸，使总酸度降低，而后期接种的解磷菌复合菌剂由于没有经过高温的抑制，同时减少了与堆肥中土著微生物的竞争，菌体能够更好地适应堆肥环境，释放出了大量有机酸，延缓了总酸度的下降。

5.3 堆肥过程中磷组分的变化趋势

5.3.1 总磷的动态变化

在堆肥过程中总磷（TP）含量的变化如图 5-5 所示，随着堆肥进程，总磷的含量呈现先降后升的趋势。在堆肥初期（0～3 d），总磷含量出现一定程度的下降，其中 CP 和 CMP2 组下降幅度较大，下降约 5 g/kg；CMP1 和 CMP3 组次之，下降约 2 g/kg；CK 下降最小，下降约 1 g/kg。总磷下降的原因可能是堆肥初期有机质含量丰富，蛋白质、糖类等物质含量较高，各种微生物迅速生长，固碳、固氮速率高，碳氮含量升高，导致总磷比率下降。在堆肥高温期及降温期，磷含量逐渐上升，上升的主要原因是堆肥物料中含有大量有机质，随着堆肥的进行而逐渐降解，干重逐渐降低，导致总磷所占比率上升[5]。堆肥结束时，不同处理组中总磷含量有所差别，但是 CMP2 和 CMP3 组高于其他处理组，CMP2 的总磷含量达到 32.21 g/kg，CMP3 次之，总磷含量达到 30.00 g/kg；CMP1 和 CP 的含量相类似，均低于 CMP2 和 CMP3，约为 26 g/kg，其中 CMP1 略低于 CP。CK 总磷含量最低，仅有 10.56 g/kg。

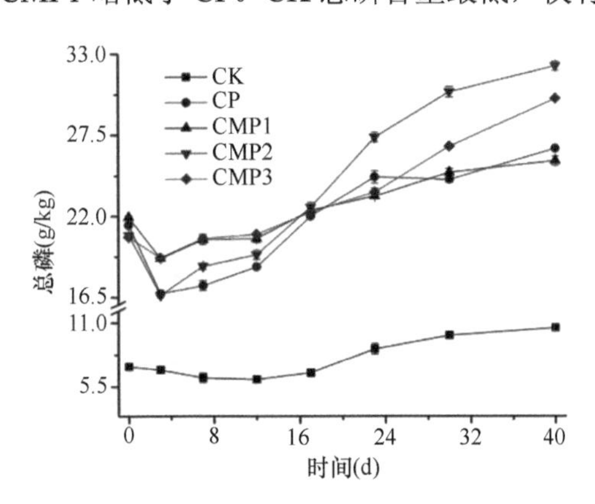

图 5-5 堆肥过程中总磷含量的变化

堆肥过程中，总磷含量均呈现一定幅度的提升，提升幅度依次为 CMP2 > CMP3 > CP > CMP1 > CK。其中 CMP2 由最初的 20.71 g/kg 提高到了 32.21 g/kg，提升程度为 11.5 g/kg；CMP3 次之，总磷含量提高了 9.41 g/kg，而 CMP1 和 CP 组总磷含量分别提高了 3.85 g/kg、5.22 g/kg；CK 组总磷含量提高了 3.33 g/kg。结果表明，磷酸三钙的加入能有效提升堆肥中的总磷含量，可能的原因是添加的磷酸三钙加速了有机质的降解，提高了堆肥的效率。同时，CMP3 组和 CMP2 组中总磷含量提升幅度较大的原因是外源解磷微生物的接种促进了堆肥后期微生物的活动，加速了有机质的降解，最终导致总磷含量的提升高于其他处理组；CMP1组总磷含量低于CMP2和CMP3组的原因可能是前期接种的复合菌剂未完全适应复杂的堆肥环境，而堆肥后期成功接种的解磷菌复合菌剂加速了有机质的降解，有效提高了堆肥中的总磷含量，说明后期接种复合菌剂更容易适应堆肥环境，使其成为优势菌体，加速堆肥反应进程，提升总磷的含量。

5.3.2 有机磷的动态变化

堆肥过程中有机磷（OP）含量的变化趋势如图5-6所示。总体而言，在堆肥的升温期和高温期（0～12 d），堆肥中有机磷含量的变化波动较小，仅出现小幅上升，不同处理组之间有机磷含量差异不显著。在12～30 d，各处理组中有机磷含量均出现明显的上升，并在30 d达到峰值。从30 d到堆肥结束，不同处理组中有机磷含量都出现一定的下降，但是下降的程度因处理不同而产生差异。简而言之，经过40 d的堆肥，不同处理组中有机磷含量与堆肥前相比均出现明显的上升，其中CMP2组提升效果最明显，提高了2.24 g/kg；CMP3组次之，约提升了2.12 g/kg；CMP1组提升了1.15 g/kg；而CP组和CK组则分别提高了0.59 g/kg和0.85 g/kg。

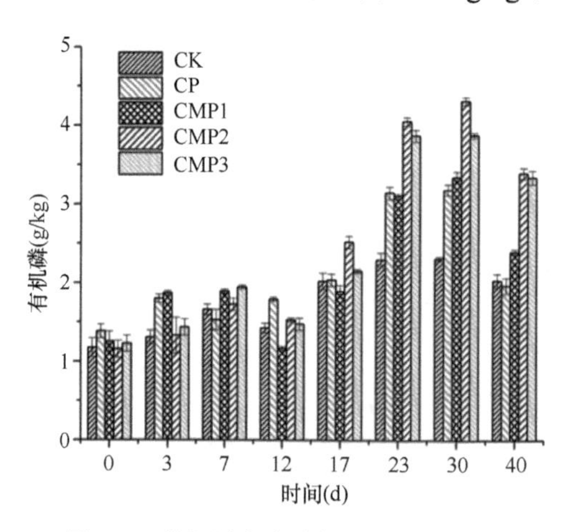

图5-6 堆肥过程中有机磷含量的变化

堆肥过程中有机磷含量升高的主要原因包括两方面：一方面，随着堆肥反应的进行，微生物活动也随之逐渐增强，菌体数量增多，微生物在利用碳源作为能源物质的同时，也需要一定的磷素完成其生命代谢过程，而由于微生物能够利用的磷源主要为可溶性无机态磷，因此可将一部分的无机态磷转化为有机态磷；另一方面，在堆肥反应体系中，有机质被逐渐降解，物质干重减少，由于浓缩效应，有机磷含量出现一定程度的提高。然而，在30～40 d，有机磷含量出现下降趋势，可能是由于堆肥物料在微生物的作用下发生一系列的生物化学反应，含磷有机物发生矿化，从而使得有机磷含量出现一定的下降，与此同时，由于易降解有机物的减少，微生物数量减少，也为有机磷含量的减少贡献了一部分力量。在堆肥的 17～40 d，CMP2 和 CMP3 处理组中有机磷的含量要明显高于其他处理组，且 CMP2 组的含量要高于 CMP3 组，说明后期接种解磷微生物能够有效提升堆肥中的有机磷含量，多阶段接种的效果要次之，前期接种和单独磷酸三钙添加对有机磷含量的提升效果不甚理想。

5.3.3　微生物量磷的动态变化

堆肥过程中微生物量磷（MBP）含量的动态变化如图 5-7 所示。微生物量磷是有机磷的重要组成部分，也是植物可利用磷的一种重要形式，当肥料施入土壤后微生物量磷会迅速转变为植物可利用的形态[6,7]。在堆肥发酵的 0～7 d，各处理组中微生物量磷的含量出现一定程度的上升，在 7～12 d 出现急剧的下降，在 12～23 d 再次出现明显的上升，并在第 23 天达到最高峰，之后到堆肥结束呈现明显下降的趋势。结果显示，堆肥过程中微生物量磷含量的变化明显受堆体温度的影响，与微生物的数量密切相关。堆肥前期（0～3 d），餐厨垃圾中含有的有机营养成分大大高于微生物的需求量，微生物的代谢增强，生长繁殖加快，数量迅速激增，导致微生物量磷的含量也随之不断增加。堆肥高温期（3～12 d），微生物量磷出现先增后降的趋势，这可能是由于此时期高温微生物迅速增长，并在第 7 天达到最大值，之后因可迅速降解的有机物质不足以满足过多高温微生物的生长需求，导致微生物量磷含量减少。在堆肥后期（12～40 d），微生物量磷含量呈现先增后减的趋势并在第 23 天达到第二个峰值，为 0.45～0.60 g/kg，而温度的第二个峰值在 17 d 左右，说明微生物数量受温度的影响，但是有一定的延迟性。

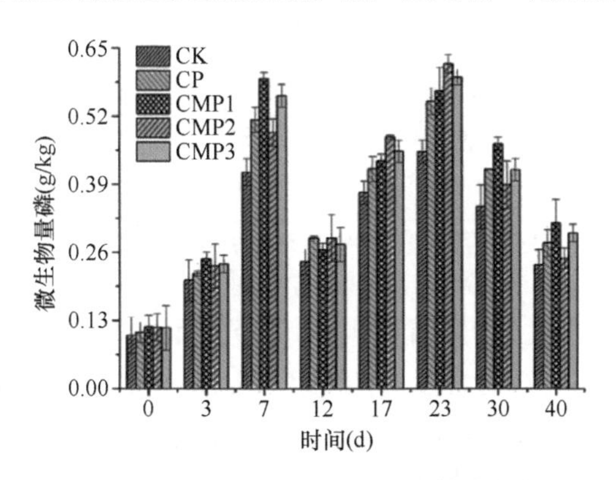

图 5-7　堆肥过程中微生物量磷含量的变化

比较了 5 组不同的处理，0 d 和 3 d 的样品中微生物量磷的含量差异不显著，但是 3 d 的样品中 CMP1 组和 CMP3 组要略高于其他处理组，到第 7 天，这两组的微生物量磷含量要显著高于其他组，原因可能是解磷微生物的添加加速了磷酸三钙向可溶性磷的转化，增加了微生物可利用磷的含量，微生物吸收利用后，生长繁殖加速，微生物量磷含量才会在第 7 天出现迅速增加的现象。到第 12 天，经过高温期后，添加的解磷微生物不适应高温环境，微生物活性减弱，使得微生物量磷含量不再明显高于其他对照组。在 30～40 d，CMP1 组和 CMP3 组的微生物量磷含量要高于其他处理组，CMP1 组的含量要略高于 CMP3 组，说明前期接种外源解磷微生物相对于后期接种对微生物量磷含量的提升效果要明显，可能是后期接种的菌剂释放的较多有机酸抑制了微生物数量的增加。因此，前期接种解磷微生物对微生物量磷含量的提升效果要优于多阶段接种，多阶段接种效果优于后期接种和磷酸三钙单独添加组，CP、CMP1、CMP2 和 CMP3 处理组对微生物量磷的提升效果都要优于 CK 对照组。虽然堆肥后各处理组微生物量磷含量不同，但各组差异不显著。

5.3.4 Olsen 磷的动态变化

Olsen 磷含量的测定方法主要是 $NaHCO_3$ 浸提-钼锑抗比色法，此方法适用于中性、微酸性和石灰性土壤，在国内外得到了广泛应用[8]。本研究用此方法测定堆肥中 Olsen 磷含量，其变化波动如图 5-8 所示。空白对照组中 Olsen 磷含量呈现先增加后下降最后再次增加的现象，分别在 12 d 和 40 d 出现峰值，Olsen 磷含量前期增加的原因可能是随着堆肥反应的进行，有机磷逐渐矿化为无机磷，随后由于微生物的大量生长，Olsen 磷被逐渐吸收利用，含量开始逐渐下降。后期再次呈现增加的趋势可能是由于堆肥逐渐腐熟，有机磷的矿化速率大大提高，矿化作用形成的这部分无机磷中 Olsen 磷含量较高。经过 40 d 的堆肥，CK 组中 Olsen 磷含量由初始的 1.17 g/kg 增加到最后的 2.34 g/kg，增加了 1.17 g/kg。在堆肥 0 d，相比 CK 组，CP 组中 Olsen 磷的含量显著升高，至少提高了 2.22 g/kg，说明在餐厨垃圾中添加磷酸三钙后，餐厨垃圾处于酸性环境中，难溶性无机磷迅速转化为 Olsen 磷。在接菌组中，Olsen 磷含量呈现先降低后升高的趋势，在第 7 天，Olsen 磷含量达到最低值，为 1.90～2.15 g/kg。这可能是由于堆肥初期微生物生长速率加快，磷源的消耗增加，后期同样因矿化作用，Olsen 磷含量逐渐增加。

通过不同处理组的比较，我们可以看出经过 40 d 的堆肥，磷酸三钙的添加能有效增加堆肥中 Olsen 磷的含量，CP 组 Olsen 磷的最终含量要高出 CK 组约 1.80 g/kg；CMP1 组在前期接种解磷菌剂后并不能有效增加 Olsen 磷的含量，而 CMP2 组在后期接种解磷微生物后，解磷效果显著增加，Olsen 磷的最终含量要分别高出 CP、CK 组约 1.12 g/kg、2.92 g/kg；CMP3 组在分阶段接种后显著提高了堆肥中 Olsen 磷的含量，分别高出 CP、CK 组约 0.88 g/kg、2.68 g/kg。所以磷酸三钙的添加有助于 Olsen 磷含量的提升，后期接种的解磷菌剂相对于前期接种、多阶段接种更容易发挥解磷功能，解磷效果更显著。

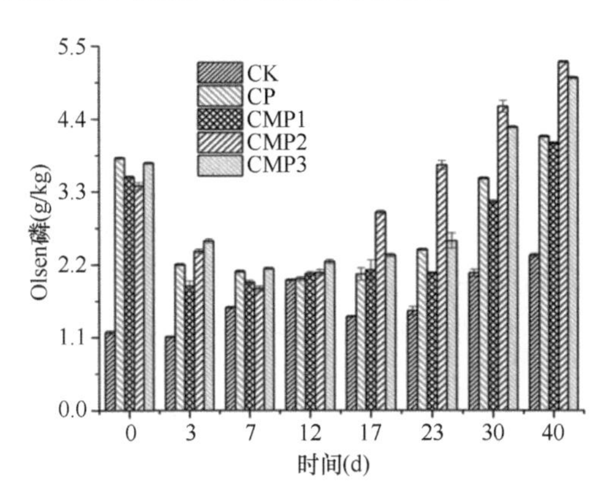

图 5-8　堆肥过程中 Olsen 磷的含量变化

5.3.5　柠檬酸磷的动态变化

利用柠檬酸法测定柠檬酸磷（CAP）含量是测定肥料中有效磷含量的常用方法[9]。从图 5-9 中可以看出，CK 组的柠檬酸磷含量变化波动不大，为 0.22～0.40 g/kg，总体呈现先降后升、再降随后再次升高的趋势，总体而言，堆肥结束后其柠檬酸磷的含量为 0.39 g/kg，与堆肥前相比，含量增加了 0.14 g/kg。在添加磷矿粉的处理组中柠檬酸磷的含量变化基本一致，在 0～17 d，柠檬酸磷的含量变化波动不大，仅在 12～17 d 时出现小幅度的下降，但柠檬酸磷的含量基本维持在 1.0～1.2 g/kg，而 12～40 d，柠檬酸磷的含量出现不同程度的上升。经过 40 d 的堆肥，CP、CMP1、CMP2、CMP3 组中柠檬酸磷的含量分别增加到了 1.39 g/kg、1.43 g/kg、1.66 g/kg 和 1.59 g/kg，相对于初始值分别增加了 0.32 g/kg、0.37 g/kg、0.62 g/kg 和 0.53 g/kg。

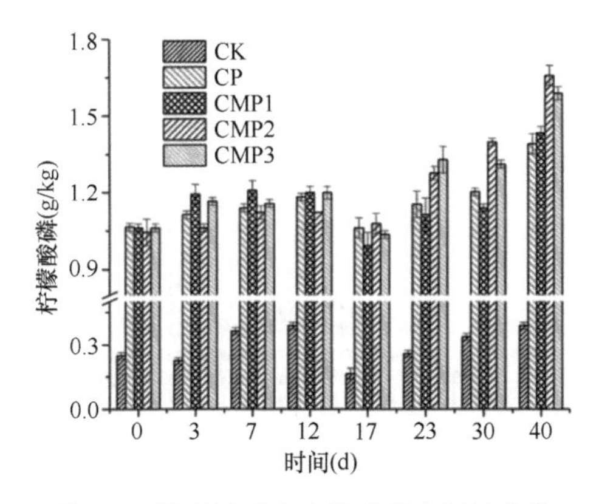

图 5-9　堆肥过程中柠檬酸磷含量的变化

餐厨垃圾堆肥经过 40 d，柠檬酸磷的含量随着堆肥反应的进行出现不同程度的提高，磷酸三钙的添加能够明显提高柠檬酸磷的含量，与 CK 组相比至少提高了 1.00 g/kg，这是由于难溶性磷酸三钙在堆肥中间产物（有机酸等物质）以及微生物的共同作用下转变为了柠檬酸磷。CMP1 组相对于 CP 组出现一定的增加，约提高 0.04 g/kg，说明 CMP1 组中添加的解磷菌剂没有发挥解磷功能，CMP3 组中柠檬酸磷的含量相对于 CMP1 提高了约 0.16 g/kg。CMP2 组中柠檬酸磷的含量最高，相对于 CMP1 和 CP 组则提高了 0.23 g/kg、0.27 g/kg。因此，后期接种解磷菌剂与前期接种、多阶段接种相比，后期接种的微生物更容易发挥解磷功能，多阶段接种的菌剂中主要是后期接种的微生物更容易发挥作用，促进难溶性磷向柠檬酸磷的转化。

5.4 堆肥过程中有机酸的变化趋势

5.4.1 草酸的动态变化

Nuraini 和 Handayanto[10]等的研究表明，堆肥中的草酸对磷矿石具有一定的溶解性。堆肥过程中草酸（OA）含量的动态变化如图 5-10 所示。可以看出，各处理组中草酸含量的变化比较大，但是其变化趋势基本一致，为 0.5～7.5 mg/g。在 0～3 d，草酸含量出现急速的上升，这可能是由于有机物质迅速发酵降解产生了大量的草酸，然而在 3～12 d，其含量出现明显的降低，出现这种现象的可能原因是随着堆肥进行，温度不断升高，草酸逐渐被分解，含量降低；然而，在 17～30 d 各处理组中草酸均维持在一个较高的含量，除个别处理组外，基本变化波动都不显著，在 30～40 d，草酸含量再次出现显著的下降，这可能是由于在 17～30 d，嗜中温菌继续分解有机物，草酸作为一种中间产物，其含量居高不下，到 30 d 左右因营养物质

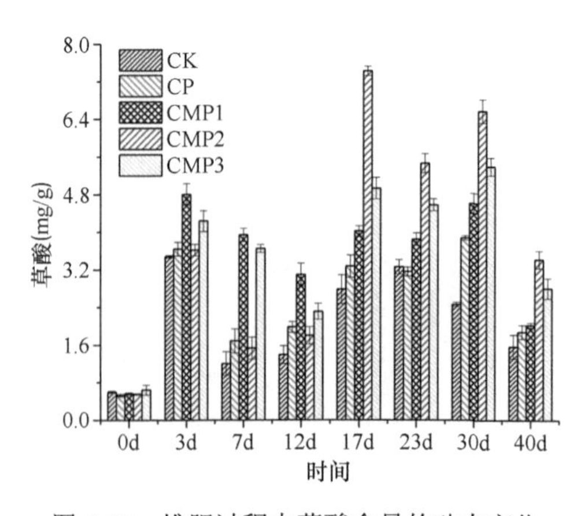

图 5-10 堆肥过程中草酸含量的动态变化

减少，草酸开始被降解利用。经过 40 d 的堆肥，各组中草酸含量均出现不同程度的升高，CMP2 组上升最多，约升高了 2.87 mg/g，其次为 CMP3 组，升高了 2.17 mg/g，然后依次为 CMP1、CP、CK，分别升高了 1.46 mg/g、1.36 mg/g、0.97 mg/g。

通过比较 CP 组和 CK 组，结果发现 CP 组中草酸的含量均高于同期 CK 组，且 CP 组在 30 d 达到最高值，约为 3.87 mg/g，比 CK 组高约 1.41 mg/g。通过比较 5 个处理组的草酸含量可以看出，在 3～12 d，CMP1 组和 CMP3 组中草酸的含量显著比同期其他处理组要高，其中第 7 天差别最显著，CMP1 组比 CK 组、CP 组和 CMP2 组分别高出 2.73 mg/g、2.25 mg/g 和 2.40 mg/g，而 CMP3 组则比 CK 组、CP 组和 CMP2 组分别高出 2.44 mg/g、1.96 mg/g 和 2.11 mg/g。然而，在堆肥的 17～40 d，CMP1 的草酸含量与其他处理组相比差异不显著，相反 CMP3 组中草酸的含量相对于其他处理组显著升高，并且在第 17 天达到峰值，约为 7.42 mg/g，分别高出 CK、CP、CMP1 和 CMP3 组 4.64 mg/g、4.15 mg/g、3.40 mg/g 和 2.49 mg/g，CMP3 组中草酸含量在堆肥后期仅低于 CMP2 组。以上结果表明后期接种的解磷微生物促进了餐厨垃圾堆肥中草酸的产生。

5.4.2　甲酸的动态变化

餐厨垃圾会产生大量甲酸[6-9]，图 5-11 显示了不同处理组堆肥过程中甲酸（FA）含量的变化波动。结果显示，堆肥过程中产生的甲酸含量为 4～55 mg/g，其含量远大于草酸的含量。从图 5-11 中可以看出，甲酸含量的变化波动趋势为在 0～3 d 升高并在第 3 天达到第一个峰值，随后在 3～12 d 缓慢下降，在 12～23 d 出现大幅度上升并在 23 d 出现第二个峰值，在 23～40 d 再次呈下降趋势。经过 40 d 堆肥，不同处理组中甲酸含量的顺序依次是 CMP2>CMP3>CMP1>CP>CK，其中 CMP2 组含量最高，为 46.48 mg/g，CK 组最少，为 8.91 mg/g。虽然各处理组中甲酸含量的变化趋势基本一致，但是同时期不同处理组中甲酸的含量变化波动极大。通过比较 CK 与 CP 组，结果发现经过 40 d 堆肥，CP 组中甲酸的含量要远高于 CK，堆肥结束后 CP 组比 CK 组要高出约 15.36 mg/g，但是在堆肥的第 30 天，CP 的甲酸含量仅高出 CK 组 5.73 mg/g，说明磷酸三钙的添加能有效抑制堆肥后期甲酸的降解。在堆肥前期，CMP1 和 CMP3 组中甲酸的数量要略高于其他组，说明前期接种的解磷微生物在堆肥初期释放了大量甲酸；在堆肥后期，CMP2 组和 CMP3 组的甲酸含量较高，可能是由于前期接种的解磷微生物菌剂经过高温阶段以及与土著菌的竞争，其群落结构发生了变化，不再能继续产生大量的甲酸，相反，后期接种的微生物菌剂由于减少了与土著微生物的竞争，微生物更容易适应堆肥环境，产生了大量甲酸，有效抑制了堆肥过程中甲酸的分解。

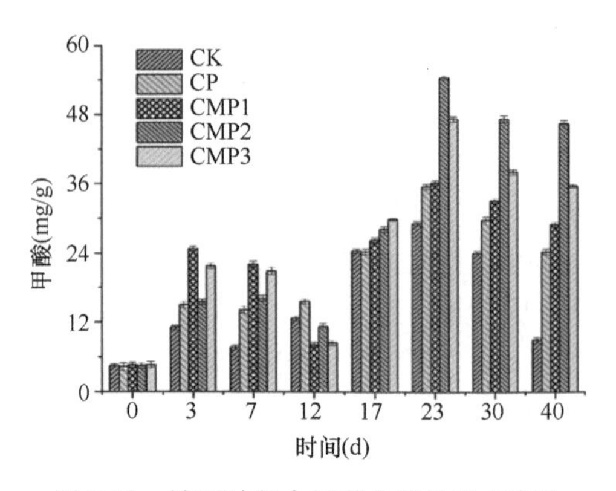

图 5-11 堆肥过程中甲酸含量的动态变化

5.4.3 乳酸的动态变化

餐厨垃圾在堆肥过程中会产生大量乳酸[11]，其动态变化如图 5-12 所示。由图 5-12 中可以看出，乳酸（LA）含量在 0～3 d 出现明显的上升，并迅速达到堆肥过程中的第一个峰值，这可能是由于在堆肥的初期，易降解物质被高温微生物迅速分解吸收利用，在此过程中产生了大量乳酸。在 3～7 d 乳酸含量骤降，可能是由于堆肥进入高温期，前期产生的乳酸大量挥发，同时易降解物质大量减少而微生物难以适应逐渐升高的温度，不足以分解大量有机物而产生乳酸。在 7～12 d，乳酸含量再次升高，并达到了第二个峰值，可能是由耐高温微生物中产乳酸微生物数量较多，在此阶段大量生长，继续降解有机物造成的。在 12～40 d，乳酸的含量基本呈现下降的趋势，但是在第 23 天出现急速的升高，达到了第三个峰值，这与堆肥在 17 d 左右温度升高有关，在这个阶段，中温菌大量增殖，迅速降解有机物，发生二次发酵，不仅使温度升高，而且由于微生物活性增强加速了乳酸的生成，但是因为具有一定的延迟性，所以在 23 d 出现乳酸含量升高的现象。在堆肥最后阶段，由于有机物的减少，微生物开始分解利用前期积累的乳酸，因此乳酸含量出现迅速降低的现象，在 40 d 降到最低值。

经过 40 d 堆肥，CK、CP、CMP2 和 CMP3 中乳酸的浓度较堆肥前均出现不同程度的下降，而 CMP1 组则呈现小幅上升。可以看出，在堆肥的整个过程中，CMP1 组和 CMP3 组中乳酸的含量相对于同时期其他处理组的含量都要高，在堆肥 23 d，CMP1 和 CMP3 组中乳酸的含量达到最高值，分别为 11.72 mg/g 和 8.35 mg/g。到 40 d 堆肥结束时，CMP1 和 CMP3 乳酸的含量分别为 2.59 mg/g、2.29 mg/g，均高于其他处理组，而 CMP2 组未出现乳酸含量升高的现象。这可能是由于产乳酸的微生物在解磷菌剂中不属于优势菌种，CMP2 组在接种后解磷菌剂本身的群落结构没有改变，因此不会对堆肥中的乳酸变化有较大影响，而 CMP1 和 CMP3 组则不同，前期添加的解磷菌剂因为高温期和种间竞争，其群落结构发生改变，产乳酸的非优势菌株反而成为优势菌，所以前期接种能够有效提高堆肥中乳酸的含量。

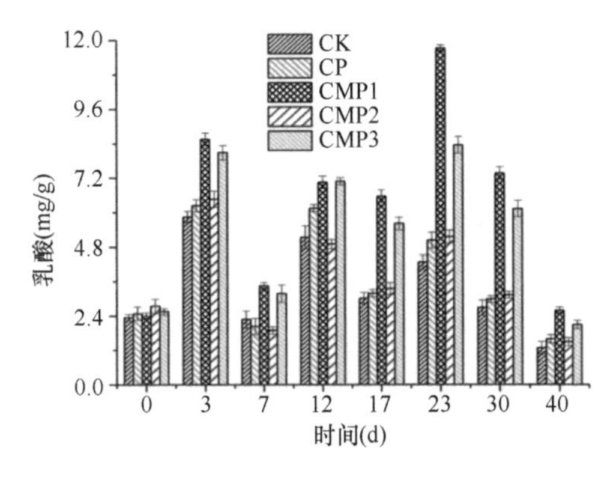

图 5-12 堆肥过程中乳酸含量的动态变化

5.4.4 乙酸的动态变化

许多研究发现堆肥过程中能够产生乙酸[10-13]，本研究中堆肥过程中乙酸（AA）含量的变化趋势如图 5-13 所示。总体来说，乙酸的含量要略低于乳酸的含量，基本维持在 1.0～4.5 mg/g，而且其变化趋势呈现先增后降的趋势。在 0～12 d，乙酸含量呈现逐渐增加的趋势，在 12 d 达到峰值，这可能是由于餐厨垃圾中含有较多的有机质，在这段时间微生物降解大量的有机质而产生了乙酸；在 12～40 d，由于可降解有机质的逐渐减少，微生物开始利用乙酸作为其能源物质，乙酸含量逐步降低。

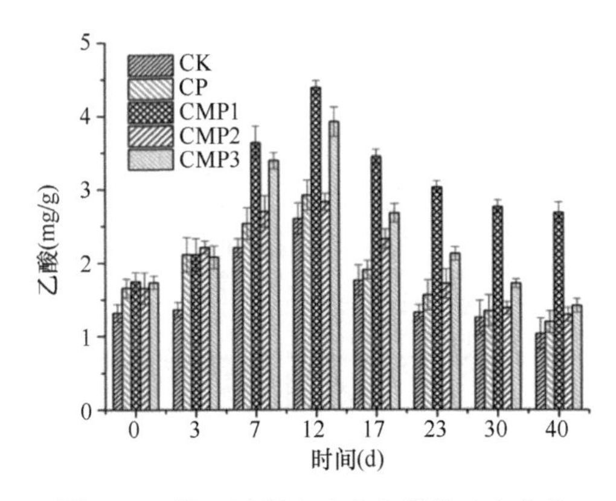

图 5-13 堆肥过程中乙酸含量的动态变化

通过比较不同处理组我们可以发现，在 0～40 d 的堆肥过程中 CMP1、CMP2、CMP3 和 CP 组中乙酸含量存在较大差异，但是均高于 CK 组，说明磷酸三钙的添加能够提高餐厨垃圾堆肥中乙酸的含量，这可能是由于磷酸三钙增加了堆肥中有效磷的含量，促进了微生物对有机质的分解，进而促进了乙酸的产生。在堆肥的7～40 d，CMP1 组中乙酸含量要显著高于同阶段的其他处理组，CMP3 组中乙酸含量仅低于 CMP1 组中，说明前期接种的解磷菌剂中含有产乙酸菌株，而且该菌株在添加到餐厨垃圾堆肥中后较容易适应堆肥的环境并大量增殖，成为优势菌，显著提高了堆肥中乙酸的含量。CMP2 组在后期接种微生物菌剂后并没有出现乙酸含量迅速增加的现象，说明能够产乙酸的菌株在原解磷菌剂中不是优势菌株，当后期加入堆肥后，由于竞争作用也没有成为优势菌，无法有效提高堆肥中的乙酸含量。因此，磷酸三钙的添加可以促进餐厨垃圾堆肥中乙酸的产生，另外，在堆肥前期接种解磷菌剂也能够提高堆肥中乙酸的含量，然而在堆肥后期接种解磷菌剂，乙酸的含量则不易提高。

5.4.5 柠檬酸的动态变化

在餐厨垃圾堆肥中，柠檬酸（CA）同样被认为是一种含量丰富的有机酸，在本次堆肥过程中其变化趋势如图 5-14 所示。在堆肥 0 d，由于柠檬酸的含量低于其最低检测线，未能检测到柠檬酸。在 3～7 d，柠檬酸的含量开始逐渐增加，到第 7 天达到第一个峰值。在 12 d，由于耐高温微生物对柠檬酸的分解，柠檬酸含量急剧降低。在堆肥的 12～23 d，嗜中温微生物逐渐复苏，成为堆肥反应过程的优势菌株，继续分解有机物质，使柠檬酸含量逐步升高。在 23～40 d，微生物开始利用有机酸作为其主要的能源物质，柠檬酸含量自然开始降低。通过 40 d 的堆肥，各处理组中柠檬酸的含量由高到低分别为：CMP2>CMP3>CP>CMP1>CK。

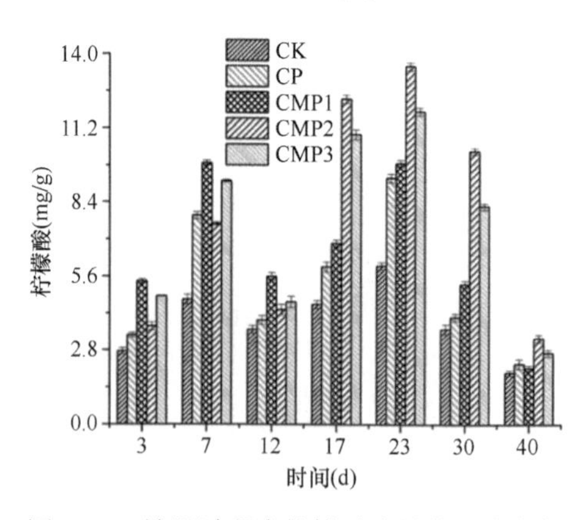

图 5-14 堆肥过程中柠檬酸含量的动态变化

通过 CK 和 CP 组的比较，CP 组中柠檬酸的含量始终高于相同堆肥时期 CK 组中的柠檬酸含量。通过比较不同阶段接种解磷菌剂及添加磷酸三钙对柠檬酸含量的影响，结果可以看出，在堆肥的前期及高温期（0～12 d），CMP1 组柠檬酸含量高于 CMP3 组，而 CMP3 组柠檬酸含量则高于 CMP2 组和 CP 组。在堆肥后期（12～40 d），CMP2 组和 CMP3 组中柠檬酸含量则显著高于其他处理组，CMP2 组略高于 CMP3 组。因此，磷酸三钙的添加有助于提高餐厨垃圾堆肥中柠檬酸含量，同时后期接种解磷菌剂也能够大量提高堆肥中柠檬酸的含量，多阶段接种解磷菌剂对柠檬酸含量的提升效果要弱于堆肥后期接种，强于堆肥前期接种。

5.4.6　丁二酸的动态变化

如图 5-15 所示，堆肥过程中丁二酸（SA）含量的变化幅度较显著，总体呈现先下降后上升、再次下降的趋势。在 0～3 d，丁二酸的含量出现小幅的下降，然后在第 7 天迅速升高。在 7～23 d，丁二酸含量的变化幅度较小，维持在一个相对稳定的含量。从堆肥的 23 d 开始，丁二酸的含量开始急速下降，到 40 d 丁二酸的含量降到最低。相比较堆肥前，各处理组中丁二酸的含量都出现不同程度的下降，CK、CP、CMP1、CMP2 和 CMP3 分别降低了 1.43 mg/g、1.42 mg/g、0.42 mg/g、1.24 mg/g 和 0.68 mg/g，说明餐厨垃圾中丁二酸的含量在堆肥过程中大量降低。类似于堆肥过程中乙酸和乳酸的含量变化，CMP1 组和 CMP3 组中丁二酸的含量高于相同堆肥时期其他处理组中丁二酸的含量变化。在堆肥 40 d，CMP1 组和 CMP3 组相对于 CK、CP 及 CMP2 组分别提高了 1.17 mg/g、0.99 mg/g、0.85 mg/g 与 0.83 mg/g、0.65 mg/g、0.51 mg/g，说明前期接种的解磷菌剂不仅能够提高餐厨垃圾堆肥中乳酸和乙酸的含量，而且还能够提高丁二酸的含量。通过分析比较 CMP2 组和 CP 组中的丁二酸含量变化，我们还可以看出，在 12 d 接种解磷菌剂后，到 17 d 丁二酸的含量显著提高，相对于相同堆肥时期的 CP 组来说，CMP2

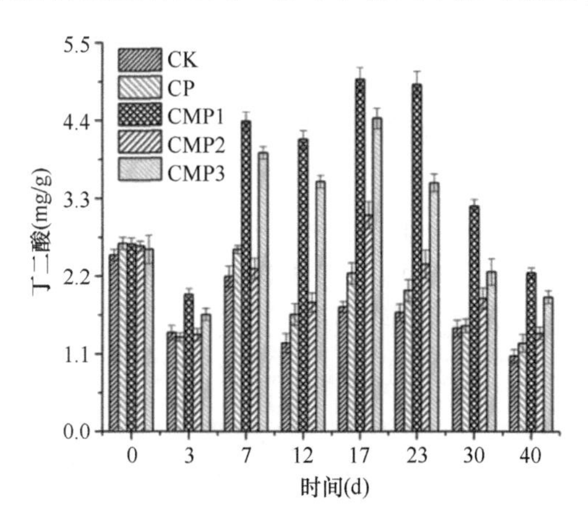

图 5-15　堆肥过程中丁二酸含量的动态变化

上升的幅度则较小，说明堆肥后期接种的解磷微生物同样具有提高堆肥中丁二酸含量的功能，但是提升幅度不显著。以上结果说明磷酸三钙及解磷菌剂的添加均能够提高堆肥中丁二酸的含量，但是不同处理方式对丁二酸含量的提升幅度不同，其中在堆肥前期接种解磷菌剂对堆肥中丁二酸含量的提升效果最显著，多阶段接种的效果次之，然后依次为堆肥后期接种组和单独添加磷酸三钙组。

5.5 堆肥过程中细菌群落变化规律

5.5.1 PCR-DGGE 图谱分析细菌群落演替规律

提取不同处理组堆肥中 0 d、7 d、17 d、23 d 和 40 d 这 5 个时期物料的总 DNA，使用细菌 V3～V4 区通用引物对纯化后每个时期的总 DNA 进行 PCR 扩增，得到了 DGGE 指纹图谱如图 5-16 所示，图中从左至右依次为 CK、CP、M、CMP1、CMP2 和 CMP3 组堆肥中的条带，其中 M 为解磷菌剂的 Marker。图谱能够揭示接种解磷菌剂对细菌群落结构的影响，基于 16S rDNA 基因片段的 DGGE 图谱条带，可表示一类或者序列组成比较相近的一类细菌种群[12, 13]，同一泳道的条带数目越多表示细菌群落结构越复杂。不同时期不同处理组的样品通过 DGGE 均检测到多个条带，说明在堆肥过程中细菌的群落结构具有多样性。各时期条带数目的不同反映了在堆肥不同时期不同处理组的差异性。如图 5-16 所示，在堆肥中添加磷酸三钙以及在不同阶段接入解磷菌剂对堆肥中细菌群落的影响，与 CK 组的 DGGE 条带相比呈显著差异，说明添加磷酸三钙及解磷菌剂对堆肥中细菌的分布有不同的影响。从图 5-16 中可以看出，共有 31 个条带在 DGGE 指纹图谱中被检测出来，但不同处理组的 DGGE 图谱有自己的特点。

在堆肥初期，细菌群落结构比较复杂，但是没有明显的菌群，随着堆肥的进程，温度、含水率等理化性质发生变化，限制部分菌群的生长，而另一部分优势菌群则凸显出来。在堆肥初始阶段（0 d），各处理组中条带数目都非常少，CK、CP、CMP1、CMP2 及 CMP3 组中分别有 7 条、8 条、12 条、8 条、11 条明显的条带，说明 CMP1 组和 CMP3 组成功接种了至少两株解磷菌，通过与 Marker 相比对，结果发现这两株菌为 17、18 号条带代表的菌株。在堆肥高温期（7 d），CK、CP、CMP1、CMP2 及 CMP3 组中分别有 11 条、7 条、16 条、11 条、13 条明显的条带，条带数目相对于同处理组 0 d 样品条带都有一定的提高，说明堆肥过程中耐高温细菌开始发挥作用，这些细菌主要为条带 1、3、4、25、30 所代表的菌属，由表 5-1 可知这些菌株都属于厚壁菌门（Firmicutes），同时这些细菌具有耐高温的功能。在堆肥后期，随着堆肥时间的进行，同处理组中条带的数目逐渐增多，到 40 d 条带数目达到最大值，说明微生物的数量和种类在餐厨垃圾堆肥中得到提高。

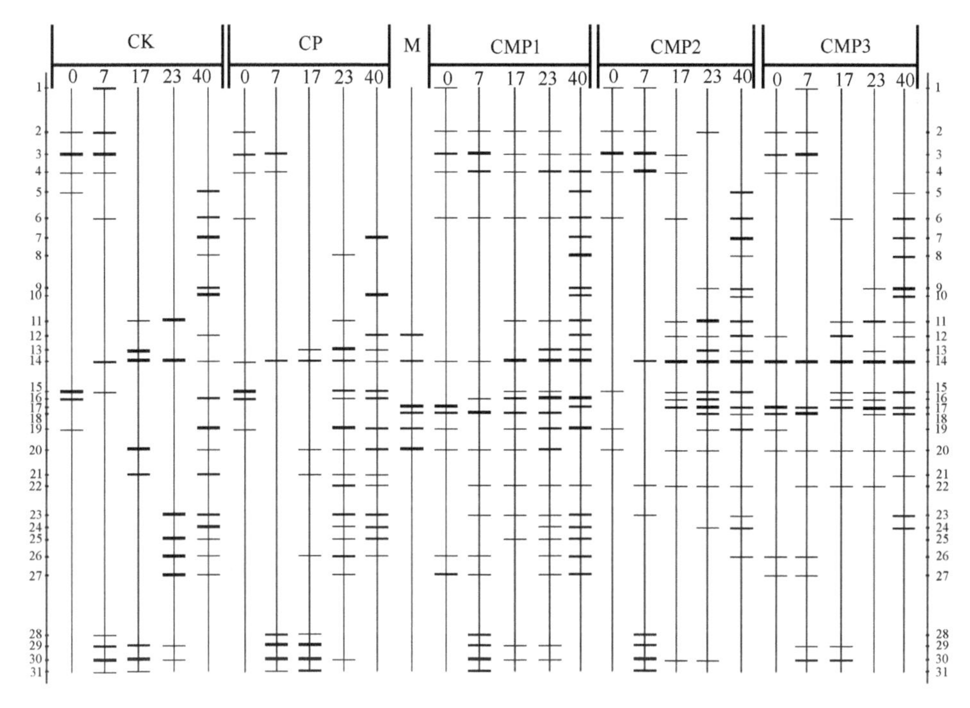

图 5-16　不同物料堆肥优势细菌 DGGE 指纹图谱分析

M 为解磷菌剂 Marker；编号 0、7、17、23、40 为堆肥过程中对应的天数

表 5-1　条带序列的比对结果

DGGE 条带编号	登录号	菌门分类	相似性最大种属	相似性/%
1	MF277142	Firmicutes	*Virgibacillus* sp.	100
3	MF277143	Firmicutes	*Weissella viridescens* strain	100
4	MF277144	Firmicutes	*Lactobacillus fermentum* strain	100
6	MF277145	Firmicutes	*Staphylococcus argensis* strain	100
7	MF277146	Firmicutes	不可培养细菌	98
8	MF277147	Firmicutes	*Staphylococcus saprophyticus*	100
11	MF277148	Actinobacteria	*Corynebacterium* sp.	100
12	MF277149	Proteobacteria	*Pantoea cypripedii* strain	100
13	MF277150	Proteobacteria	*Klebsiella variicola* strain	100
14	MF277151	Proteobacteria	*Klebsiella oxytoca* strain	100
15	MF277152	Proteobacteria	*Klebsiella* sp.	100
17	MF277153	Proteobacteria	*Klebsiella oxytoca*	100
19	MF277154	Firmicutes	*Lactococcus piscium* strain	98
20	MF277155	Proteobacteria	*Pantoea agglomerans* strain	100
21	MF277156	Firmicutes	*Bacillus thermoamylovorans* strain	100
23	MF277157	Firmicutes	*Bacillus coagulans* strain	100

续表

DGGE条带编号	登录号	菌门分类	相似性最大种属	相似性/%
25	MF277158	Firmicutes	*Virgibacillus* sp.	99
26	MF277159	Corynebacteriales	不可培养的 *Corynebacterium*	99
27	MF277160	Proteobacteria	不可培养的 *Klebsiella* sp.	100
29	MF277161	Proteobacteria	*Pantoea dispersa* strain	100
30	MF277162	Firmicutes	*Bacillus* sp.	99
31	MF277163	Proteobacteria	*Klebsiella oxytoca* strain	99

在DGGE图谱中，通过分析比较CK组和CP组23 d的条带数目，结果发现CP组要显著高于CK组，CK组的条带在40 d显著增多，说明磷酸三钙的添加有助于促进堆肥中微生物的生长繁殖，加速堆肥反应的进程。条带2、3、4几乎存在于CMP1组堆肥的每个时期，而在其他处理组中仅0 d、7 d同时存在，说明CMP1组在前期添加解磷菌剂后改变了其中的菌群结构，使这三个条带代表的菌群在堆肥中的竞争性增强，而CMP3组由于在堆肥前期接种量小，没有达到这种效果。条带12、14、17、18、19、20为复合菌剂的Marker，其中条带12、14、17、20属于变形菌门，条带19属于厚壁菌门。图5-16中条带14几乎一直存在，条带12、19、20存在于CK组和CP组中，说明餐厨垃圾的土著菌中包含这4个条带代表的菌群。除CMP3组外，其他处理组中条带12在堆肥后期才出现，这可能是由于该条带所代表的细菌种群为中温菌，适于在堆肥后期分解难降解物质。条带17在CMP1组中仅出现在0 d和40 d，而在CMP2组和CMP3组中在17 d、23 d与40 d均有出现，可能的原因是该条带代表的菌群为中温菌，在堆肥前期接种后，因高温期或竞争作用等因素不适应复杂的堆肥环境；而CMP2组和CMP3组在堆肥后期接种菌剂后由于避过了高温期，减少了与其他菌群的竞争，在堆肥后期成为优势菌株。通过分析接菌组堆肥可以发现，条带18在CMP2组的23 d、40 d存在，在CMP3组的0 d、7 d、23 d、40 d存在，而在CMP1组几乎存在于堆肥的所有时期且条带亮度要显著高于其他组的条带，说明条带18代表的菌群在堆肥中的活性较强，在堆肥中后期接种能使其迅速成为优势菌。

DGGE图谱中共出现31个条带，对其中亮度较好的22个条带进行测序，各条带代表菌群所属的菌纲及相似性最大种属如表5-1所示。通过表5-1可以看出，在餐厨垃圾堆肥过程中，细菌的种类多种多样，有变形菌门（Proteobacteria）、厚壁菌门（Firmicutes）、棒状杆菌门（Corynebacteriales）以及放线菌门（Actinobacteria）等，尤其以厚壁菌门（Firmicutes）和变形菌门（Proteobacteria）的数量较多，厚壁菌门（Firmicutes）数量占总测序菌种数的50%，变形菌门（Proteobacteria）数量占总测序菌种数的32%，这主要与堆肥环境复杂，温度变化幅度大，这两个菌门的细菌抗逆性强，可以抵抗高温环境有关。Wei 等[14]同样发现餐厨垃圾和其他物料堆肥中厚壁菌门（Firmicutes）和变形菌门（Proteobacteria）数量较多。许多研究研究表明，这两个菌门中的某些科，如假单胞菌科（Pseudomonadaceae）、肠杆菌科（Enterobacteriaceae）和芽孢杆菌科（Bacillaceae）等具有较强的解磷功能[15,16]。

5.5.2　香浓-维纳多样性指数分析

从图 5-17 可以看出，4 个处理组与 CK 组相比，其香农-维纳多样性指数表现出显著差异，在堆肥后期，5 个组的香农-维纳多样性指数值由大到小分别为：CMP1>CMP2>CK> CMP3>CP，但是其数值相对堆肥前都出现显著的上升，说明堆肥可显著提高细菌的多样性。

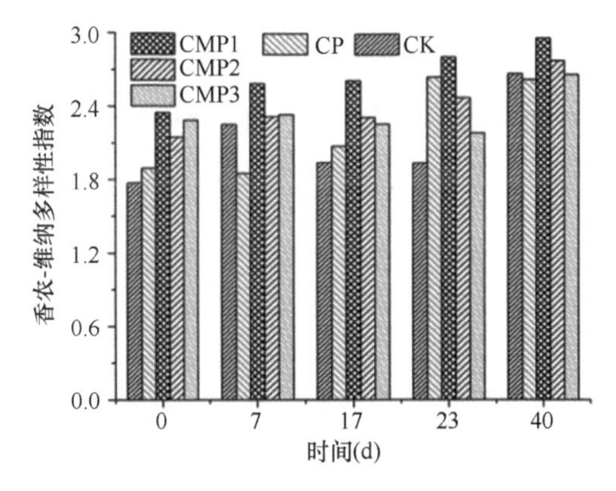

图 5-17　不同处理堆肥细菌香农-维纳多样性指数

堆肥过程在由升温期到高温期时（0～7 d），细菌香农-维纳多样性指数呈上升趋势。随后又呈现小幅下降趋势，然后再次上升持续到堆肥结束。CMP1 组和 CMP3 组在 0 d 时的细菌香农-维纳多样性指数要高于其他组，这与堆肥前期接种解磷菌剂有关。在整个堆肥过程中，CMP1 组的细菌香农-维纳多样性指数始终高于同时期的其他处理组，说明前期接种的解磷菌剂有利于堆肥中细菌多样性的提高。CMP2 组和 CMP3 组在堆肥开始进入后期（12 d）时接种菌剂，CMP2 组的细菌香农-维纳多样性指数在 40 d 才略高于除 CMP1 之外的其他处理组，说明在堆肥后期接种解磷菌剂，也能够增加堆肥细菌多样性，但效果要弱于前期接种。在堆肥后期（17～40 d），CMP2 组和 CMP3 组中香浓-维纳多样性指数的上升幅度要低于其他处理组，这可能是由于这两组堆肥中较高的酸度抑制了细菌的生长繁殖，细菌多样性相对较低。综上所述，在堆肥前期、后期接种解磷菌剂，都能够显著地提高堆肥中细菌的多样性，有利于堆肥的进程。

5.5.3 聚类分析

对 DGGE 图谱（图 5-16）的各个条带进行相关性分析和归类，其中各泳道亲缘关系的远近用条带的距离（欧氏距离）表示，不同处理组餐厨垃圾堆肥不同时期的细菌群落聚类分析结果如图 5-18 所示。在同一堆肥时期的样品中，其细菌群落的相似性较高。若以不同堆肥时期的样品中条带的距离以 0.22 为标准，本研究中 25 个样品基本可以分成 6 个类群。其中类群一为 CK 组 23 d 的样品；类群二主要为各组中 7 d 的样品和 CK、CP 组 17 d 的样品；类群三为 CK、CP 组 0 d 的样品；类群四为 40 d 的所有样品和 CP 组 23 d 的样品；类群五为所有接菌组 0 d 的样品和 CMP3 组 7 d 的样品；类群六为接菌组 17 d 和 23 d 的样品。以上结果说明堆肥中细菌群落的相似性与堆肥的时期具有显著相关性。通过类群四还可以看出，经过 40 d 堆肥，CP 组和 CK 组的相似度约为 0.68，接菌组 CMP1、CMP2 和 CMP3 的相似度较低，约为 0.59，但是 CMP2 和 CMP3 组具有极高的相似度，高达 0.75 左右，这说明后期接种的解磷菌复合菌剂对 CMP2 和 CMP3 组中的细菌群落结构产生了相似影响。

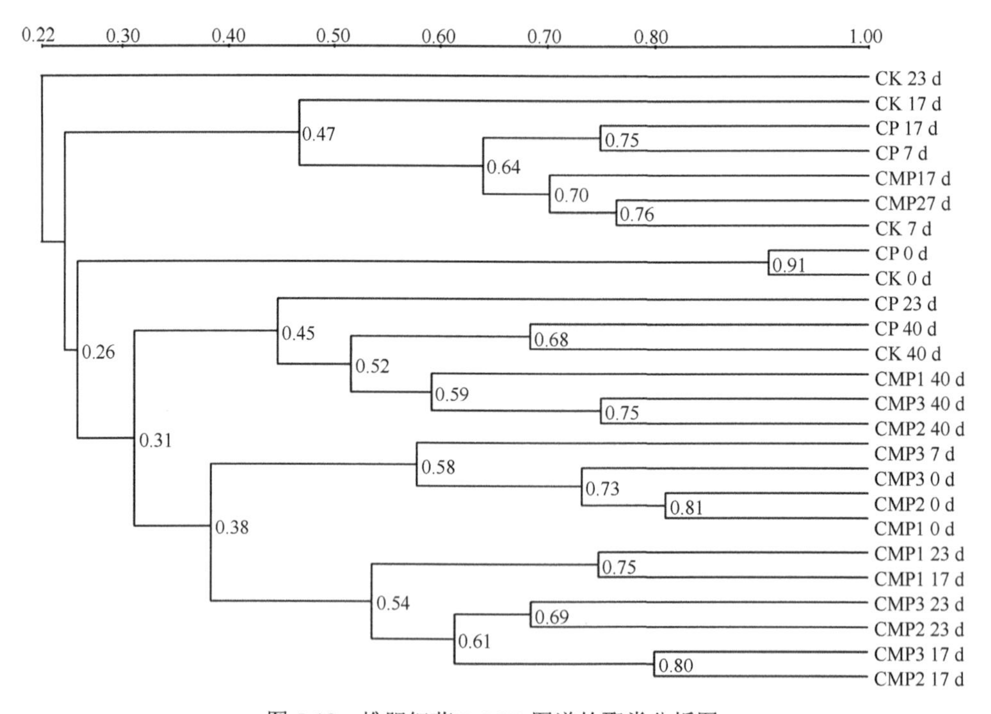

图 5-18 堆肥细菌 DGGE 图谱的聚类分析图

5.6　相关性分析

5.6.1　基于 DGGE 图谱和有机酸、磷组分的冗余分析

冗余分析（RDA）是分析群落结构与理化因子的常用分析方法[13]。将每组堆肥试验中测定的磷组分数据、有机酸数据作为环境因子，将其与细菌群落进行冗余分析，用于探究磷组分、有机酸、细菌群落三者之间的相互关系。从图 5-19 中可以看出，31 个菌群并不是单独与其中一个环境因子呈现显著相关性，而是多个菌群分别与其中的一个或几个环境因子表现出良好的相关性，因此，RDA 能够探究不同菌群与不同环境因子的相关性，同时也能够分析不同环境因子之间的相关性。本试验主要分析接种菌剂的条带（12、14、17、18、19、20）与堆肥中磷组分、有机酸的相关性。

图 5-19a 为 CK 组中有机酸、磷组分以及菌落的 RDA 图，其中轴 1 的特征值为 0.39。从图 5-19 中可以看出，条带 12、19、20 所代表的菌群与堆肥中的总磷、Olsen 磷以及柠檬酸磷之间具有显著的正相关，而与各种有机酸则无显著相关性，柠檬酸磷、Olsen 磷与各种有机酸之间也无显著相关性，说明在 CK 组中 12、19、20 等菌群对柠檬酸磷、Olsen 磷的提高具有较大的贡献，但它们并不是通过产生大量的草酸、甲酸、乳酸、柠檬酸、乙酸、丁二酸来达到这种效果的。条带 14 与草酸、乳酸、甲酸、柠檬酸表现出显著的正相关，同时条带 14 还与微生物量磷呈现正相关，说明条带 14 代表的菌群与草酸、乳酸、甲酸、柠檬酸的生成有直接或间接的关系。

图 5-19b 为 CP 组中有机酸、磷组分以及菌落的 RDA 图，其中横轴的特征值为 0.61。从图 5-19 中可以看出，条带 12、19 仅与柠檬酸磷、总磷表现出显著的正相关，而与各种有机酸之间没有显著的相关性，同时各种有机酸与柠檬酸磷、Olsen 磷之间也没有显著的相关性，说明在 CP 组中这几种有机酸并不能有效地促进难溶性磷向柠檬酸磷、Olsen 磷转化；条带 14 与微生物量磷、柠檬酸均表现出显著的正相关，说明该条带代表的细菌在堆肥中对微生物量磷的贡献较大，而且能够产生柠檬酸；条带 20 与有机磷、甲酸、乳酸相关性较强，说明该菌株能促进堆肥中甲酸、乳酸的产生。

图 5-19c 所示为 CMP1 组中细菌群落与有机酸、磷组分的 RDA 图，其中轴 1 的特征值为 0.48。条带 17、18 与磷组分、有机酸之间均没有显著的相关性；条带 12、19 与柠檬酸磷、Olsen 磷具有显著的相关性，但是与有机酸之间没有显著的相关性，同时有机酸与柠檬酸磷、Olsen 磷之间也没有显著的相关性，说明有机酸对提高柠檬酸磷、Olsen 磷的贡献较小；条带 20 几乎与 CMP1 组中所有的有机酸都呈正相关，同时仅与磷组分中的微生物量磷具有显著的正相关关系，说明在

CMP1 组中该条带代表的菌株对微生物量磷的贡献较大，并促进了堆肥中有机酸的产生。

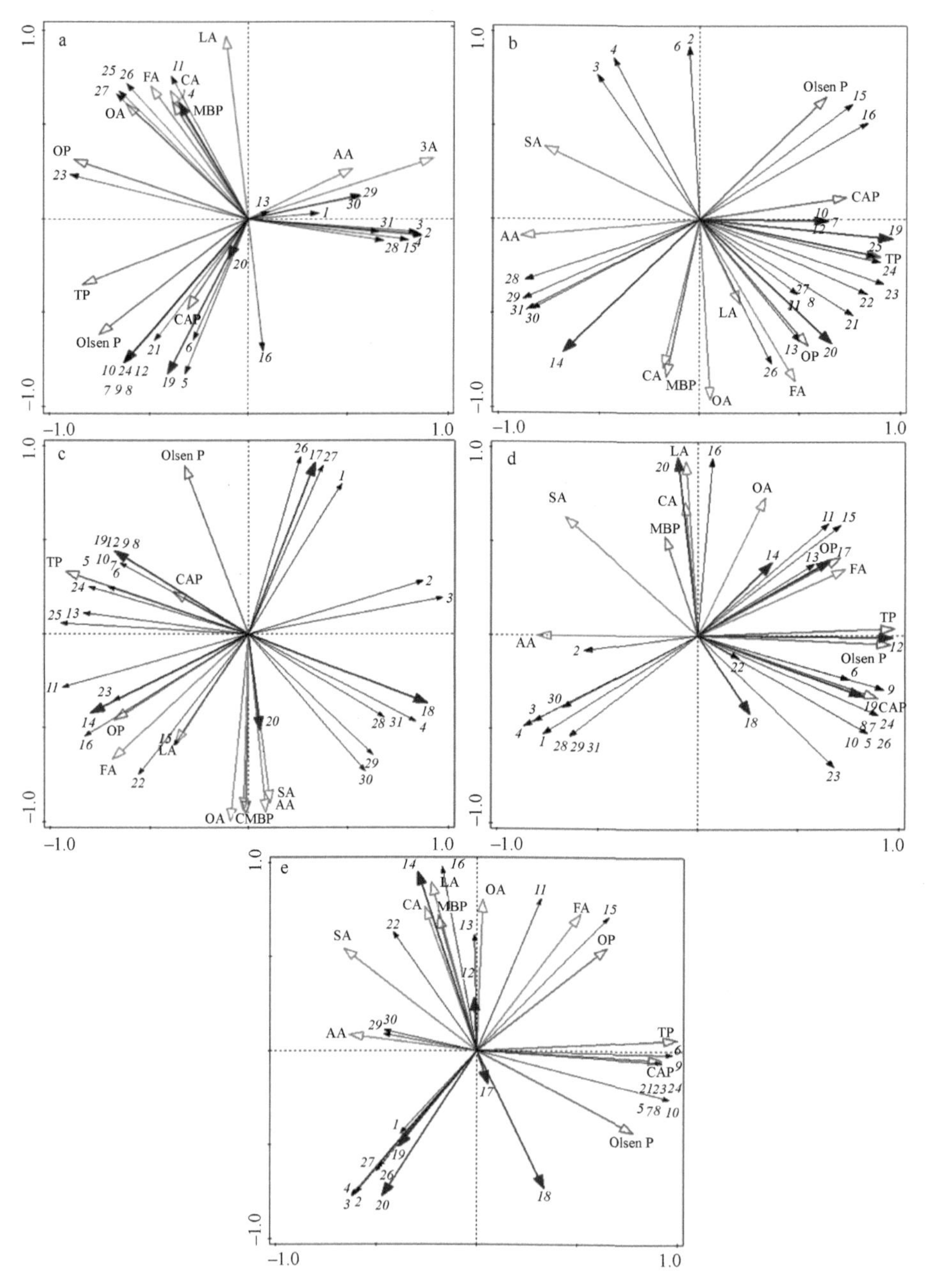

图 5-19　堆肥细菌与环境因子的 RDA 二维排序图

a 为 CK 组，b 为 CP 组，c 为 CMP1 组，d 为 CMP2 组，e 为 CMP3 组

图 5-19d 为 CMP2 组中有机酸、磷组分、细菌群落之间的 RDA 图，其中轴 1 的特征值为 0.55。条带 12、17 与甲酸呈极显著的正相关，同时还与柠檬酸磷、Olsen 磷以及总磷呈显著的相关性，说明这两个条带所代表的菌群在后期接种到堆肥后，改变了细菌种群结构，直接或间接促进了堆肥中甲酸的产生，而甲酸又促进了堆肥中难溶性磷向柠檬酸磷和 Olsen 磷的转化，显著提高了堆肥中植物可利用磷的含量。

从图 5-19e 中可以看出 CMP3 组中有机酸、磷组分、细菌群落之间的 RDA 相关性，其中轴 1 的特征值为 0.51。接种的解磷菌剂中，条带 12、14 所代表的菌群与磷组分中的微生物量磷呈现显著的正相关，同时该条带还与各种有机酸的相关性较强，说明该条带代表的菌株对微生物量磷的贡献较大，能够直接或间接促进多种有机酸的产生，但是产生的有机酸不能有效促进堆肥中 Olsen 磷和柠檬酸磷含量的提高。

因此，当堆肥后期接种解磷菌剂后，条带 12、17 所代表的菌株成为堆肥中的优势菌，随着堆肥的进行，直接或间接地促进了甲酸的产生，甲酸含量的升高促进了难溶性磷向柠檬酸磷和 Olsen 磷的转化，最终显著提高了堆肥中柠檬酸磷和 Olsen 磷的含量；而前期接种以及多阶段接种的解磷菌剂由于没有很好地适应堆肥环境，效果不如后期接种解磷菌剂。

5.6.2　基于有机酸、磷组分的 Pearson 相关性分析

有机酸、磷组分、总酸度及 pH 之间的双变量皮尔逊（Pearson）相关性分析结果如图 5-20 所示，图中颜色越深代表相关性越显著。如图 5-20 所示，堆肥过程中磷组分与总酸度、pH 的相关性较好，其中总酸度、pH 与有机磷和 Olsen 磷均呈极显著相关，说明有效磷和有机磷的变化与堆肥过程中酸性物质的产生具有直接或间接的关系。

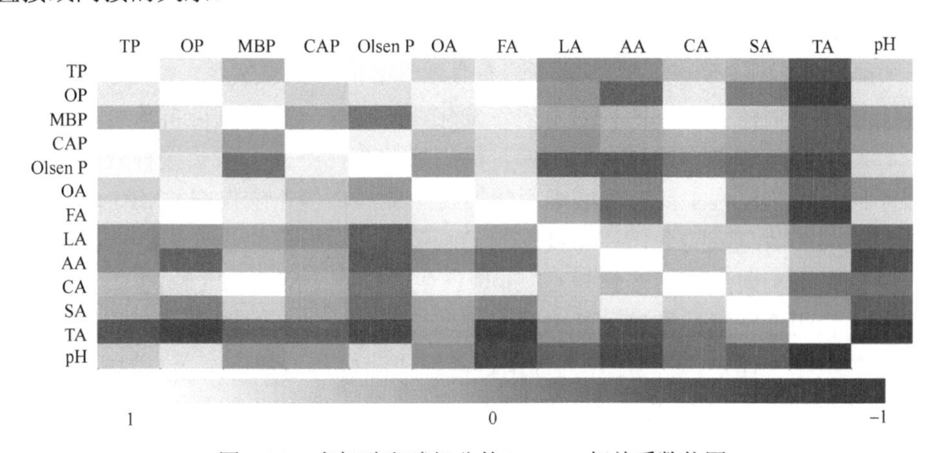

图 5-20　有机酸和磷组分的 Pearson 相关系数热图

乳酸和乙酸与磷组分的相关性不显著，说明乳酸和乙酸对堆肥过程中磷素有效性的提升效果不明显。丁二酸仅与微生物量磷具有极显著的正相关性，相关系数为0.418，说明丁二酸对维持堆肥中微生物的数量和活性具有一定的贡献。草酸与磷组分之间呈较显著的相关性，其中与总磷显著相关（相关系数为0.402），与有机磷、微生物量磷均极显著相关（相关系数分别为0.642、0.563），说明草酸对维持堆肥中总磷、有机磷和微生物量磷含量的提升具有一定的效果，尤其对有机磷和微生物量磷含量的保持效果更佳。由于堆肥过程中有机磷和微生物量磷最终会转化为植物可利用的磷素形态（有效磷），因此草酸能够通过改善磷组分的比例，最终达到有效磷的缓释效果，提高堆肥磷素有效性。柠檬酸与磷组分中有机磷、微生物量磷具有极显著的正相关性，相关系数分别为 0.570、0.886，说明柠檬酸能够通过改善堆肥微环境维系有机磷和微生物量磷含量的提升，最终达到提升有效磷含量的效果。与草酸、乙酸、乳酸、丁二酸、柠檬酸不同，甲酸与各磷组分之间均具呈极显著的正相关，说明甲酸不仅能够有助于堆肥中微生物量磷的积累，还能够直接促进堆肥中难溶性磷向有效磷的转化。

综上所述，堆肥中微生物活性的高低与草酸、甲酸、柠檬酸、丁二酸的产生有一定的关系，草酸、柠檬酸能够通过提高微生物量磷和有机磷的含量来改善堆肥磷组分，进而到达有效磷的缓释效果，而甲酸则不同，它不仅通过调控有机磷和微生物量磷含量实现有效磷的缓释，还能促进堆肥中难溶性磷向柠檬酸磷和Olsen磷的转化，提高餐厨垃圾堆肥中植物可利用磷的含量，增强堆肥产品的肥效。

5.6.3 堆肥解磷过程的结构方程模型分析

虽然微生物产生的有机酸能够促进磷酸盐矿物中的磷组分溶解，但有机酸也可能会影响微生物群落的组成[17]。结构方程模型是通过直观图形表示生态系统中复杂关系网络的推导方法[18]，通过进一步构建结构方程模型可以研究主要有机酸、细菌群落组成、磷酸三钙溶解和磷素有效性之间的因果关系，如图5-21所示。结构方程模型解释了95%的磷素有效性变化，有机酸、pH和细菌群落可以影响磷酸三钙的溶解与磷素有效性，但主要有机酸的种类在不同解磷菌接种处理堆肥中明显不同。堆肥过程主要有机酸中甲酸的含量最高，但甲酸仅在CMP1堆肥处理中通过驱动细菌组成的变化，间接影响Olsen磷，而柠檬酸在CP和CMP1处理堆肥中直接影响磷酸三钙溶解与Olsen磷产生，但在CMP2和CMP3中该作用并不显著，表明堆肥降温期接种解磷菌对解磷机制的影响更加明显。与其他处理相比，在CMP2处理中，以pH作为细菌群落组成演替和磷酸三钙溶解的驱动因子，通过细菌群落结构变化间接影响磷酸三钙的途径在路径分析中的模型适配性较差，说明降温期接种会改变微生物群落结构和pH在堆肥解磷过程中的潜在角色。

在 CMP2 处理堆肥中，乙酸直接抑制细菌群落组成，但是却间接促进磷酸三钙的溶解，说明乙酸可能通过调整微环境影响微生物群落，改变微生物群落对难溶性磷的溶解能力。

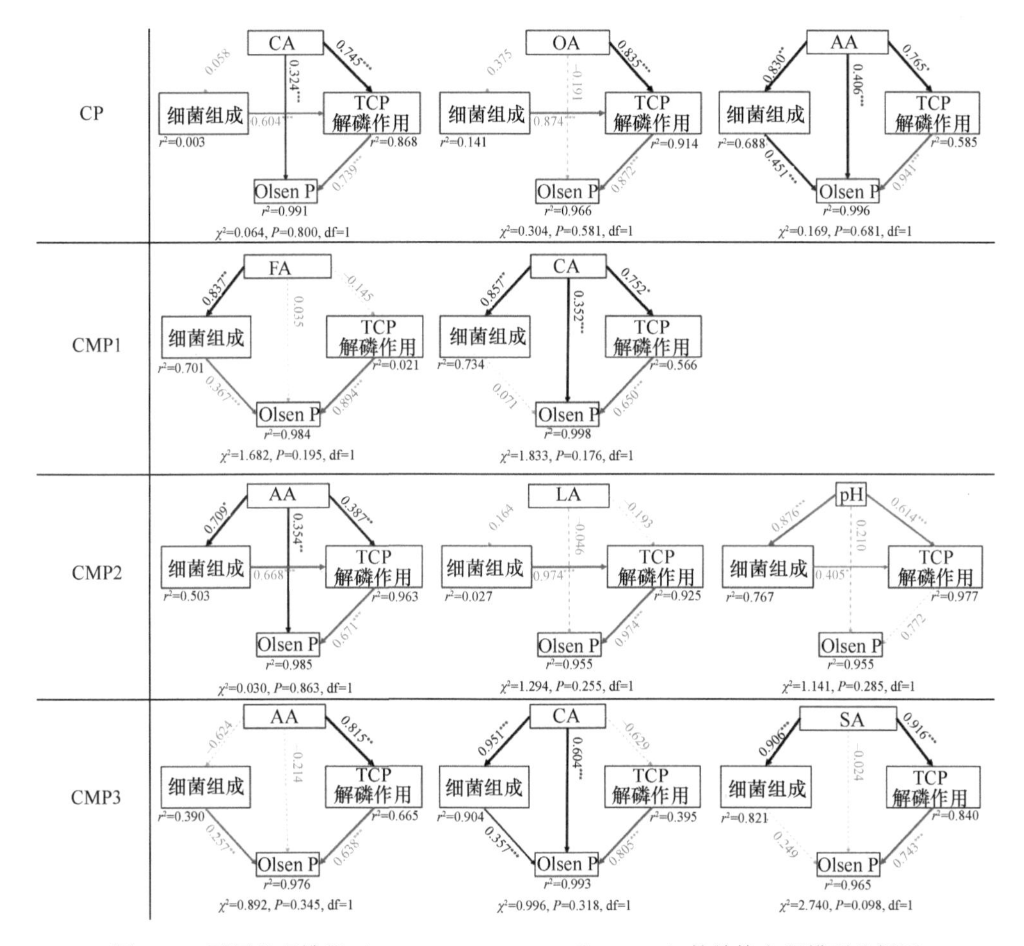

图 5-21　不同处理堆肥（CP、CMP1、CMP2 和 CMP3）的结构方程模型分析图

结构方程模型代表不同堆肥过程产生的主要有机酸、细菌群落组成、磷酸三钙溶解和 Olsen 磷之间的因果关系，箭头表示因果关系，红线代表促进作用，黑线代表抑制作用，实线和虚线分别表示显著和不显著关系，箭头宽度与 r 值成正比，r^2 值表示每个变量的解释比例，显著性水平* $P < 0.05$，** $P < 0.01$，*** $P < 0.001$

结构方程模型通过证实细菌群落、有机酸、磷转化之间的关系，进一步证明堆肥体系中有机酸和细菌群落，尤其是接种的解磷菌，对磷转化的直接和间接作用效果。因此，可以提出一种磷酸三钙的溶解机制，即接种的解磷菌能够促进堆肥中有机酸的产生，如甲酸和乙酸，这些有机酸可以直接参与磷组分的转化，并显著提升磷素可利用性，同时，部分有机酸，如乙酸，能够扮演堆肥微环境调理剂的角色，影响堆肥微生物多样性和功能表达，与降温期微生物解磷功能产生较

强的响应。尽管如此，不同堆肥过程中解磷菌剂的适应性和解磷能力仍需进一步比较，以便更深入地理解解磷菌剂的实际应用潜力。

5.7 小　　结

（1）本研究表明通过富集传代培养获得解磷菌剂的方法是可行的，相对于传统解磷菌剂的制备更简洁高效，传代到第 10 代时，解磷菌剂的解磷量达到最大值，也可维持一种相对稳定的状态，在传代的过程中，培养液的 pH 随解磷量的增大而逐渐降低。

（2）在不同处理组的餐厨垃圾堆肥中，接种解磷菌剂对堆肥过程中温度、pH 以及总酸度的影响不同。无论在堆肥前期接种还是后期接种，在解磷菌剂接种后的 2～3 d 堆肥温度显著高于其他组，随着堆肥的进行，前期接种对温度的影响逐渐减小，但是后期接种的菌剂对堆肥中温度的影响始终存在，并高于其他处理组，直至堆肥结束。接种解磷菌剂对 pH 和总酸度的影响与温度类似，由于菌剂本身能够产酸并降低周围环境的 pH，当接种到堆肥后，短期内堆肥 pH 降低，总酸度升高。前期接种的菌剂随着堆肥进行，菌剂效果减弱，经过堆肥高温期后就不再大量产酸，对 pH 降低、总酸度升高的影响不明显，相反后期接种解磷菌剂始终保持较强的产酸功能，明显降低堆肥的 pH，提高总酸度。

（3）不同处理对堆肥中磷组分的影响变化不同。经过 40 d 的堆肥，CMP2 组中总磷含量的提升效果最大，CMP3 组次之，CK 组最低。不同处理对柠檬酸磷和 Olsen 磷的影响相似，均为 CMP2 组提升效果最显著，CMP3 组提升效果次之，然后为 CMP1 和 CP 组。堆肥能够提高有机磷含量，其中 CMP2 和 CMP3 组的提升效果显著，CMP1 次之。不同接种方式对微生物量磷的影响有所差别，CMP1 和 CMP3 组中微生物量磷含量的提升效果最优，CMP2 组中微生物量磷的提升效果次之。

（4）不同处理组的有机酸含量有不同的变化。与对照组相比，堆肥前期接种解磷菌能有效提高堆肥中乳酸、乙酸和丁二酸的含量，但是各处理组之间差异不显著；后期接种能有效提高堆肥中甲酸、草酸和柠檬酸的含量，其中甲酸的提高幅度最大。

（5）不同解磷菌接种堆肥中 DGGE 条带种类和分布与对照组存在明显差异，磷酸三钙和解磷菌剂的添加能够增加堆肥中土著菌数量、种类与菌群结构多样性，解磷菌剂的接种对堆肥中微生物的群落结构变化具有积极影响，CMP1 组的影响效果最显著。

（6）相关性分析结果表明，解磷菌在堆肥不同阶段接种对堆肥中微生物群落、磷组分、有机酸有不同的影响，其中 CMP2 组添加的菌剂对甲酸、柠檬酸磷、Olsen 磷都有显著影响。这说明在堆肥后期接种解磷菌剂能够通过促进甲酸的释放达到较好的解磷效果，加速堆肥中难溶性磷向柠檬酸磷、Olsen 磷的转化，提高堆肥中有效磷的含量。其他处理组中未发现与 Olsen 磷、柠檬酸磷显著相关的环境因子。

主要参考文献

[1] Zhang L, Sun X. Influence of bulking agents on physical, chemical, and microbiological properties during the two-stage composting of green waste[J]. Waste Management, 2016, 48: 115-126.

[2] Steger K, Jarvis Å, Vasara T, et al. Effects of differing temperature management on development of Actinobacteria populations during composting[J]. Research in Microbiology, 2007, 158(7): 617-624.

[3] Cheng Z, Zhang L, Huang Z, et al. A new strategy for co-composting dairy manure with rice straw: addition of different inocula at three stages of composting[J]. Waste Management, 2015, 40: 28-43.

[4] 章永松, 罗安程, 孙羲. 有机肥活化土壤中磷的微生物学机理[J]. 浙江农业大学学报, 1994, (3): 243-248.

[5] Gaind S. Effect of fungal consortium and animal manure amendments on phosphorus fractions of paddy-straw compost[J]. International Biodeterioration & Biodegradation, 2014, 94: 90-97.

[6] Erguder T H, Demirer G N. Organic acid production from the organic fraction of municipal solid waste and cow manure in leaching bed reactors[J]. Environmental Engineering and Management Journal, 2016, 15(11): 2487-2495.

[7] 杜刚, 黄磊, 鲁言言, 等. 处理微污染河水的人工湿地中磷的去除特征及吸附形态分布[J]. 环境科学学报, 2013, 33(2): 511-517.

[8] Poulton P R, Johnston A E, White R P. Plant - available soil phosphorus. Part I: the response of winter wheat and spring barley to Olsen P on a silty clay loam[J]. Soil Use and Management, 2013, 29(1): 4-11.

[9] Guan G, Tu S, Li H, et al. Phosphorus fertilization modes affect crop yield, nutrient uptake, and soil biological properties in the rice–wheat cropping system[J]. Soil Science Society of America Journal, 2013, 77(1): 166-172.

[10] Nuraini Y, Handayanto E. Effects of plant residue and compost extracts on phosphorus solubilization of rock phosphate and soil[J]. American-Eurasian Journal of Sustainable Agriculture, 2014, 8(5): 43-50.

[11] Eklind Y, Beck-Friis B, Bengtsson S, et al. Chemical characterization of source-separated organic household wastes[J]. Swedish Journal of Agricultural Research (Sweden), 1997, 27(4): 167-178.

[12] Wei Y, Wei Z, Cao Z, et al. A regulating method for the distribution of phosphorus fractions based on environmental parameters related to the key phosphate-solubilizing bacteria during composting[J]. Bioresource Technology, 2016, 211: 610-617.

[13] Zhang Y, Li H, Gu J, et al. Effects of adding different surfactants on antibiotic resistance genes and intI1 during chicken manure composting[J]. Bioresource Technology, 2016, 219: 545-551.

[14] Wei Y, Zhao Y, Shi M, et al. Effect of organic acids production and bacterial community on the possible mechanism of phosphorus solubilization during composting with enriched

phosphate-solubilizing bacteria inoculation[J]. Bioresource technology, 2018, 247: 190-199.

[15] Acevedo E, Galindo-Castaneda T, Prada F, et al. Phosphate-solubilizing microorganisms associated with the rhizosphere of oilpalm (*Elaeis guineensis* Jacq.) in Colombia[J]. Applied Soil Ecology, 2014, 80: 26-33.

[16] Lopez-Gonzalez J A, Suarez-Estrella F, Vargas-Garcia M C, et al. Dynamics of bacterial microbiota during lignocellulosic waste composting: studies upon its structure, functionality and biodiversity[J]. Bioresource Technology, 2015, 175: 406-416.

[17] Yadav H, Fatima R, Sharma A, et al. Enhancement of applicability of rock phosphate in alkaline soils by organic compost[J]. Applied Soil Ecology, 2017, 113: 80-85.

[18] Hu H, Wang J, Li J, et al. Field-based evidence for copper contamination induced changes of antibiotic resistance in agricultural soils[J]. Environmental Microbiology, 2016, 18: 3896-3909.

第 6 章　生物炭与解磷菌耦合对堆肥难溶性磷转化的影响

6.1　生物炭对堆肥解磷菌剂解磷效果的影响

6.1.1　不同处理餐厨垃圾堆肥过程中理化指标变化

不同处理餐厨垃圾堆肥过程中理化指标的变化情况如图 6-1 和图 6-2 所示，由于整个堆肥过程在相同的反应器下进行，含水率和通风情况基本一致，不同处理组理化指标变化趋势相似。

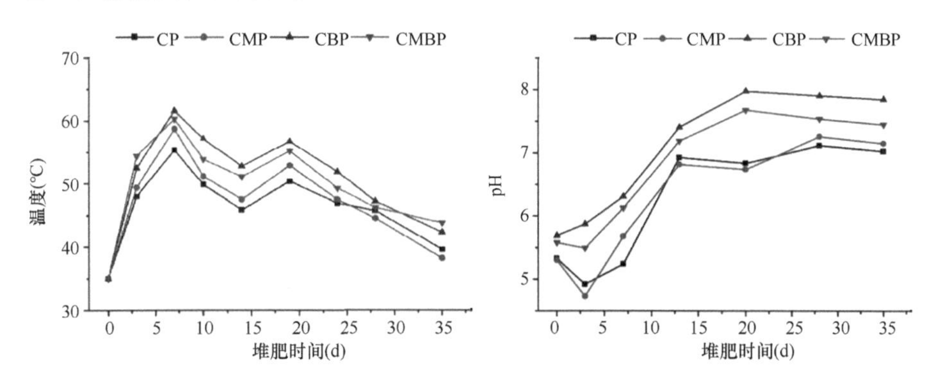

图 6-1　不同处理餐厨垃圾堆肥过程中温度和 pH 的变化

图中每个节点为三个平行试验组的平均值

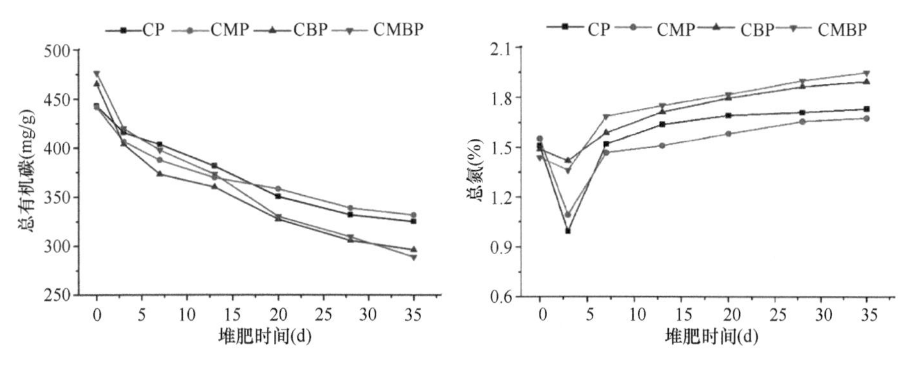

图 6-2　不同处理堆肥过程中总有机碳、总氮含量的变化情况

图中每个节点为三个平行试验组的平均值

由图 6-1 可知，不同堆肥处理组温度的变化趋势较为一致，堆肥初期有短暂的升温期，然后到达第一次高温期，在堆肥第 7 天温度达到最大值，然后是第一次降温期，在翻堆后，堆肥环境发生改变，微生物和营养物质进一步作用，出现第二次高温期和第二次降温期，最终温度稳定，进入腐熟期，本研究温度的变化结果与 López-González 等[1]的结果相似。在堆肥初期，不同处理堆肥均快速升温，主要是由于餐厨垃圾中富含大量可降解低分子量物质，有利于微生物发生代谢活动产热。在第二次高温期，虽然温度也达到 50℃，但第二次高温期的温度明显低于第一次进入高温期，可能是由于堆肥物料翻堆引起了营养物质重新混合，也改变了堆肥局部环境的微生物群落分布。与对照组（仅添加磷矿粉组，CP）相比，添加生物炭试验组（在堆肥初期添加磷矿粉的同时添加生物炭组，CBP）可以更快速地进入高温期，并且在堆肥过程中有更长的高温期持续时间，这可能与生物炭的结构有关，多孔隙结构和较大的表面积在堆肥基质中为微生物增殖提供了合适的栖息地，进而有利于微生物活动，产生更多的热量，使堆体达到较高的温度[2]。另外，在堆肥过程中接种解磷菌复合菌剂的试验组（CMP）在高温期的温度峰值也显著高于 CP 组（$P < 0.05$），但低于 CBP 组和既接种解磷菌复合菌剂又添加生物炭的试验组（CMBP），在 4 组堆肥过程中最高温度出现在 CMBP 组，表明解磷菌复合菌剂的接种在一定程度上可以促进堆肥升温，而且添加生物炭有助于解磷菌代谢升温。

在堆肥过程中 4 个处理组 pH 为 4.73～7.98，整体呈现上升趋势。可能是由于添加的生物炭为碱性的缘故，在堆肥过程中 CBP 和 CMBP 处理组的 pH 高于 CP 与 CMP 处理组。4 组堆肥在初始时 pH 均较低（< 6），可能是餐厨垃圾中微生物代谢反应产生大量有机酸（如乙酸、丁酸等）的原因[2]。CMP 组从堆肥开始至堆肥第 3 天，pH 急剧下降，在堆肥过程中 CMBP 组的 pH 也低于 CBP 组，这都说明接种的解磷菌复合菌剂可能是经过产酸途径，尤其是产生有机酸，使难溶性磷被溶解，因而 pH 会降低[3,4]。在堆肥 3 d 后，随着堆肥温度的快速升高，微生物代谢产生的有机酸开始挥发，4 个处理组的 pH 又开始呈现相同的变化趋势，先逐渐升高直至堆肥 20～28 d，然后下降，最终在堆肥结束时稳定，达到堆肥腐熟 pH 标准，即为 6.9～8.3。不同处理组在堆肥过程中 pH 升高的原因可能是氨的产生，而后期降低可能与硝化作用和小分子有机酸的再次产生有关[3]。

不同处理餐厨垃圾堆肥过程中总有机碳（TOC）和总氮（TN）含量的变化如图 6-2 所示，在堆肥过程中，不同处理组之间 TOC 含量均呈下降趋势，尤其在 CBP 和 CMBP 中下降更为显著，在 CBP 中，总有机碳含量在堆肥高温期前和降温期都显著减少，约占总量的 20%，可能与添加的生物炭具有高离子交换能力和多空隙结构有关[4]。此外，当生物炭和解磷菌同时加入堆肥时，即 CMBP 组，TOC 减少量显著高于 CP 和 CMP（$P < 0.05$），减少量高达 39.3%。因此，添加生物炭

能加速堆肥总有机碳减少，也可以为接种的解磷菌提供舒适的环境，提高微生物活性。相反，总氮在堆肥初期呈现波动的趋势，随后逐渐升高，在堆肥末期达到最大值。在堆肥初期较明显的 TN 损失可能是温度升高引起氮以 NH_3 形式排放。而与 CP 和 CMP 两组相比，添加生物炭的处理组均降低了氮损失，表明生物炭的确为硝化细菌创造了一个合适的微环境，促进其在堆肥过程中的保氮作用[5]。在 CBP 和 CMBP 堆肥处理中出现的更高的温度、更多的 TOC 降解、更稳定的 pH 和更少的 TN 损失，表明在餐厨垃圾堆肥中添加生物炭可以促进堆肥的降解过程、改善堆肥环境中微生物的稳定性。

6.1.2　不同处理餐厨垃圾堆肥过程中磷素特性变化

不同处理堆肥过程中总磷含量的变化如图 6-3 所示，与之前不同有机固废堆肥中的餐厨垃圾堆肥相比[6]，磷矿粉的添加显著提升堆肥初期的总磷含量，经过 35 d 的堆肥后，不同处理总磷含量均较初期有所增加。堆肥产品中总磷含量达到 1.43%～2.16%，这与堆肥过程中有机质降解产生的浓缩效应有关，堆肥干重减少但磷素得到了保留。在 CBP 和 CMBP 中，应用生物炭导致总磷含量较堆肥初期提升 44%和 47%，显著高于 CP 和 CMP，其仅提升 30%和 32%，这与之前的结果相呼应，添加生物炭促进了 TOC 的降低，增加了有机固废减量化的效果。

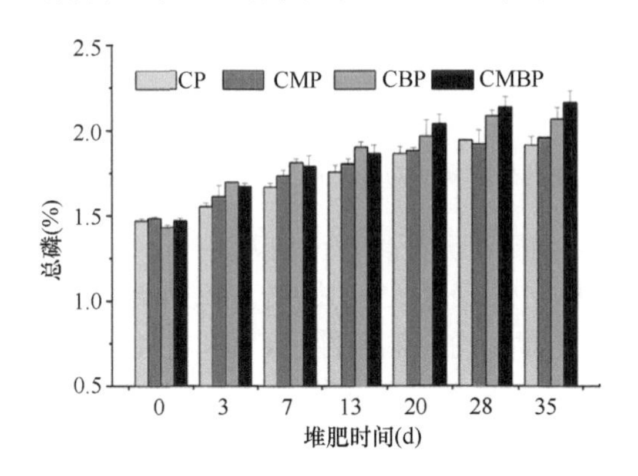

图 6-3　不同处理堆肥过程中总磷含量的变化情况

不同处理餐厨垃圾堆肥第 0 天和第 35 天磷素分级提取的各组分分布如图 6-4 所示，在所有处理堆肥中无机磷都是总磷中的主要成分，CBP 组第 35 天的样品无机磷比例最高，占总磷的 85%，而 CP 组在堆肥初期的无机磷比例最低，仅占总磷的 58%。在所有处理堆肥结束时，与初期相比，无机磷比有机磷（Pi/Po）显著增加（$P < 0.01$）。通过梯度提取磷组分发现，添加磷矿粉的餐厨垃圾堆肥中大部分磷组分（超过 50%）为盐酸提取磷组分，明显高于其他提取剂所含磷组分，

这可能是由于磷矿粉中包含大量的酸溶性磷组分[7]。正因如此，在本试验中，不可利用磷组分（NAP）在堆肥初期占最大的比例，平均为 75.5%，而中度可利用磷组分（MAP）在所有堆肥处理中占总磷的比例最低，平均仅为 9.3%。在堆肥前后，MAP 组分的比例无显著改变。可利用磷组分（AP）作为影响产量的最重要磷组分，在堆肥过程中显著上升（$P < 0.05$），与之前通过水溶性磷、柠檬酸磷和 Olsen 磷叠加计算可利用磷组分的变化趋势相似。本试验堆肥过程中 NAP 组分在所有处理中显著降低（$P < 0.05$），进一步证明堆肥过程可以有效地提升难溶性磷中可利用形态的磷组分，与 Ngo 等[8]的研究结果一致。

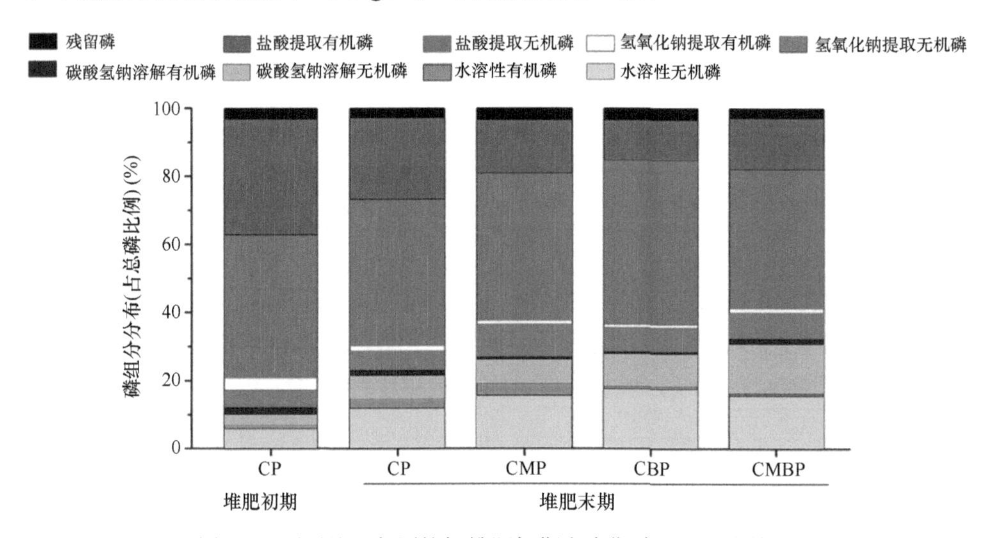

图 6-4　不同处理餐厨垃圾堆肥初期和末期磷组分分布情况

在 4 组堆肥处理之间磷组分变化存在显著差异。在 CMBP 组，堆肥前后 AP 在总磷中的比例上升 16.9%，而 NAP 的比例下降 14.9%，这一变化明显高于其他三组处理（$P < 0.05$），而磷组分可利用性在 CP 和 CMP 两组处理之间差异并不显著（$P < 0.05$），说明具有多孔特性的生物炭可以为接种的解磷菌复合菌剂和土著微生物提供有效的栖息地，有利于其将无机态或有机态稳定性磷组分进行形态转化，改善添加磷矿粉餐厨垃圾堆肥中的磷素有效性，但如果在餐厨垃圾堆肥中直接接种解磷菌复合菌剂，由于解磷菌剂需要对餐厨垃圾堆肥的复杂环境（低 pH、高油脂等）进行适应，其功能可能会受到限制。

6.1.3　不同处理餐厨垃圾堆肥过程中微生物数量和群落变化

6.1.3.1　微生物数量变化

不同处理的餐厨垃圾堆肥过程中微生物数量的演替变化，包括细菌、放线菌、真菌，如图 6-5a、b、c 所示。在原始物料中，细菌和放线菌的数量分别大约为 10^9 CFU/g 和 10^8 CFU/g，显著高于真菌数量（约 10^6 CFU/g），在整个堆肥过程中，细菌和放线菌作为堆肥中微生物的主体，由于本研究选择餐厨垃圾为主要物料，其丰富的有机质有利于微生物的生长，因此，本研究中微生物的数量比其他研究报道中约高出一个数量级[1]。在所有处理组堆肥初期细菌、放线菌和真菌数量大量增加，在第 3 天达到最大值，随后在高温期开始逐渐下降。在 CBP 和 CMBP 组中微生物数量较高，明显高于其他处理（$P < 0.05$），细菌数量分别为 3.8×10^{10} CFU/g 和 2.6×10^{10} CFU/g，放线菌数量分别为 8.1×10^9 CFU/g 和 3.3×10^9 CFU/g，而真菌数量分别为 2.3×10^7 CFU/g 和 2.1×10^7 CFU/g，在 4 个处理中微生物数量最低的是 CP 组。随着堆肥反应的进行，在二次高温期、二次降温期和腐熟期，细菌数量在 2.3×10^8 CFU/g 至 2.6×10^9 CFU/g 之间变动，而放线菌和真菌数量在所有处理中均有少量二次增长的趋势出现，尤其是在 CMP 和 CMBP 组，甚至接近堆肥初期的微生物数量。众所周知，高温期温度高于 50℃，会抑制微生物活性[8]，但在本研究中，堆肥的二次高温期明显出现了相反的效果，这可能与堆肥中微生物群落对堆肥环境的逐渐适应以及分段接种时解磷菌复合菌剂的接入影响了土著微生物的菌群结构有关。

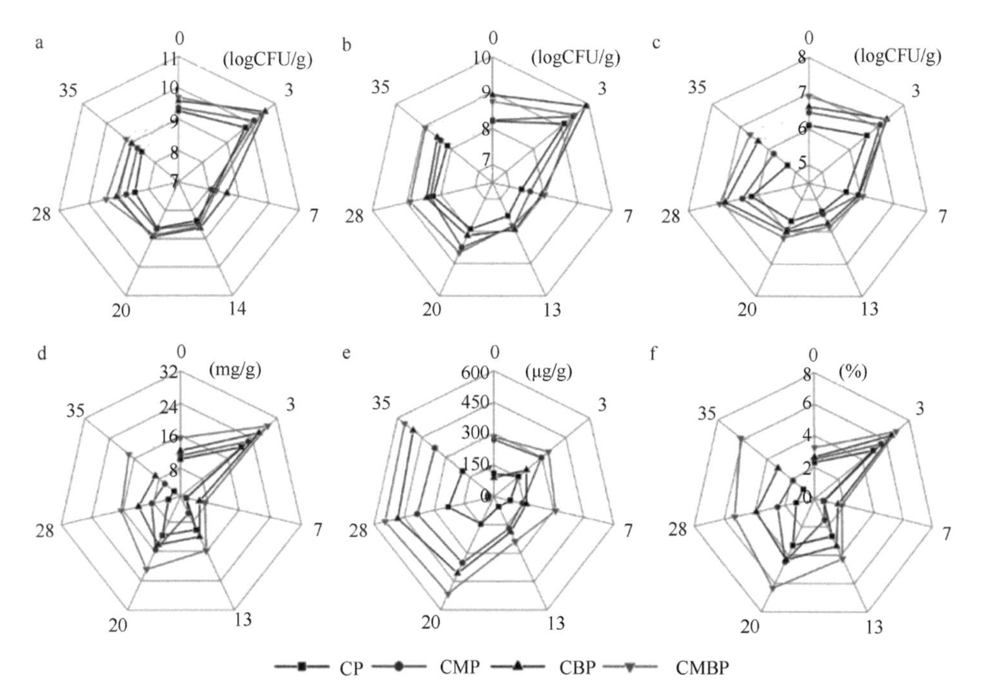

图 6-5　不同处理餐厨垃圾堆肥过程中细菌数量（a）、放线菌数量（b）、真菌数量（c）、微生物量碳（d）、微生物量磷（e）和微生物量碳占总有机碳之比（f）的变化情况

图中每个节点为三个平行试验组的平均值，雷达图辐射线代表取样天数

微生物数量和活性可以显著影响营养物质的矿化与固定，进而改变堆肥进程和堆肥产品肥力[9,10]。对不同处理餐厨垃圾堆肥过程中微生物数量与理化因子进行相关性分析，结果如表 6-1 所示，细菌数量与微生物量碳呈极显著正相关（$P < 0.01$），而细菌数量与 TN 呈极显著负相关（$P < 0.01$），放线菌数量与 TN 呈极显著负相关（$P < 0.01$），真菌数量与 TN 呈显著负相关（$P < 0.05$）。根据 Mander 等[11]的报道，解磷微生物解磷表型与总磷含量呈显著相关，而本部分试验结果中总磷与堆肥环境中细菌、真菌、放线菌数量均不相关，表明具有解磷潜力的微生物在此三大微生物类群中都不占主体地位。

表 6-1 不同处理餐厨垃圾堆肥中微生物指标和理化因子的相关性分析

	微生物量碳	微生物量磷	微生物量碳比总有机碳	细菌数量	放线菌数量	真菌数量
温度	0.083	–0.013	0.131	–0.260	–0.176	–0.127
pH	–0171	0.569**	0.067	–0.408*	–0.235	–0.259
总有机碳	0.175	–0.622**	–0.090	0.377*	0.142	0.198
总氮	–0.439*	0.470*	–0.212	–0.596**	–0.486**	–0.379*
总磷	–0.101	0.688**	0.167	–0.360	–0.115	–0.134
微生物量碳	1	0.324	0.958**	0.826**	0.818**	0.721**
微生物量磷	0.324	1	0.520**	0.178	0.372	0.435*

注：*表示显著性 $P < 0.05$，**表示显著性 $P < 0.01$

如表 6-1 和图 6-5d 所示，微生物量碳（MBC）含量在不同处理组的堆肥过程中的变化范围是 2.5～28.8 mg/g，且与细菌、放线菌和真菌数量均呈极显著相关（$P < 0.01$），在所有处理中，CP 组 MBC 最低，在 CMBP 组中 MBC 最高。在堆肥高温期前，MBC 快速增加，此后所有处理组的 MBC 均大幅下降，尤其是在 CP 和 CMP 组降低多，在二次高温期以后，CMBP 和 CBP 的 MBC 含量都维持在较高水平，这表明生物炭可以提高餐厨垃圾堆肥中的微生物量并且改善堆肥微环境。如图 6-5f 所示，餐厨垃圾堆肥过程中 MBC 占 TOC 的比例为 0.62%～6.88%，略高于之前土壤中报道的比例[12]。在不同处理中，添加磷矿粉的餐厨垃圾堆肥中 MBP 的变化也存在差异（图 6-5e）。在二次高温期以后 MBP 和 MBC/TOC 都迅速上升，而且堆肥结束时，在 CMBP 组中 MBP 含量显著高于 CP（$P < 0.05$），这些结果说明生物炭和解磷菌复合菌剂的联合应用可以更好地促进微生物生长。虽然是分段两次接种，但在第二次高温期前的接种效果明显优于在堆肥初期的接种效果。在本次试验中，如表 6-1 所示，MBP 与 pH 显著相关（$r = 0.569$，$P < 0.01$），与之前未接种餐厨垃圾堆肥的试验结果相比[6]，解磷菌复合菌剂的接种促进了微生物量磷与 pH 之间的关系，因此，餐厨垃圾中存在的解磷菌和本试验接种的解磷菌可能主要依赖产酸解磷[13]，接种进一步促进了解磷菌产酸，引起了更多的磷

组分发生转化。相关性分析结果表明真菌数量与 MBP 显著相关（表 6-1），表明在添加磷矿粉的堆肥过程中磷素的迁移转化可能更依赖真菌的代谢活动或者土著真菌与接种解磷菌的相互作用。

6.1.3.2　细菌群落演替规律分析

在 DGGE 图谱中，不同条带表示不同的菌群结构信息。从本研究细菌的 DGGE 图谱中可以看出，4 个处理组间菌群落结构存在差异，而且随堆肥进程呈动态变化（图 6-6）。通过 DGGE 检测到的条带大部分在 4 个处理组中普遍出现，这可能与 4 组堆肥所选用的原始物料相同有关，因此包含相似的土著微生物群落结构，然而不同处理组中不同条带的丰度存在差异，这是由不同处理形成的独特微环境以及不同优势菌群导致的。

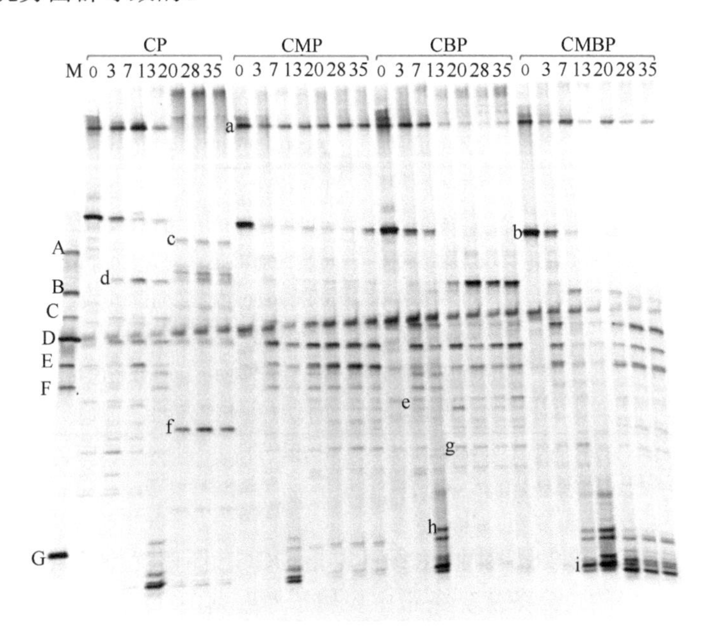

图 6-6　不同处理餐厨垃圾堆肥过程中细菌 DGGE 图谱

图中条带 M 为解磷菌复合菌剂 Marker，图中标记的条带代表测序条带，分别用 A、B、C、D、E、F、G 和 a、b、c、d、e、f、g、h、i 标注

香农-维纳多样性指数（H'）是通过群落中物种数和相对丰度来体现的多样性指标，而 D 体现群落中优势菌群的出现频次[14]，因此，较高的 H'和较低的 D 可以表明样品中的多样性较高。本部分研究选用这两个指标来表征堆肥过程中细菌多样性的动态变化，在不同处理堆肥过程中，这两个指标的变化趋势相反，但正体现了物种变化的多样性。如表 6-2 所示，在堆肥初期细菌群落 H'显著增加至最大值，然后在第 7 天又开始下降，在所有处理组中，第二个高温期后细菌群落 H'

呈现波动趋势，与之前的细菌数量变化结果一致。相同处理不同堆肥天数样品中细菌群落结构发生明显改变，这主要可能是受温度变化的影响[15]。此外，在CMBP与CP的多样性比较中可以发现，CMBP具有更高的H'和更低的D，说明生物炭和解磷菌复合菌剂对于微生物多样性有显著的增强作用。在15 d以后，CMBP组具有较高的多样性，说明接种可能更有利于提高堆肥降温期和腐熟期的细菌群落结构多样性。

表 6-2　不同处理餐厨垃圾堆肥中细菌群落多样性指数

指标	堆肥时间(d)	CP	CMP	CBP	CMBP
香农-维纳多样性指数(H')	0	2.706±0.068BC	2.647±0.081CD	2.858±0.120BC	2.763±0.057C
	3	3.062±0.252A	3.171±0.170A	3.322±0.101A	3.138±0.232A
	7	2.875±0.128AB	2.901±0.062B	3.018±0.104B	2.849±0.132BC
	13	2.440±0.165D	2.626±0.079D	2.763±0.153C	2.723±0.066C
	20	2.688±0.140BCD	2.946±0.036B	2.898±0.085BC	3.048±0.155AB
	28	2.561±0.053CD	2.852±0.118BC	2.928±0.076BC	3.024±0.102AB
	35	2.453±0.087D	2.825±0.205BCD	2.810±0.084C	2.902±0.055BC
优势度指数（D）	0	0.114±0.001c	0.141±0.004a	0.108±0.007b	0.128±0.009a
	3	0.076±0.002d	0.063±0.005e	0.054±0.002e	0.060±0.002e
	7	0.128±0.003b	0.112±0.010cd	0.081±0.001d	0.097±0.002b
	13	0.136±0.007a	0.132±0.003ab	0.124±0.008a	0.123±0.012a
	20	0.118±0.001c	0.104±0.005d	0.093±0.004c	0.076±0.001d
	28	0.126±0.006b	0.123±0.008bc	0.091±0.004c	0.081±0.001cd
	35	0.138±0.001a	0.127±0.010b	0.107±0.003b	0.092±0.016bc

注：表中出现的字母A～D和a～e分别表示多样性指数H'与D的多重比较结果，同一指标同一列中不同字母代表存在显著差异（$P<0.05$）

不同处理餐厨垃圾堆肥过程中，细菌群落DGGE图谱优势条带的测序结果如表6-3所示，测序的16条优势条带主要属于厚壁菌门（Firmicutes）、变形菌门（Proteobacteria）和放线菌门（Actinobacteria）三个门类，厚壁菌门的相对丰度较高，可能是由于该门类细菌容易形成孢子，可以渡过脱水条件和极端环境[16]。部分解磷菌复合菌剂中的条带也存在于CP中，主要是因为解磷菌复合菌剂中的一部分解磷菌是从餐厨垃圾堆肥过程中的土著菌中筛选而来的，但外源解磷菌复合菌剂的接种和生物炭的添加增加了堆肥过程中一些关键解磷菌的相对丰度与存活时间，如条带C、D、E和F。另外，生物炭和解磷菌的添加也影响了堆肥过程中的一些土著微生物群落，比如，抑制了条带c和f，增强了条带d、g和i的丰度，可能与土著细菌和接种菌剂之间的竞争作用有关，也有可能与生物炭表面提供的可利用营养和微生物栖息环境有关。

表 6-3　细菌 16S rDNA DGGE 图谱中条带测序比对结果

条带编号	登录号	微生物门类	最相似比对物种	同源性（%）
a	KX180949	Firmicutes	*Weissella viridescens* strain IMAUFB098	100
b	KX180950	Firmicutes	不可培养细菌克隆 Pigeon06	100
c	KX180951	Firmicutes	*Virgibacillus* sp. ASBCFS20	99
d	KX180952	Firmicutes	不可培养的 *Corynebacterium* sp.	99
e	KX180953	Actinobacteria	不可培养的 *Klebsiella* sp. 克隆 A156-45	100
f	KX180954	Proteobacteria	不可培养细菌克隆 S319	100
g	KX180955	Proteobacteria	*Bacillus coagulans* strain LA1507	100
h	KX180956	Firmicutes	*Corynebacterium bovis* strain K6	100
i	KX180957	Firmicutes	*Bacillus* sp. BRTC-4	99
A	KX180958	Firmicutes	*Bacillus licheniformis* strain CY2-24	100
B	KX180959	Firmicutes	*Bacillus subtilis* strain Z11	100
C	KX180960	Firmicutes	*Enterococcus lactis* strain FC5	100
D	KX180961	Firmicutes	*Bacillus* sp. CC-YY22	100
E	KX180962	Actinobacteria	*Corynebacterium variabile* strain C3-13	99
F	KX180963	Proteobacteria	*Klebsiella variicola* strain SK01	100
G	KX180964	Proteobacteria	*Klebsiella* sp. II83	100

6.2　添加生物炭堆肥中细菌与环境因子的冗余分析

为进一步探究不同处理和环境因子对餐厨垃圾堆肥过程中细菌群落组成的影响以及各因素的影响程度，本研究进行了一系列多元分析，如图 6-7 所示，经蒙特卡洛法检验细菌 DGGE 图谱输出数据表明，排序效果理想，所有特征值之和为 1，第一排序轴可显著表征细菌群落的变化（$F = 4.542$、$P = 0.002$），所有排序轴也具有显著性（$F = 2.521$、$P = 0.002$），说明本研究选用的这些参数对于解释堆肥过程中细菌群落组成的变化具有重要作用。利用冗余分析法分析细菌群落组成的结果如表 6-4，在所有处理堆肥中所有典范特征值之和为 0.731，这个值表示由环境因子和处理差异造成的堆肥细菌群落组成变化的比例。从群落-环境因子相关性可以看出，两者存在较高相关性，尤其在第一轴和第二轴，分别为 96.5%和 94.7%。通过进一步手动预筛选变量找出与细菌群落组成变化相关的显著影响参数，即堆肥过程中微生物群落演变的驱动因子，结果表明，本研究中影响细菌群落结构的关键因素为：TP（$P = 0.002$）、解磷菌接种（$P = 0.002$）、生物炭添加（$P = 0.012$）和 MBP（$P = 0.006$），这些因素在统计学上可以解释细菌群落组成的 43.1%的变异情况（$P = 0.002$）。有学者报道，土壤中的富磷微环境可以引起细菌群落的多样性增加[16]，在堆肥中营养物质丰富，明显高于土壤中有机质、TN、TP 含量，理论上磷素已经不会成为限制微生物生长的营养源，而有趣的是，在本研究中总磷含量依然显著影响堆肥中的细菌群落变化，因此，我们猜想在堆肥环境中如果想实现微生物群落组成的稳态也许还需要进行磷含量的调整，以满足众多功能菌群的需求。

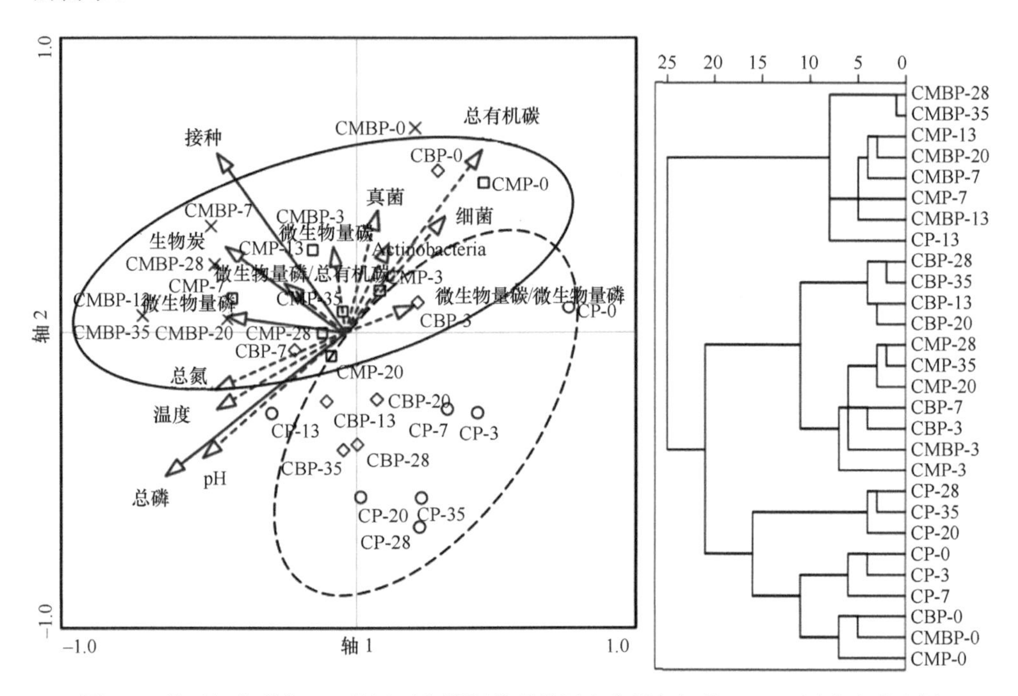

图 6-7 基于细菌群落、环境因子和堆肥处理的冗余分析与细菌 DGGE 图谱聚类分析

显著影响堆肥细菌群落组成的环境因子用实线表示，而不显著的环境因子用虚线表示，○代表 CP 的样品，□代表 CMP 的样品，◇代表 CBP 的样品，×代表 CMBP 的样品，数字代表取样天数

表 6-4 细菌 DGGE 图谱和磷组分 RDA 结果

轴	特征值	典范相关性	可解释的变化(累积)(%)	修正后可解释的变化(累积)(%)	所有典范特征值
冗余分析细菌群落					
轴 1	0.259	0.965	25.9	35.4	0.731
轴 2	0.139	0.947	39.8	54.4	
轴 3	0.115	0.803	51.2	70.1	
轴 4	0.070	0.919	58.3	79.7	
冗余分析磷组分					
轴 1	0.442	0.993	44.2	84.36	0.697
轴 2	0.180	0.987	62.2	92.51	
轴 3	0.034	0.969	65.7	95.89	
轴 4	0.018	0.957	67.5	97.73	

从图 6-7 可以看出，虽然在不同处理堆肥过程中不同样品在 RDA 排序轴中分布散乱，位置变动较大，可以反映出不同处理餐厨垃圾堆肥过程中微生物种群结构的剧烈更替，但从不同样品之间的距离可以发现，所有堆肥样品可基本分成两大类。CP 和 CBP 处理组的样品聚于一类，而另一类主要由 CMP 和 CMBP 组的样品构成，这表明解磷菌复合菌剂的接种对于添加磷矿粉的餐厨垃圾堆肥中细菌群落组成的影响显著，其作用效果明显高于生物炭添加。研究进一步证明，对于细菌群落来说，生物炭的添加仅为微生物生存提供了适宜的栖息场所，进而促进了微生物活动。

为确定在添加磷矿粉的餐厨垃圾堆肥过程中影响磷组分转化的主要细菌物种，同时验证外源解磷菌复合菌剂的接种是否真正参与磷组分转化，本研究又根据磷组分数据和细菌群落数据进行了冗余分析，如表 6-4 所示，经蒙特卡洛法检验磷组分数据表明，排序效果理想，所有特征值之和为 1，第一排序轴显著表征磷组分变化（$F = 84.2$，$P = 0.002$），所有排序轴也具有显著性（$F = 106$，$P = 0.002$）。通过预筛选方法筛选关键细菌条带发现，在所有 DGGE 可检测到的细菌群落条带中有 11 条条大带与磷素转化显著相关，其中 8 条条带为接种解磷菌复合菌剂中的细菌条带，3 条为土著细菌条带，这些关键条带与磷组分的响应关系如图 6-8 所示。此外，表 6-4 还说明由这 11 条关键细菌条带形成的排序轴图谱的前 4 个排序轴共可解释 69.7%的堆肥过程中磷组分的变化（$P = 0.002$），磷组分变化的前两个排序轴的特征值分别为 0.442 和 0.180，这两个排序轴与本试验选择的 11 个关键细菌的相关系数为 0.993 和 0.987，分别解释了 44.2%和 18.0%的磷组分组成变化，对应 84.36%和 8.15%的种群结构与磷组分关系。

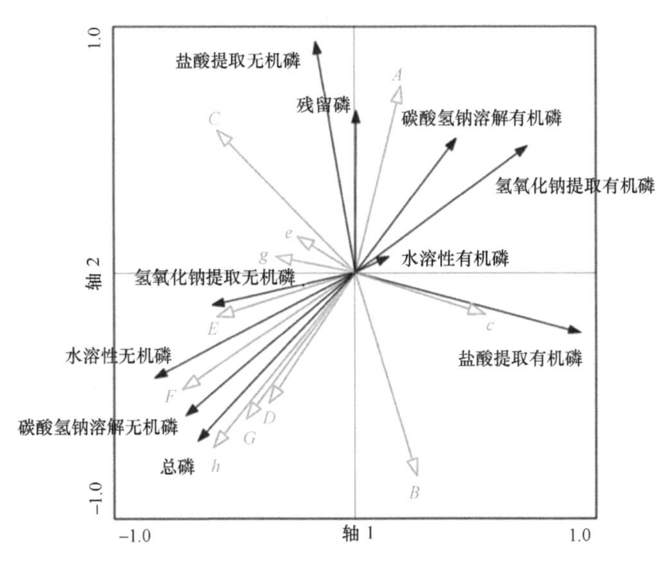

图 6-8　基于不同磷组分和显著相关的细菌群落的冗余分析

图中字母代表优势细菌条带，与表 6-3 对应通过手动选择和方差分解分析，本研究在复杂的细菌群落条带中找出显著影响不同处理餐厨垃圾堆肥样品中磷组分组成变化的驱动因子，并利用方差分解判断它们的影响程度，结果表明，条带 F、B、A 和 C 在诸多细菌条带中对磷组分变化的解释率较高，分别占细菌群落对磷组分变化的总贡献率的 37.4%、25.8%、15.6%和 12.7%。从图 6-8 中可以看出不同关键细菌条带与不同磷组分之间的联系，一般在多元统计分析中，两条射线夹角越小，投影值越大，二者相关性越高[17]，结果表明，条带 A 和 c 分别与 $NaHCO_3$-Po 和 HCl-Po 呈正相关关系，而与无机态可利用磷组分（H_2O-Pi 和 $NaHCO_3$-Pi）负相关，相反，条带 F、G 和 h 与 H_2O-Pi 和 $NaHCO_3$-Pi 呈正相关关系，在条带 E 和 NaOH-Pi 组分之间则存在显著正相关关系。这些结果都说明本试验中接种使用的解磷细菌在添加磷矿粉的餐厨垃圾堆肥过程中对磷组分转化具有较重要的驱动作用。此外，如图 6-9 所示，通过 RDA 分析堆肥过程中的优势微生物与环境因子的响应关系，结果发现影响不同磷组分的优势微生物在堆肥过程不同时期分别受不同环境因子的影响，如 MBC 和生物炭（Biochar）明显对条带 C 和 e 分别有不同的影响。

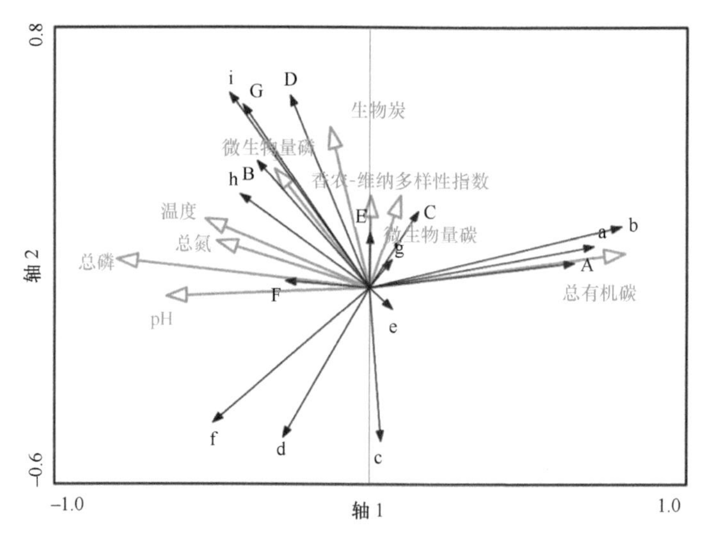

图 6-9 基于关键细菌群落和环境因子的冗余分析

图中字母代表优势细菌条带，与表 6-3 对应

本研究分析了三个解释变量对堆肥过程中磷组分转化的影响，这三个解释变量分别是接种的解磷菌复合菌剂、土著细菌群落和生物炭的添加，如图 6-10 所示，这 3 个变量总共解释了 57.8%的磷组分组成动态变化。方差分解分析表明，外源解磷菌剂接种会与堆肥土著细菌群落形成协同作用，解释变量对磷组分贡献率的 32.0%，所以，外源解磷菌剂接种是磷组分改变最重要的驱动因子。值得注意的是，外源解磷菌、内源细菌和生物炭对磷组分的交互作用对磷组分变化的解释比例相

当高，贡献率占总解释率的 15.2%，显著高于这些因素对磷组分变化的单独解释率，说明生物炭添加与细菌群落两者的叠加效用是解释本次堆肥试验过程中磷组分变化的最重要因素。此外，鉴于之前结果中发现真菌数量与微生物量磷呈显著相关关系，而微生物量磷在堆肥磷素动态变化中又具有重要作用[18,19]，在本研究中剩余 42.2%磷组分转化的解释因子可能与真菌的活动或其他微生物的相互作用有关。这些结果进一步说明对于堆肥过程中磷组分的转化并不是某一单一因素的作用，需要由多个生物因素和非生物因素相互作用共同解释。

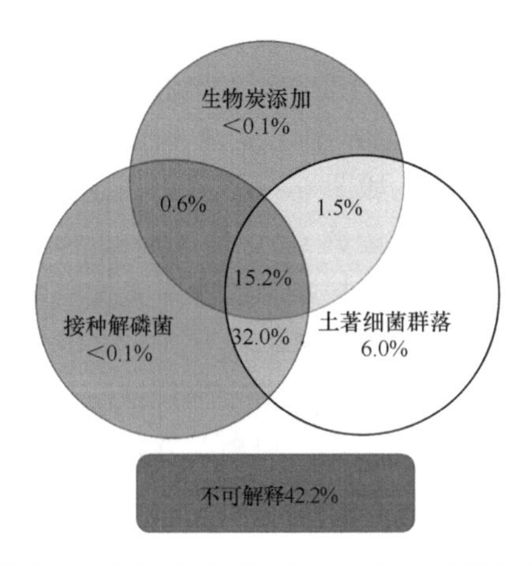

图 6-10　基于接种解磷菌、土著细菌群落和生物炭添加对磷组分变化的方差分解分析

在很多研究报道中，微生物接种一直对堆肥具有重要影响，因为接种菌剂可以影响堆肥过程，延长堆肥高温期持续时间、缩短堆肥达到腐熟的时间、提高堆肥效率和堆肥产品质量[15,18]，而合适的微环境必然也有益于接入菌剂的生长以及外源菌剂和土著微生物群落的相互作用，提高接种效果。在本试验中发现接种解磷菌和土著细菌具有协同作用，共同引起了堆肥磷素性质变化。虽然生物炭本身对磷素的变化影响极小，明显低于其他因素的贡献率，但考虑到生物炭和细菌的交互作用对磷组分变化具有较高的解释率，以及生物炭对堆肥过程中固氮、加速有机质降解等诸多益处，绝不可以低估生物炭在本试验中的作用，生物炭的存在很可能为接种的解磷细菌和土著微生物群落提供了一个更适宜的微环境，进而促进其发挥解磷效果，最终提高磷矿粉的利用性和堆肥产品中可利用磷的含量。因此，在堆肥过程中，联合应用解磷菌复合菌剂接种和生物炭添加策略，有助于提高堆肥中外源菌剂接种效果，调控堆肥磷组分转化。

6.3　富磷生物强化堆肥磷素转化网络

基于生物强化堆肥磷素调控方法[19,20]，内源微生物菌群调控和外源解磷菌剂接种不仅可以促进难溶性磷（如磷矿粉）的溶解，也可以通过优化生物手段或理化因子应用于改善堆肥产品的磷素长效利用性，最终依据需求精确调控不同时期堆肥的磷组分形态和利用性。

细菌因其代谢功能多样性在堆肥过程中具有重要地位，而作为关键功能微生物群落的解磷菌群可以参与磷素的生物转化，应充分发挥其潜力，不应局限于提升堆肥内难溶性磷组分的快速溶解，还应该调控其解磷步骤，提高中间态可缓释磷组分的形成，进而可能有助于提升磷素长效性利用率。因此，深入理解堆肥过程中有机质降解可能伴随的磷组分转化机制以及不同功能微生物种群参与的腐殖化过程、难溶性磷素溶解过程、有机磷组分矿化过程和磷素胞内转运利用过程具有重要意义。

基于对磷素循环的一系列假设[10,21-25]，本研究绘制了一个添加磷矿粉和接种解磷菌的堆肥磷素转化模式图，如图 6-11 所示。在之前不同处理磷素有效性的结果说明，添加磷矿粉并接种解磷菌的 CMP1、CMP2 和 CMP3 处理组中潜在可利用磷（PAP）含量显著提高，可能与堆肥过程中尤其是堆肥初期解磷菌复合菌剂产生的小分子量有机酸（LOA）溶解磷矿粉有关。LOA 是分子量相对较低的可降解有机质的不完全降解产物，可以通过螯合作用或配体交换反应溶解磷矿粉或其他磷酸盐沉淀中的矿质磷酸盐产生磷酸根离子并降低 pH[25, 26]。

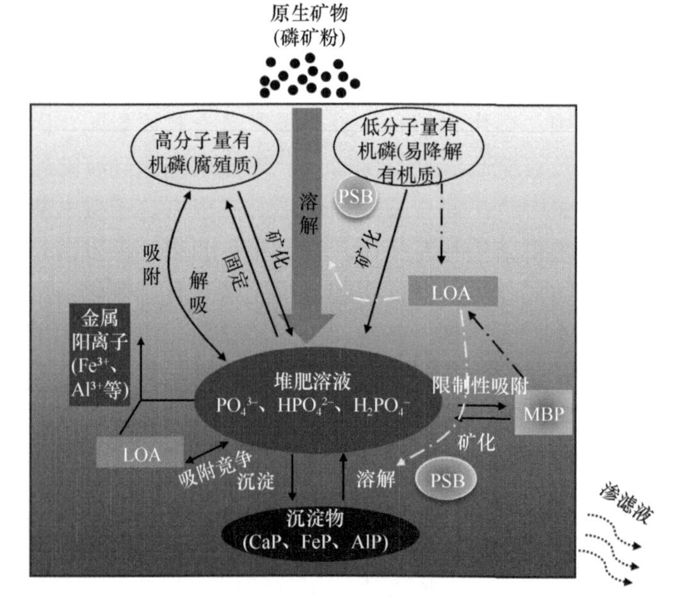

图 6-11　添加磷矿粉和接种解磷菌堆肥磷素转化网络图谱

PSB 表示解磷菌，MBP 表示微生物量磷，LOA 表示小分子量有机酸

腐殖类物质在堆肥中可以不断形成，由于其具有明显的胶体性质，可以与无机或有机化合物以及金属离子等相互作用，间接改变堆肥过程中微生物生长和代

谢环境[27-29]。此外，腐殖质还可以通过螯合或络合作用影响难溶性含磷化合物的溶解性，研究表明，虽然 LOA 可能对不同价态金属表面的磷酸盐吸附存在一定的竞争作用[25]，但溶液中的一些活性磷酸盐可能会在金属离子的参与下通过共吸附或形成金属桥转化为富里酸-金属-磷复合物（fulvic acid-metal-P）或胡敏酸-金属-磷复合物（humo-metal-P）[30,31]。因此，基于土壤中腐殖质形成的一种重要假说，即聚合理论，认为腐殖酸是由许多有机质降解产生的小分子物质重新聚合形成的[32]，而在堆肥过程中稳定性较低的一部分富里酸就可能会以富里酸-金属-磷复合物的形式存在，并在堆肥过程中缓慢降解成分子量更小、结构更简单的物质，同时释放磷酸盐，如果将富含这类物质的堆肥产品施用于农业土壤中，就可以提高堆肥产品的潜在长效供磷能力[31]。另外，一些与污水处理中常用的聚磷菌（PAO）功能相似的微生物也可以作为堆肥末期的潜在菌剂进行强化[32-34]，因为在堆肥过程中活性磷酸盐在后期大量积累，聚磷菌能够吸收过量的磷酸盐于微生物体内，将游离态磷转换为微生物量磷（MBP），但由于微生物对磷素的利用途径不同，这种吸附机制也存在一定的限制[35]。

图 6-11 中红色箭头代表的磷素转化属于磷酸盐的生物固定途径，即游离的磷酸盐被微生物吸收于胞内和产生腐殖质-金属-磷复合物，这两种磷酸盐固定后的产物具有一定的生物稳定性，但比被 Ca、Fe、Al 等固定的磷酸盐活性更高[25,36]，它们可以在长期的生物转化中缓慢释放游离的活性磷，并被植物吸收利用[10,19]，因此，这部分磷形态对堆肥产品施用后长期提供可利用磷素具有重要意义。综上，基于富磷生物强化堆肥磷素转化网络，我们提出了加强磷素生物固定的三点建议：①采用在堆肥降温期接种复合菌剂后，在堆肥结束前再接种 PAO 菌剂，促进过量的磷酸盐转化为微生物量磷，利用这种分段接种解磷菌复合菌剂方式进行生物强化堆肥；②控制堆肥过程中金属离子的浓度，根据堆肥过程中腐殖酸的形成规律，利用其螯合能力，增加堆肥过程中富里酸-金属-磷复合物和胡敏酸-金属-磷复合物的形成；③监测调控 LOA 的产生，在堆肥初期提高其含量，促进难溶性磷酸盐（如磷矿粉）的快速分解，但在堆肥降温期以后，降低其产生，避免其与磷酸盐发生竞争性作用而减少活性磷酸盐的生物固定。此方案可有助于促进磷素的生物固定，既减少了过多的活性磷组分对解磷微生物可能的抑制作用，同时又提升了堆肥过程中磷素转化效率和堆肥产品中磷素的长期利用率。

6.4　生物强化堆肥磷组分调控方法

添加磷矿粉的餐厨垃圾堆肥接种试验表明，在添加磷矿粉的餐厨垃圾堆肥中，生物炭的添加、解磷菌复合菌剂的接种以及两者同时作用于堆肥都会引起主要细菌群落组成、物种丰度和群落多样性发生明显改变。从堆肥理化指标来看，生物炭的添加对整个堆肥过程起到延长高温期、减少氮素损失、加速堆肥腐熟的重要作用。从冗余分析和聚类分析结果来看，总磷含量、解磷菌复合菌剂接种、生物炭添加和微生物量磷对细菌群落多样性都具有显著影响，而解磷菌复合菌剂对餐厨垃圾堆肥过程中细菌群落结构的影响尤为显著。基于磷组分变化的方差分解分析表明，虽然添加磷矿粉的餐厨垃圾堆肥中磷组分转化的原因仍无法被完全解释，但解磷菌复合菌剂、堆肥土著细菌与生物炭的相互作用及堆肥过程中的微生物对堆肥过程中的磷组分转化具有重要的驱动作用，堆肥中添加生物炭有利于提高解磷菌复合菌剂的活性，能够更好地发挥解磷作用。因此，在添加磷矿粉的富磷堆肥中，生物炭与解磷菌复合菌剂的耦合应用可显著提高堆肥产品中可利用磷组分的含量、比例和细菌群落多样性，最终提高磷矿粉中磷素的利用率。

添加生物炭调控解磷菌接种堆肥磷素转化试验的结果，既对前面提出的基于微生态调控堆肥磷组分方法进行了验证，同时又对堆肥磷组分调控策略进行了优化，这种优化的调控方法将明显改善堆肥过程中难溶性磷的生物可利用性，利于植物对堆肥产品磷素的长期利用，更加经济、环保，真正实现了难溶性磷素和有机固废的高效资源化利用。

综合上述内容，本研究在识别我国不同有机固废堆肥过程中磷素水平、解磷微生物群落结构的基础上，通过解磷菌、磷素指标与环境因子的冗余分析，对调控堆肥过程中磷组分分布进行了初步探索，主要提出了 4 种调控堆肥过程磷组分的方法，分别是：①无外源菌剂添加，基于不同作物和土壤的磷素需求，利用不同磷素水平的有机固废配比混合进行堆肥，是适用于有机固废来源广泛、磷素特征清晰的堆肥调控方法；②无外源菌剂添加，但添加部分营养物质，补充堆肥过程中关键微生物的限制营养源，进而通过改变环境因子，调控堆肥微环境，促进关键解磷微生物发挥作用；③添加外源解磷菌剂，根据解磷菌复合菌剂与堆肥土著微生物的关系，采用最佳接种量和接种方式，最大限度地促进难溶性磷转化，提高堆肥产品磷素可利用性，该方法对解磷菌剂的最适接种时期要求严格，但一般堆肥降温期或堆肥前后期分段接种效果较好；④添加外源解磷菌剂，同时补充生物炭等调理剂，提高外源菌剂与堆肥土著菌的协同作用，强化堆肥解磷微生物，最终促进磷组分转化。这些方法为改善不同堆肥过程生物接种效果、优化堆肥工艺条件、提升堆肥产品磷素供应效率奠定了基础，也为制备可改良土壤的富磷有机固废堆肥产品提供了理论依据，对今后靶向性调节堆肥进程，形成一套经济、安全、便捷的堆肥控制方案具有重要指导意义。

主要参考文献

[1] López-González J A, Lopez M J, Vargas-Garcia M C, et al. Tracking organic matter and

microbiota dynamics during the stages of lignocellulosic waste composting[J]. Bioresource Technology, 2013, 146: 574-584.
[2] Sanchez-Garcia M, Alburquerque J A, Sanchez-Monedero M A, et al. Biochar accelerates organic matter degradation and enhances N mineralisation during composting of poultry manure without a relevant impact on gas emissions[J]. Bioresource Technology, 2015, 192: 272-279.
[3] Yang F, Li G X, Yang Q Y, et al. Effect of bulking agents on maturity and gaseous emissions during kitchen waste composting[J]. Chemosphere, 2013, 93(7): 1393-1399.
[4] Zhang L, Sun X. Changes in physical, chemical, and microbiological properties during the two-stage co-composting of green waste with spent mushroom compost and biochar[J]. Bioresource Technology, 2014, 171: 274-284.
[5] Iqbal H, Garcia-Perez M, Flury M. Effect of biochar on leaching of organic carbon, nitrogen, and phosphorus from compost in bioretention systems[J]. Science of the Total Environment, 2015, 521-522: 37-45.
[6] Wei Y, Zhao Y, Xi B, et al. Changes in phosphorus fractions during organic wastes composting from different sources[J]. Bioresource Technology, 2015, 189: 349-356.
[7] Busato J G, Lima L S, Aguiar N O, et al. Changes in labile phosphorus forms during maturation of vermicompost enriched with phosphorus-solubilizing and diazotrophic bacteria[J]. Bioresource Technology, 2012, 110: 390-395.
[8] Ngo P T, Rumpel C, Ngo Q A, et al. Biological and chemical reactivity and phosphorus forms of buffalo manure compost, vermicompost and their mixture with biochar[J]. Bioresource Technology, 2013, 148: 401-407.
[9] Rashad F M, Saleh W D, Moselhy M A. Bioconversion of rice straw and certain agro-industrial wastes to amendments for organic farming systems: 1. composting, quality, stability and maturity indices[J]. Bioresource Technology, 2010, 101(15): 5952-5960.
[10] Khan K S, Joergensen R G. Changes in microbial biomass and P fractions in biogenic household waste compost amended with inorganic P fertilizers[J]. Bioresource Technology, 2009, 100(1): 303-309.
[11] Mander C, Wakelin S, Young S, et al. Incidence and diversity of phosphate-solubilising bacteria are linked to phosphorus status in grassland soils[J]. Soil Biology and Biochemistry, 2012, 44(1): 93-101.
[12] Franco-Otero V G, Soler-Rovira P, Hernandez D, et al. Short-term effects of organic municipal wastes on wheat yield, microbial biomass, microbial activity, and chemical properties of soil[J]. Biology and Fertility of Soils, 2012, 48(2): 205-216.
[13] Vassilev N, Mendes G, Costa M, et al. Biotechnological tools for enhancing microbial solubilization of insoluble inorganic phosphates[J]. Geomicrobiology Journal, 2014, 31(9): 751-763.
[14] López-González J A, Suarez-Estrella F, Vargas-Garcia M C, et al. Dynamics of bacterial microbiota during lignocellulosic waste composting: studies upon its structure, functionality and biodiversity[J]. Bioresource Technology, 2015, 175: 406-416.
[15] Xi B, He X, Dang Q, et al. Effect of multi-stage inoculation on the bacterial and fungal community structure during organic municipal solid wastes composting[J]. Bioresource Technology, 2015, 196: 399-405.
[16] Tan H, Barret M, Mooij M J, et al. Long-term phosphorus fertilisation increased the diversity of the total bacterial community and the phoD phosphorus mineraliser group in pasture soils[J]. Biology and Fertility of Soils, 2013, 49(6): 661-672.
[17] 赖江山. 生态学多元数据排序分析软件 Canoco5 介绍[J]. 生物多样性, 2013, 21(6):

765-768.

[18] Chang C, Yang S. Thermo-tolerant phosphate-solubilizing microbes for multi-functional biofertilizer preparation[J]. Bioresource Technology, 2009, 100(4): 1648-1658.

[19] Wei Y, Zhao Y, Wang H, et al. An optimized regulating method for composting phosphorus fractions transformation based on biochar addition and phosphate-solubilizing bacteria inoculation[J]. Bioresource Technology, 2016, 221: 139-146.

[20] Wei Y, Wei Z, Cao Z, et al. A regulating method for the distribution of phosphorus fractions based on environmental parameters related to the key phosphate-solubilizing bacteria during composting[J]. Bioresource Technology, 2016, 211: 610-617.

[21] Owen D, Williams A P, Griffith G W, et al. Use of commercial bio-inoculants to increase agricultural production through improved phosphorus acquisition[J]. Applied Soil Ecology, 2015, 86: 41-54.

[22] Malik M A, Marschner P, Khan K S. Addition of organic and inorganic P sources to soil–effects on P pools and microorganisms[J]. Soil Biology and Biochemistry, 2012, 49: 106-113.

[23] Borggaard O K, Raben-Lange B, Gimsing A L, et al. Influence of humic substances on phosphate adsorption by aluminium and iron oxides[J]. Geoderma, 2005, 127(3-4): 270-279.

[24] Cheng W P, Chi F H, Yu R F. Effect of phosphate on removal of humic substances by aluminum sulfate coagulant[J]. Journal of Colloid and Interface Science, 2004, 272(1): 153-157.

[25] Guppy C N, Menzies N W, Moody P W, et al. Competitive sorption reactions between phosphorus and organic matter in soil: a review[J]. Soil Research, 2005, 43(2): 189-202.

[26] Reyes I, Valery A, Valduz Z. Phosphate-solubilizing microorganisms isolated from rhizospheric and bulk soils of colonizer plants at an abandoned rock phosphate mine[J]. Plant and Soil, 2006, 287(1-2): 69-75.

[27] Zhao Y, Wei Y, Zhang Y, et al. Roles of composts in soil based on the assessment of humification degree of fulvic acids[J]. Ecological Indicators, 2017, 72: 473-480.

[28] Wei Z, Xi B, Zhao Y, et al. Effect of inoculating microbes in municipal solid waste composting on characteristics of humic acid[J]. Chemosphere, 2007, 68(2): 368-374.

[29] Wu J, Zhao Y, Zhao W, et al. Effect of precursors combined with bacteria communities on the formation of humic substances during different materials composting[J]. Bioresource Technology, 2017, 226: 191-199.

[30] Zhou Z, Hu D, Ren W, et al. Effect of humic substances on phosphorus removal by struvite precipitation[J]. Chemosphere, 2015, 141: 94-99.

[31] Schmidt M W, Torn M S, Abiven S, et al. Persistence of soil organic matter as an ecosystem property[J]. Nature, 2011, 478(7367): 49-56.

[32] Saito T, Brdjanovic D, Van Loosdrecht M. Effect of nitrite on phosphate uptake by phosphate accumulating organisms[J]. Water Research, 2004, 38(17): 3760-3768.

[33] Wang R, Li Y, Chen W, et al. Phosphate release involving PAOs activity during anaerobic fermentation of ESPR sludge and the extension of ADM1[J]. Chemical Engineering Journal, 2016, 287: 436-447.

[34] Popendorf K J, Duhamel S. Variable phosphorus uptake rates and allocation across microbial groups in the oligotrophic Gulf of Mexico[J]. Environmental Microbiology, 2015, 17(10): 3992-4006.

[35] Tan K H. Humic matter in soil and the environment: principles and controversies[M]. Boca Raton: CRC Press, 2014.